青少年科普阅读丛书

赵君亮 著

人类怎样认识宇宙

（第二版）

上海科学技术出版社

图书在版编目(CIP)数据

人类怎样认识宇宙/赵君亮著. —2 版. —上海：上海科学技术出版社，2011.12(2019.4 重印)
(青少年科普阅读丛书)
ISBN 978-7-5478-1131-3

Ⅰ. ①人… Ⅱ. ①赵… Ⅲ. ①宇宙学—青年读物②宇宙学—少年读物 Ⅳ. ①P159-49

中国版本图书馆 CIP 数据核字(2012)第 006162 号

责任编辑 曾 文
赵玲丽
封面设计 戚永昌

上海世纪出版股份有限公司
上海科学技术出版社 出版、发行
(上海钦州南路 71 号 邮政编码 200235)
新华书店上海发行所经销
三河市元兴印务有限公司印刷
开本 690×980 1/16 印张：17.25
字数：270 千字
2011 年 12 月第 2 版 2019 年 4 月第 6 次印刷
ISBN 978-7-5478-1131-3/N·12
定价：42.00 元

前言

伽利略曾经有这么一段名言："科学的真理不应该在古代圣人蒙着灰尘的书本中去寻找，真正的哲理是写在那本经常在我们面前展开着的最伟大的书里，这本书就是宇宙，就是自然本身，人们必须去读它。"

天文学是以宇宙和宇宙中各类天体、天象为研究对象的一门自然科学，其发展史源远流长。如果说，对100万年前出现的直立人，或者10万年前的晚期智人是否已开始观看夜晚天空中的星星如今已无从考证，那么自有文字记载以来，人类对天象的关注至少已有四、五千年的历史。认识宇宙，最早也许源自人的好奇心，但更是因为人们生活和生存的需要，而发展到今天则已成为人类探索大自然奥秘并为己所用的不可或缺的重要组成部分。

人类认识宇宙的进程主要包含了两方面的内容，这就是了解宇宙中各类物质形态的内在性质，从而获得相关的科学知识，以及探索取得这些认识的科学方法。掌握科学方法是获取科学知识的前提，这已无数次为科学发展的过程所证实，其中自然也包括天文学。古人由于缺乏科学知识，更少有科学方法，因无知而对"天"产生畏惧、崇敬的心理，于是迷信邪说和伪科学便应运而生，甚至今日仍有相当多的笃信者，而且其中不乏高学历的年轻人。从这一点来看，要使全人类正确认知宇宙可谓任重而道远。

天文学有一个不同于自然科学中许多学科的显著特点，那就是一旦出现了像日全食、彗木相撞那样的重大天象，或者人类实施诸如人造飞行器对彗星的深度撞击和登陆土卫六之类与天文学有关的高科技计划，则必然会引起广大公众和各路媒体的极大兴趣和关注。不少颇为时髦的天文术语，如类星体、黑洞、宇宙大爆炸、暗物质等，有的已广为流传，有的则更进入了普通大众的日常生活——昂贵的开支称为天文数字，贪婪者的心理被形象化地比喻为黑洞，等等不一而足。那么，为何天文学家能准确预报彗木相撞事件发生的时间和地点？宇宙起源于一次大爆炸的理由是什么，又为什么？天体的距离、质量这样的天文数字是怎样算出来的，可信吗？人类怎样在努力地寻找到外星人并试图与之建立联系，成功的希望有多大？这类问题的解答不仅涉及到对宇宙的认识，更需要知道如何取得这些认识的方法和过程。科学大师对丰富人类的知识宝库做出了伟大的贡献，甚至付出了毕生的精力，但这并不仅仅因为他们具有超常的智慧，而且还在于这些科学家有着不折不挠和实事求是的科学精神，对于任何一个有上进心的普通人来说，认清这一点无疑会大有裨益。

为了使读者能对天文学的历史、发展和现状有一个比较明晰而又扼要的了解，包括有关宇宙的认识和认识宇宙的方法，本书的叙述方式是，在介绍知识的同时，以一定的篇幅融入取得这些知识的相关过程和方法，其间穿插一些杰出科学家对人类怎样正确认识宇宙的个人贡献，但既不完全拘泥于按对各类天体由近及远逐一介绍的思路来展开，也不强求面面俱到或章节之间的表观平衡。天文学的内容博大精深，相比之下笔者的认知水平则甚为有限，挂一漏万和错谬之处当在所难免。谨希望有机会翻阅本书的读者，能从书中的内容对天文学和天文学的研究对象宇宙的概貌有所认识，如果有所提高那就更好了。不过，读者也将会看到，天文学所涉及的方方面面听起来颇为引人入胜——这正是它经常成为科幻电影或科幻小说的题材，并为人们津津乐道的原因，但如果没有投身科学的精神，做起来可并不怎么轻松有趣，甚至还相当枯燥。

再一次引用伽利略的教诲，不要只限于从书本汲取学问，要把自己的视野和思考扩大到周围的整个世界。

赵君亮

2011 年 12 月

目录

第 1 章　人类认识宇宙的三部曲

中国古人就已对宇宙给了相当确切的定义。如《淮南子·原道训》注:“四方上下曰宇,古往今来曰宙,以喻天地”,这就是说“宇”者空间之称,而“宙”乃时间之谓。可见,人们很早就认识到,“宇宙”的概念应包括空间和时间两重性质。今天,人类已经对宇宙有了比较正确的认识,而这种认识的取得经历了几千年的漫长时光,许多科学家为之付出了毕生的精力。在这一认识的历史发展过程中,有 3 个最为重要的里程碑式重大事件,那就是哥白尼日心说的创立,赫歇尔认识银河系,以及哈勃发现河外星系。

1.1　日心说的创立和早期求证

地心说及其历史地位

人类从来就生活在地球上,由于直观上感觉不到地球的运动,人们很自然认为地球是不动的,而其他天体都绕着地球转,这就是地心说的认识基础。鉴于它的表观合理性,地心说很容易为人们所接受。主张地心说的早期代表人物是公元前 4 世纪的古希腊哲学家亚里士多德(Aristotle),以及后来的古希腊学者喜帕恰斯(Hipparchus),不过严格来说当时的概念还算不上是一种学说,它只能大体上说明天体的东升西落现象,学者们的思想并没有形成完整的体系,不能用来具体说明观测到的天体运动规律。

地球上所观测到的任何天体的运动称为视运动,实际上它包含了两种运动成分:天体自身的运动,以及因地球运动引起观测到的天体位置的变化;现在知道其中地球的运动还颇为复杂,包括自转、公转等成分,而这在当时并不清楚。因此,要想从天体的观测视运动情况来推知天体自身的实际运动规律,在两千年前可是一件很不容易的事。

公元 140 年,亚历山大城的天文学家托勒密(C. Ptolemaeus)完成了他的 13 卷巨著《天文学大成》(又译《至大论》)。在这部书中托勒密完整地提出了他的宇宙地心体系,并用了一套颇为复杂的本轮－均轮系统来解释所观测到的太阳、月亮、行星和恒星的视运动特征。托勒密的思想并非凭空而来，他是在总结、发展前人一些观点的基础上，提出了自己的宇宙体系。例如，本轮－均轮系统即是继承了亚历山大城著名数学家阿波罗尼奥斯(Appollonius)的观念，而偏心圆的思想则取自喜帕恰斯。

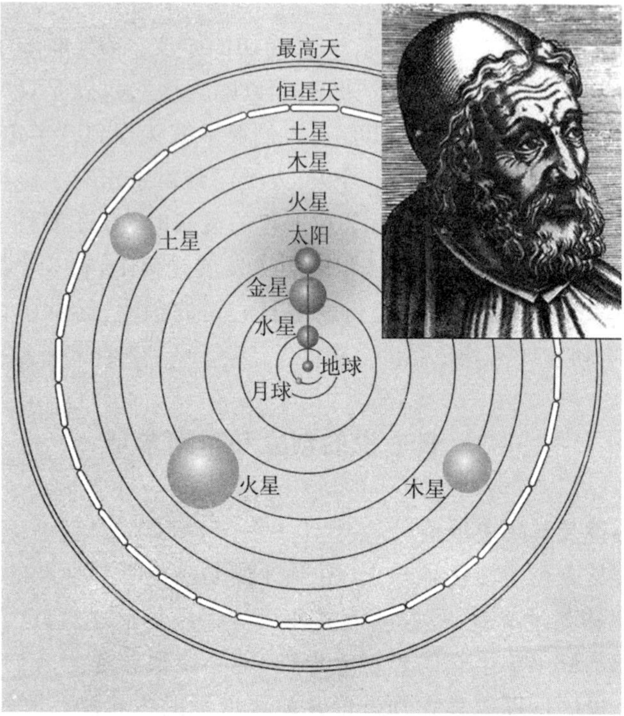

图 1.1　托勒密(约公元 90—168)和他的地心体系

托勒密地心体系的核心思想是，地球位于宇宙中心静止不动，太阳和月亮沿圆形轨道绕地球匀速转动。行星的运动比较复杂，每颗行星都沿着一个称为“本轮”的小圆绕本轮中心转动，而本轮中心又在称为“均轮”的大圆轨道上绕地球转动。地球并不位于各行星均轮的中心，而是离圆心有一段不大的距离，称为偏心圆。恒星都位于称为“恒星天”的固体壳层上，日、月、行星除了上面提到的运动外，还与“恒星天”一起每天绕地球转动一周。托勒密对他的体系作了精心的设计，包括恰当地选择各个均轮与相应本轮的大小之比，行星在本轮上的运动速度，本轮中心在均轮上的运动速度，本轮平面与均轮平面之间的交角，以及地球到均轮中心的距离等。

在当时观测精度不高的情况下，用托勒密设计的地心体系能较好地说明行星的视运动特征，这就得到了观测的证实。另一方面，西方宗教主张上帝创造人，因此人所居住的地球必然处于一个特殊的位置上，那就是宇宙的中心，而且当然是不动的。地心说与上帝创造人的宗教思想相一致，自然为宗教界所接受，这就是地心说得以长期留传的社会基础。实际上，随着时间的推移，人们便发现托勒密体系不能很好地与观测相符合，但长时间内始终未能跳出地心体系的束缚。一千多年后，阿拉伯天文学家萨蒂尔(I. Al-shatir)为了修正托勒密的体系，以能在地心说的框架内消除理论与观测的矛盾，采用了本轮套本轮的多级本轮系统，以至最后系统内的本轮和均轮总数居然达到 80 个之多！

尽管地心说早已被人们彻底抛弃，然而在人类的认识长河中不应完全否认它的历史地位和作用，托勒密的地心说反映了人类早期的认识水平，其中也有正确的内涵。比如，他主张地球是球形的，这一正确的认识在科学发展史中起了极为重要的作用。由于没有万有引力的概念，球形地球的观点长时期受到一些学者的猛力抨击和基督教会的扼杀，直到 1519—1522 年间葡萄牙航海家麦哲伦(F. Magellan)首次环球航行成功才得以证实。此外，托勒密提出地球相对整个宇宙只是很小的一个点，认识到行星视运动只是行星实际运动的观测反映，天体在圆轨道上绕中心天体运动，恒星要比行星离地球来得远，等等，这些概念的基本思想无疑是正确的。托勒密学识广博，一生著作颇多，且涉及诸多领域，如天文学方面的《实用天文表》、《行星假说》、《恒星之象》、《日晷论》等，对大气折射现象和月球的运动亦有灼见，而《天文学大成》堪称当时的天文学百科全书。此外，他还著有 8 卷本的《地理学指南》、5 卷本的《光学》、音乐方面的《谐和论》，以及论述星占学的《四书》等。

日心说创立的艰难历程

早在两千多年前，亚里士多德的同时代人，古希腊天文学家、亚历山大学派的阿里斯塔克(Aristarchus)就已提出了朴素的“日心说”。他曾经设法测定了太阳、月亮和地球这 3 个天体之间的距离和它们的相对大小。在当时的认识水平和条件下，他的测量结果误差相当大，但还是正确地判断出太阳要比地球大得多。从大的太阳不应绕小的地球转动的逻辑推理出发，他指出位于宇宙中心的应该是太阳，而且静止不动，地球则绕着太阳运动，同时又绕轴自转。可惜由于当时科学水平和社会条件的限制，这一天才的思想未能为人们所认识。

中世纪末，随着观测技术的进步，用托勒密地心体系推算出的大行星位置来说明实际天象的观测结果越来越发生困难，经人们修正后的地心体系变得越来越复杂，以至难以令人信服，一些有进步思想的学者对此深感不满。另外，当时欧洲许多国家随着手工业的迅猛发展，商业活动规模扩大，航海事业日益扩展，而地心说因不能准确预报太阳、月亮和行星的位置，无法据此提供好的航海历书。在这种状况下，作为有进步思想科学家的杰出代表人物，波兰天文学家哥白尼(N. Copernicus)开始怀疑地心说的正确性，他受到阿里斯塔克日心学说的启发，经过潜心的分析和研究，在1543年出版的《天体运行论》中系统地提出了他的日心说。

图 1.2　哥白尼(1473—1543)和他的日心说手稿

1473年2月19日，哥白尼出生于波兰的托伦，他10岁时父亲去世，后由舅父抚育和培养。18岁进入克拉科夫大学，因受数学教授布鲁楚斯基(A. B. Brudzewski)的影响，立下献身天文学事业的意愿。嗣后，哥白尼多次往来于波兰和意大利之间，他学习和研究的领域甚为广泛，包括法律、医学、数学和天文学等，曾获得教会法博士。1512年，在舅父去世后哥白尼便定居于波兰弗龙堡，而在15年前他已被选为弗龙堡大教堂的僧正，由于职务甚为轻松，大部分时间和精力便用于天文学研究。哥白尼一生的主要贡献就是创立了日心说，经过30几年的精心测算和不断修正，完成了他的不朽名著《天体运行论》。

身为僧正的哥白尼深知该书出版将会带来的严重后果，因此迟迟不愿付诸印刷，出版过程颇费周折。1540年7月，哥白尼的挚友奥西安德尔(A. Osiander)建议把日心说作为一种假说提出，并强调只是为了便于推算行星的位置，而不是宇宙的真实写照。对这种说法，哥白尼虽不赞成但也只能如此。在奥西安德尔的帮助下，《天体运行论》直到哥白尼弥留之际才得以问世。

哥白尼日心说的要点是：地球不是宇宙的中心，宇宙中心在太阳，所有天体都绕太阳运转；与恒星所处的天穹高度相比，日地距离是微不足道的；天穹周日旋转是地球自转的反映，太阳在恒星间的周年运动是地球绕太阳公转的反映，而行星的复杂视运动是地球和行星都在绕太阳运动的反映。

日心说又称"日心地动说"，它的关键思想是地球在运动，地球只是绕太阳运动的一颗普通行星，而不是宇宙的中心。日心说的意义不仅在于纠正了人们对宇宙(在当时就是太阳系)的错误认识，而且从根本上动摇了中世纪宗教神学的理论支柱。正因为如此，在哥白尼之后日心说因危及教会的思想统治，赞成、维护和宣传这一学说的学者，如布鲁诺(G. Bruno)、伽利略(Galileo Galilei)等人曾受到罗马教廷的残酷迫害。布鲁诺更由于他的宇宙图像比哥白尼走得更远而与宗教教义严重冲突，于1592年5月27日在威尼斯被教会诱捕。在长达7年多的严酷审讯中，布鲁诺始终坚持自己的观点。1600年2月17日，布鲁诺在罗马被活活地烧死。

图1.3　罗马百花广场上的布鲁诺铜像

1616年，罗马教廷对伽利略发出警告，强令他不得再坚持、宣扬、讲授日心地动说。同年，《天体运行论》被列为禁书。但是，这一切并没有动摇伽利略的科学信念。1632年2月，经过5年多的精心撰写和嗣后2年多的不懈努力，他的名著《两种世界体系的对话》正式出版发行，书中伽利略试图以两种观点之间平等对话的方式继续宣扬日心说。由于该书的倾向性相当明显，而又引证了他用望远镜所做出的许多有利于日心说的观测实例，不久即被人看出他的本意。1633年6月22日，教廷审讯伽利略，《两种世界体系的对话》一书被禁止发行，当时他已是一位年近70岁的老人。伽利略为免于给教廷烧死而被迫表面上放弃哥白尼学说，然而法庭还是宣判他在家中终生软禁，不得外出。之后，伽利略的晚年生活甚为凄惨，加之他的大女儿先他而去世，对这位科学老人打击甚大。1638年伽利略的双眼完全失明,1642年1月8日黯然去世。

然而,愚昧的时代总会结束,经过后人的不懈努力,日心说最终得到世人的公认,确立了它在天文学以至整个自然科学中的地位,哥白尼当之无愧成为近代天文学的奠基人。1822年有关哥白尼学说的书籍开禁,但直到1979年11月10日,罗马教皇约翰·保罗二世才宣布为伽利略平反,这个冤假错案居然历时长达340余年之久!

图1.4 伽利略被迫接受庭审(绘画)

开普勒的重大贡献

在哥白尼的日心说中,行星都沿着各自的圆轨道,绕太阳作匀速运动,而太阳则居于所有行星轨道的公共圆心上。实际上这里存在两个问题:行星公转轨道并不是圆形的,行星的轨道运动速度也是不均匀的。不过,最初人们并没有认识到这一点。对行星公转运动特性做出正确说明的第一人,当推德国天文学家开普勒(J. Kepler)。

1571年12月27日,开普勒生于德国的符腾堡,他是一个陆军军官的儿子。开普勒自小身体十分娇弱,因家境贫困9岁时便失学,并不得不给人家当佣人,到12岁时才入一所修道院学习。1587年他进入蒂宾根大学,并接受了哥白尼的思想,成为日心说的忠实维护者。1591年获硕士学位,3年后在奥地利一所路德派高级中学任数学教师,在那里他开始研究天文学,并于1596年出版了《宇宙的神秘》一书。不久,开普勒的天文学才华受到丹麦著名天文学家第谷(B. Tycho)的赏识,并于1600年应第谷的邀请到布拉格,成为第谷的助手。翌年第谷去世，开普勒便成为第谷天文事业的继承人。

图 1.5　开普勒(1571—1630)

第谷生于丹麦的一个贵族家庭，是一位杰出的观测天文学家，他家境富裕，工作得到皇家的有力支持而颇为顺利。第谷去世后给开普勒留下了大量可靠的观测资料，成为开普勒进行天文研究的宝贵财富。

第谷逝世时开普勒已着手研究行星，主要探讨火星的运动规律。他深知第谷资料的重要性，花了很长的时间来进行分析。经过无数次的推算后开普勒发现，如果行星作匀速圆周运动，那么由哥白尼体系得出的行星预期位置始终不能与行星的实测位置完全符合，对于火星来说这一差异最大可达 8′，而这一结论是开普勒用了第谷在多年内所获得的 10 组观测资料得出的——火星的这些观测点并不位于一个圆上。须知，就当时来看这样的差异实在是很小的，因为望远镜还没有问世。开普勒笃信哥白尼的日心说和第谷资料的可靠性，认为第谷资料的观测精度远高于 8′，但他对哥白尼体系中行星在圆轨道上作匀速运动这一点产生了怀疑。经过反复的研究和测算后，他断定火星的公转运动轨道不是圆而应该是椭圆。这一发现把哥白尼学说大大地向前推进了一步，对此开普勒曾说，“就凭这 8′的差异，引起了天文学的全部革新！”这样就诞生了开普

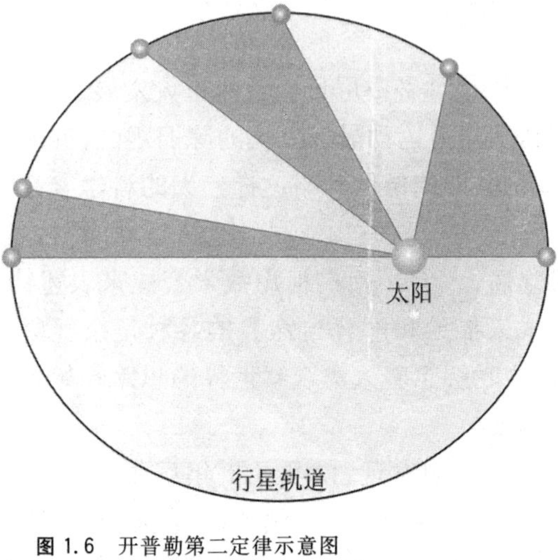

图 1.6　开普勒第二定律示意图

勒第一定律:"所有行星的运行轨道都是椭圆,太阳位于椭圆的一个焦点上"。

接着开普勒又发现,虽然火星的公转运动速度并不均匀,但这种不均匀性却有规律可循:在近日点处速度最快,远日点处速度最慢;不仅如此,在公转轨道上的任何位置处,火星与太阳的连线(称为火星向径)在单位时间内所扫过的面积是不变的。"行星向径在相等的时间内扫过的面积相等",这就是开普勒第二定律,又称面积定律。开普勒在1609年出版的《新天文学》一书中发表上述两条定律时明确指出,它们适用于所有行星以至月球的运动特征。

1612年开普勒离开布拉格,去奥地利的林茨继续从事天文研究。他花了很长的时间,通过反反复复的计算,力图找到各个行星轨道之间可能存在的某种关系。经过无数次的失败后,终于在1619年出版的《宇宙谐和论》一书中发表了他的第三定律:"行星公转运动周期的平方与行星公转轨道半长径的立方成正比",有人称之为"和谐定律"。

事实上,开普勒的行星运动三定律不仅适用于绕恒星转动的行星,包括太阳系和太阳系外的行星系统,而且也适用于所有绕行星转动的卫星。开普勒在发现火星的实测位置与哥白尼体系的理论预期位置有不到8′之差的基础上,经过创造性的分析和研究,推断出了他的行星运动定律。那么8′又是个什么概念呢?这只相当于在500米远距离处所看到的一个身高1.2米孩子的高度。开普勒坚信哥白尼日心说和第谷的观测资料,紧紧抓住这样一点微小的差异不放,从而导出了以他名字命名的行星运动三定律,这不正是今天所说的科学家的科学精神吗?

开普勒的工作是对哥白尼日心说的重大发展,它使人们摆脱了长期以来只有匀速圆轨道运动最为完美的陈旧观念,实现了行星运动的简单和和谐。需知,即使像伽利略这样伟大的科学家都认为:"为了保持宇宙组成部分的完美秩序,必须指出,可运动的物体只能沿圆周运动。"自开普勒之后,人们开始重视用数学公式来表述物理定律,用简单的数学方程式来描绘和解释自然界的各种复杂现象。从这个意义上说,开普勒的成功标志着人类观察世界的思路开始了向采用现代科学研究方法的转变。

行星运动三定律的发现,以及几十年后牛顿万有引力定律的问世,为经典天体力学奠定了可靠的基础。今天,天文学家已经可以根据天文学、特别是天体力学的理论,对太阳系天体的运动规律以及一些重要的天象做出长期准确的预报，如1994年7月16日休梅克一利维9号彗星按预报的时间和地点撞击木星便是典型一例，而对发生日食、月食、地内行星凌日、掩星等天象的准确预报已成为有关天文学家的常规工作。人们还能按照具体的科学目标，严格设计好各种人造飞行器的运动路线，使之在设定的时间和地点按既定的计划，探测太阳系各类天体，甚至飞出太阳系。“勇气号”、“机遇号”登陆火星、“惠更斯号”成功飞抵土卫六，以及对“坦普尔1号”彗星的深度撞击等，无不证明了这一点。

开普勒在1630年11月15日于德国雷根斯堡去世，终年59岁。

伽利略为日心说寻找实测证据

著名的比萨斜塔实验使全世界青少年都知道伽利略的大名。这位著名的意大利科学家可谓是实验科学的创始人，他一生在物理学和天文学上做出了许多杰出的贡献，其中包括通过天文观测间接地证实了哥白尼的日心体系。

图1.7　伽利略(1564—1642)

1564年2月15日，伽利略生于意大利比萨的一个没落贵族的家庭。在他出生后不久，全家即迁居佛罗伦萨。伽利略从小聪明活泼，好奇心强，且爱与人辩论。在不到18岁时，遵从父亲的意愿考入比萨大学学习医学。然而，他对医学毫无意念。相反，却对教堂中大吊灯的摆动规律产生了兴趣，并发现了摆的等时性。1585年，这位我行我素的大学生回到佛罗伦萨，成为父亲店铺中的一名小伙计，并在自己的小房间里继续从事所喜爱的实验。在一次偶然的机会中，他得到宫廷数学教授里契(O. Ricci)的赏识。在里契等人的推荐下，1589年夏季伽利略成为比萨大学一名只领少量津贴而无薪俸的数学教授。1592年，他被正式聘为帕多瓦大学的数学、科学与天文学教授，年仅28岁的伽利略走上了事业成功之路。

1609年，伽利略在得知荷兰人发明了望远镜后，马上意识到这一发明对天文观测的重要性，他立即亲自动手制作天文望远镜，并不断加以改进。在短短的一两年时间中，伽利略利用望远镜观测天象，很快做出了一系列极为重要的发现，如观测到太阳上的黑子，月面上的环形山,发现木星的4颗大卫星和组成银河的点点繁星等。

月球本身是不会发光的,只是因反射太阳光而被人们看到。随着月球绕地球公转,太阳、地球和月球三者的相对位置不断发生变化,结果是从地球上所能看到的、月球被太阳照亮的半球部分便时多时少,表现为满月、半月、蛾眉月甚至完全隐匿不见,这就是月相,变化周期是一个朔望月(29.5603日)。

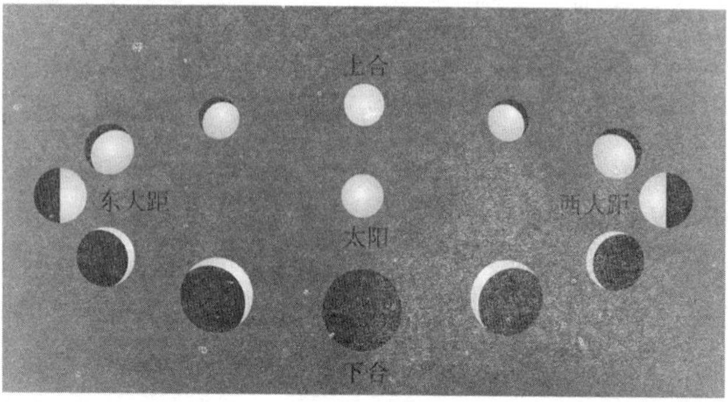

图1.8 金星位相变化示意图

1610年,伽利略非常惊讶地发现,在望远镜中金星并不呈现为一个明亮的小圆面,而是像一弯缩小了的蛾眉月。在他连续进行多个夜晚的观察后,进一步发现金星像的形状和大小都在不断地变化:从蛾眉月形开始,随着明亮部分比例的增大,金星像的圆面渐而缩小。他在观察了3个月之后,最终发现当金星像变得接近圆形时,圆面的直径也变得最小;嗣后,圆面逐渐亏缺,而直径则随之变大。伽利略经过分析研究后得出的第一个结论是:金星本身是不会发光的,它也是因为反射太阳光而为我们所看到,随着太阳、地球和金星三者相对位置的变动,金星便表现出类似于月相的盈亏变化。但是,金星离开地球比月球远得多,看起来比月球小得多,肉眼观察不可能发现金星位相和大小的变化,所看到的只是金星亮度的改变。

图1.9 望远镜中看到的金星盈亏变化

月球绕地球的公转轨道是一

个很接近圆的椭圆,月地距离不会有太大的变化。因此,尽管月球会表现出不同的月相,但大小并没有显著的改变,这一点与金星位相变化的情况完全不同。推论只有一个:金星到地球的距离在不同的时间会出现很大的变化,近的时候金星看上去大,远的时候看上去就小。根据这一观测事实,伽利略得出了他的第二个结论:金星和地球一样都绕着太阳运动,金星轨道位于地球轨道的内侧,而它们的公转运动周期是不一样的。当金星离地球很近时显得比较大,但这时它被太阳光照亮的半个球面只有一小部分对着地球,于是只能看到一弯蛾眉月似的金星像。当金星被阳光照亮的半个球面大致正对着地球时,它离开地球最远,这时金星像接近圆形,但看上去就相当小了。

实际上在伽利略这一发现的 60 多年前,哥白尼根据他的日心体系已经正确地预言:如果人眼能看得更远更清楚,就可以发现金星会像月球那样表现出盈亏变化来。伽利略通过望远镜观测证实了太阳位于太阳系的中心,地球和其他行星都绕太阳运行。因为如果按照地心说,地球位于中心,太阳、金星都绕地球作圆轨道运动,那么金星像的大小绝不可能发生如此大的变化。伽利略终于实现了他多年来力图为哥白尼日心说寻找实测证据的夙愿。

尽管伽利略的一系列重大发现在欧洲引起了很大的轰动,但由于这是一些标新立异式的事物,与《圣经》相违,在亚里士多德的著作中也找不到,因而包括不少学者在内的许多人对此不予承认,帕多瓦大学的教授甚至很荒唐地拒绝用他的望远镜来观察。

恒星视差的测定

哥白尼日心体系的要害是“日心地动说”,即地球绕太阳运动。尽管伽利略对金星的观测结果给日心说以有力的佐证,但这毕竟没有直接证明“地球是在动的”,至少日心说不能算是对实测结果的唯一解释。

1588 年,第谷提出了一种介于托勒密地心体系和哥白尼日心体系之间的宇宙体系。在他的体系中,地球位于宇宙中心且静止不动,其他行星绕太阳转动,而太阳则带着这些行星一起绕地球转。第谷体系是对托勒密地心体系的一种修正,可称为准地心体系。显然,在第谷体系中,金星和地球之间的距离会有很大的变化,因而同样能用来对伽利略关于金星位相和大小变化的实测结果做出合理的解释。不过,第谷体系在欧洲没有得以广泛流行,但在 17 世纪初传入中国后曾一度被接受。

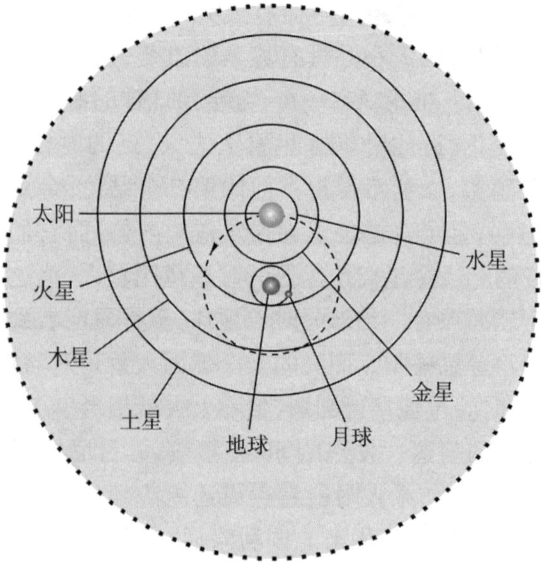

图 1.10 第谷体系

那么如何才能直接证明地球在绕太阳运动呢？为此需要引入"视差"的概念。一般而言，从两个不同位置观测同一个目标时，两条视线间的交角称为视差或视差角，又称三角视差。如果日心说是正确的，地球绕太阳在转，那么在一年中的不同时间去观测同一颗远方的恒星，观测到的恒星所在的方向应该会发生变化，而且以一年为变化周期，这种运动称为恒星的周年视差位移。恒星观测方向在一年中最大变化量的一半，或者说恒星对地球公转轨道半长径的张角(图1.11中的 θ 角)，在天文学上称为恒星的周年视差，简称视差。只要能发现恒星有视差位移，或者能测出恒星的周年视差，就能明确无疑地证明地球在绕太阳转动，从而彻底否定地心说。

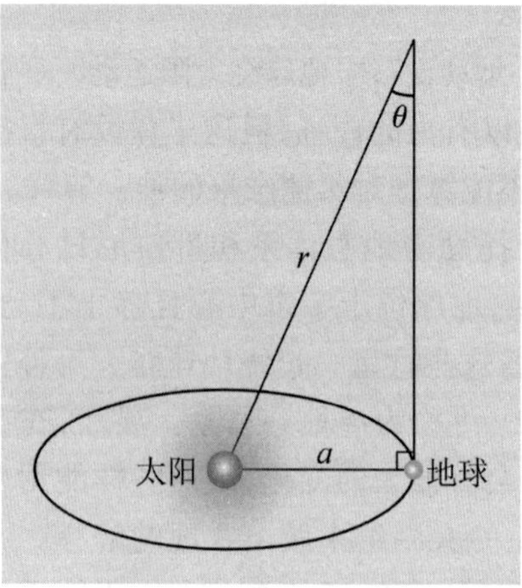

图 1.11 恒星周年视差的测定原理

其实，哥白尼在提出他的日心说之时已经认识到了这一点，为此他进行了首次恒星视差的实测工作。他在地球位于公转轨道直径两端的两个日子，测量了同一颗恒星的位置，结果没有观测到恒星的视差位移，或者说恒星的视差为零。哥白尼对此做出了正确的解释：恒星的距离太远，它们的视差位移非常小，而当时望远镜还没有发明，肉眼观测用的仪器误差太大，因而不可能测出恒星的视差。哥白尼考虑到他所用仪器的观测精度只有 3′～5′，推断恒星的距离至少在日地距离的 1 000 倍以上。

天体的距离实在太遥远了，即使用天文单位(在天文学中定义地球到太阳的平均距离为 1 天文单位，约等于 1.5 亿公里)来表示也很不方便，于是天文学家引入了一种更大的距离单位——光年。1 光年定义为光线在一年时间内所行经的路程，约等于 9.46 万亿公里，或 63.2 万天文单位。有人经考证后认为，最早采用光年作为天体距离单位的是威廉·赫歇尔(F. W. Herschel)。另外，法国天文学家和科普作家弗拉马里翁(N. C. Flammarion)在他的 1880 年版《大众天文学》一书中已提到了光年。由此可见，早在 1780—1880 年间的某个时候，天文学家已开始用“光年”作为天体的距离单位。

现在知道，除太阳外，最近一颗恒星到太阳的距离为4.22 光年，大约等于 40 万亿公里，相当于日地距离的 27 万倍，远远大于哥白尼的早期估计。即使对这样一颗近距星来说，它的视差还不到 1″。1″这样一个角度有多小呢？这大致上相当于在相距 240 公里远的地方，看一个 1.2 米身高的孩子的高度。恒星的距离越远，它的视差就越小：距离 32.6 光年的恒星，视差为 0.1″，距离 326 光年的恒星，视差为 0.01″，依此类推。恒星视差实在太小了，哥白尼时代简陋的观测设备根本发现不了。正因为如此，在哥白尼提出他的日心地动说之后的近 300 年时间内，尽管这一学说不断深入人心，许多人试图通过实测发现恒星的视差，但都没有取得成功，以至有些人对哥白尼学说的正确性产生了怀疑，其中包括著名天文学家第谷。

1837 年，俄国天文学家斯特鲁维(В. Я. Струве)测得织女星的视差为 0.125″，相应的织女星距离为 26.0 光年。同年，德国天文学家贝塞尔(F. W. Bessel)测量恒星天鹅 61 的视差，并于翌年得出结果为 0.31″，相应的恒星距离为 10.5 光年。嗣后，测得视差的恒星越来越多，哥白尼的日心说最终得以确证，人们再也不会怀疑地球是在绕太阳运动了。

今天，人们自然不再需要通过测定恒星三角视差来验证哥白尼学说。但是，视差测定仍然是确定天体距离最基本的方法，在天文学中始终有着极为重要的地位。这是因为一方面距离对于研究天体和天体系统的物理特性至为重要，另一方面由视差测定得出的恒星的几何距离，是天文学中许多其他测距方法的基础。为此，天文学家一直在为测得更多、更远、更暗、更精确的恒星的视差(距离)而不懈地努力。20 世纪初，美国女天文学家史莱辛格(F. Schlesinger)开创了用照相方法测定恒星三角视差的新纪元，得到了大批恒星的几何距离。1989 年，欧洲空间局(European Space Agency, ESA)发射了依巴谷(Hipparcos)天体测量专用卫星，在短短 3 年的时间内，测得了 10 万颗恒星的视差，精度好于 0.001″。ESA 还计划在 2011 年发射新一代的天体测量卫星盖亚(GAIA)，精度可达 0.000 01″，相当于 1 000 公里外看到的一根头发丝的直径；即使对 30 000 光年远的目标，距离测定的相对精度也可达到 10%。

顺便应该指出的是，远在人们测得恒星周年视差之前，英国天文学家布拉得雷(J. Bradley)于 1725—1728 年间发现了光行差现象，这实际上已经证明地球是在动的。所谓光行差是指同一瞬间，运动中的观测者与静止观测者所观测到的同一天体的视线方向之差。布拉得雷研究工作的目的也是试图发现恒星的周年视差位移，他观测到了恒星天龙 γ 在天穹上的位置确实表现出一种有周年性变化的移动，但移动的方向与视差位移应有的方向不相符合。经过 3 年的仔细研究后，他得出结论认为，这是星光速度与地球运动速度合成的结果，并取名为光行差。如果地球静止不动，地球上的观测者就观测不到任何光行差效应了。日常生活中也有类似的这种现象：在没有风的下雨天雨滴应该是垂直下落的，但在街上走的行人会感觉到雨滴是从前方斜向自己落下，因而总是会把伞朝前倾斜，其基本原理与光行差是一样的。

在人类认识宇宙的漫长进程中，哥白尼日心说的提出可谓是最重要的里程碑。恩格斯对日心说给予极高的评价：“从此自然科学便开始从神学中解放出来”，“科学的发展从此便大踏步前进”。然而，日心体系从提出、不断完善到最终证实，这一过程经历了将近 300 年的漫长时光，凝聚了众多科学家的智慧、辛勤的劳动和毕生的精力，甚至有人为之献出了自己宝贵的生命。

1.2 从观赏银河到认识银河系

揭示银河的真面目

晴朗夜晚的天空，特别是在夏季，只要没有城市灯光和明月月光的影响，便可以清晰地看到一条乳白色的不规则亮带横跨夜间星空，从地平线的一端起，经过头顶附近，一直延伸到地平线的另一端。这就是银河，在中国古代又称为银汉，而在西方则称作“牛奶之路(Milky Way)”。关于银河，无论是在中国还是在西方，都流传着许多美丽动人的神话故事。

图 1.12　美丽的银河

如果在一年四季的不同日子里仔细地观察银河的位置和形态，就会发现银河在整个天空中构成一条封闭的环带，称为银道带。银道带的轮廓颇不规则，不同部分的亮度不等，有的地方会出现一些暗区，有的地方甚至一分为二。银道带的宽窄很不一致，最宽处可达 30°，或者说大致相当于月球直径的 60 倍(从地球上看，月球直径的张角约为 30′)，最窄的地方也有 10°。

天文学上为了便于识别满天恒星，把全天划分为大小不等的 88 个天区，并赋予不同的名称，称为星座，如大熊座、仙后座等。银河所经过的天区共涉及到 23 个星座，可见它的范围相当大。另一方面，由于地球绕太阳的公转运动，不同月份所看到的银河，其形状、亮度和在天空中的位置会有很大的变化。就北半球的中纬度地区来说，以夏秋之交晴天夜空中的银河最为明亮。

“放眼望深渊，星斗布满天，繁星数不尽，天涯若无边”，俄国科学家罗蒙诺索夫(М. В. Ломоно́сов)用美丽的诗句对星空做了绝妙的描述。早在 15 世纪中叶，法国大主教尼古拉就已天才地猜测黑夜天空中所见到的点点繁星都是一个个十分遥远的太阳。1584 年，布鲁诺在大力宣传哥白尼日心说的同时，进一步明确提出宇宙无限的概念，他认为恒星是遥远的“太阳”，太阳只是一颗普通的恒星。不过，在当时这些具有远见的猜测并没有任何实测科学依据，更没有引起学者们的普遍关注。在漫长的历史时期中，银河只是一种人们观赏的夜景，并引起许多诗人的遐想。

对银河本质的认识首先得归功于望远镜的发明。1608 年，荷兰米德尔堡一位眼镜制造商利伯希(H. Lippershey)在一次偶然的机会中造出了世界上第一架望远镜，而这也许还得归功于两个调皮的孩子。据说，利伯希开了一家眼镜店，他为人和善，孩子们常到他店里玩弄眼镜片，甚至把镜片拿到店外面去。有一天，两个孩子在利伯希的商店门口摆弄几片透镜，他们通过前后两片透镜观看远处教堂顶上的风标，好像发现了什么而显得十分高兴。利伯希看到了孩子们的欣喜表情似乎不同寻常，于是就跑了过去。他也拿起这两片透镜来观看，结果发现远处的风标居然放大了好多。这使利伯希大为兴奋，他立即跑回店中，把这两片透镜装在一个筒子里，第一台望远镜就这样诞生了。同年，利伯希便很快为自己的望远镜申请到了专利。他制作了许多望远镜出售给个人和荷兰政府，并用于军事和航海事业。是年，英国军队入侵荷兰，英荷两国处于交战状态，利伯希的望远镜在战争中自然很快大显身手。最后荷兰人打败了入侵的英国军队，至于望远镜在战争中起了多大的作用就不得而知了。

图 1.13　伽利略的望远镜

1609 年，伽利略率先把望远镜对准了银河。通过望远镜观测他发现银河实际上是由无数颗恒星所构成的，只是因为这些星星又多、又暗、又密，离开地球都非常远，人的肉眼无法一一加以分辨，因而在夜间天空中便形成了一条模糊的银白色光带，成为人们所看到的银河图景。伽利略的这一发现对认识银河的本质具有重要作用，神秘的银河开始显露出它的本来面貌。

赫歇尔开创银河系天文学

1750 年，英国天文学家赖特(T. Wright)指出，银河和天空中所有的恒星实际上构成一个巨大的扁平状恒星系统，也就是现在所说的银河系，其外形有点像运动员用的铁饼。“不识庐山真面目，只缘身在此山中”，只是因为包括地球在内的太阳系处于这一系统的内部，从地球上无法直接看出银河系的真实形状，只是沿不同方向看去，银河系表现为恒星高度密集的银河，或者是离散分布的一颗颗恒星，而银道带正是银河系主体部分在天空中的投影。不过，尽管赖特对银河系总体结构的认识是正确的，但他并没有给出观测上的证据。首先通过实测来研究银河系结构的是著名英国天文学家威廉·赫歇尔。

图 1.14　W. 赫歇尔(1738—1822)与他的妹妹 C. L. 赫歇尔和儿子 J. F. 赫歇尔都是卓有贡献的天文学家

1738 年 11 月 15 日，赫歇尔生于德国汉诺威。早年，在父亲的影响下曾以音乐为生，16 岁便在军乐团吹奏双簧管。赫歇尔的父亲可谓多才多艺，在晚间除对 6 个子女教授音乐外，还会指点他们认识星空，给少年赫歇尔以天文启蒙教育。1757 年英法战争期间法军占领汉诺威后，赫歇尔只身渡海移居伦敦，并开始他的业余天文生涯，直至成为专业天文学家。他一生中制作了数以百计的望远镜，在天文学的诸多领域做出了杰出贡献。1782 年赫歇尔被授予柯普莱奖章，并成为英国皇家学会会员。翌年，被英王乔治三世聘为宫廷天文学家。1821 年，赫歇尔成为英国皇家天文学会的首任会长。

从 1770 年代起，赫歇尔在他妹妹卡洛林·赫歇尔(C. L. Herschel)的支持下，开始用恒星计数的方法来研究银河系的结构。所谓恒星计数，也就是用他的望远镜逐个计算在天空不同位置上所能看到的恒星的数目。赫歇尔在几十年内所作的 1 083 次观测中，总共计数了 117 600 颗恒星，就当时的条件来说，照相术还没有问世，这项工作的工作量非常之大，赫歇尔为之付出了极大的心血，他和他的妹妹经常是通宵达旦地数星星，从不放弃一个晴夜。由于全身心地投入天文事业，赫歇尔到 50 岁才结婚，54 岁得子，而卡洛林则终生未嫁。

1785 年，赫歇尔在大量观测的基础上，再加上若干理论假设，建立了天文学史上的第一个银河系模型。赫歇尔在建立他的银河系模型时所作的假设是：(1)所有恒星的实际发光本领是一样的，因此看上去越暗的恒星离开地球就越远；(2)恒星际空间完全是透明的，即不存在任何会影响到星光亮度的星际物质；(3)恒星的空间分布是均匀的，因此看到恒星越多的地方，恒星分布的延伸范围就越远；(4)用他的望远镜可以看到最远的恒星，也就是说可以看到银河系的边缘。现在知道，赫歇尔的 4 个假设实际上都不能成立：不同恒星的光度可以相差很大，因而暗的星并不一定就是远的星；银河系中存在各类星际物质，它们的分布很不均匀，并影响到恒星的亮度，而且在不同观测方向上这种影响的程度是不同的；恒星的空间分布很不均匀；赫歇尔的望远镜不可能观测到银河系的边缘，即使现代大望远镜也无法做到这一点。因此，从今天来看，赫歇尔的银河系模型显得相当粗糙，与实际情况有很大的差异。尽管如此，他的模型还是大体上勾画出了银河系中间厚、边缘薄，以及呈现有扁平、对称状的轮廓。

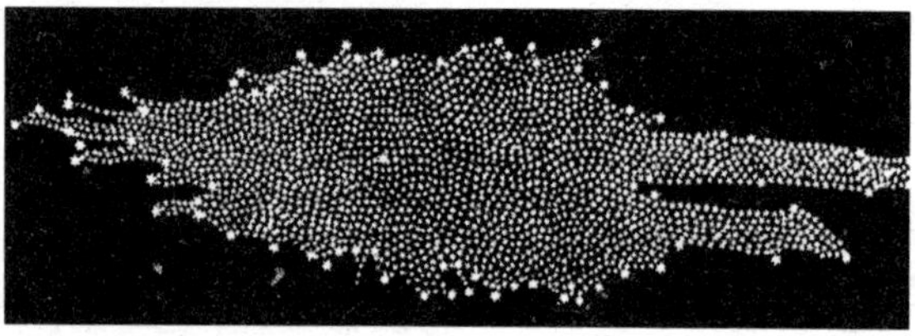

图 1.15　赫歇尔的银河系模型

赫歇尔的观测是在北半球进行的，没有涉及到只有在南半球才能看到的那部分恒星。1830 年代，老赫歇尔的儿子约翰·赫歇尔(J. F. Herschel)把父亲的恒星计数工作扩展到了南半球，他不辞辛苦地远赴南非好望角，在大约 5 年的时间内，作了 2 299 次观测，共计数了 70 000颗恒星，从而为银河系结构的研究奠定了更为坚实的观测基础。从赫歇尔父子的工作和成就，又一次可以看到科学家为探索科学真理而不懈努力的科学精神。

赫歇尔的工作具有重大的历史意义，它证实了作为一个恒星系统的银河系的客观存在，从而把人类的视野从太阳系拓展到了比太阳系大得多的银河系。这是继哥白尼建立日心说之后，天文学发展史上的又一个重要里程碑，赫歇尔也因此而被誉为“恒星天文学之父”。

难以觉察的恒星高速运动

古时候，人们发现天上除了少数几颗星外，绝大多数星星在几十年甚至几百年内，相互间的位置(具体说来就是由若干颗恒星构成的图案)没有什么变化。因而认为前者是在运动的，称为行星，后者则是不动的，冠名为恒星。恒星这一名不副实的称呼，在中国和西方都不约而同地一直沿用至今。实际上，恒星也在不停地运动着，速度可达每秒几十公里甚至更快，只是由于它们离开地球太远了，因而常人很难觉察到。

天文学上为方便起见，通常把天体的运动速度沿两个方向分解，一个是沿观测者到天体的视线方向，称为视向速度，以每秒公里为单位；一个是与视线相垂直的方向，称为自行，后者也就是天体在天球上位置的变化角速度，以每年角秒为单位，称为年自行。一旦知道天体的距离，由自行便可得出天体在天球切平面上的运动线速度，称为切向速度。这里所谓的“天球”是指以观测者为中心、以任意长为半径所作的一个假想的球，地球上所看到的天体实际上都可看作是它们在天球上的投影，而距离远近之差直观上是觉察不出来的。自行和切向速度还可以沿天球上的经纬度方向分解为两个分量。

英国天文学家哈雷(E. Halley)于 1718 年首先发现恒星的自行现象。他把天狼星等若干颗亮星当时的位置和托勒密星表上的位置作了比较之后，发现它们大约有月球直径(0.5°)那么大的变化，这一变化就是恒星在约 1500 年期间自行运动的结果。肉眼可见恒星的自行大多小于每年 0.1″，而暗星的自行一般还要小。目前所知自行最大的恒星是位于蛇夫座的巴纳德星，年自行为 10.31″。即使是这颗星，也得经过 170 多年才移动月球直径那么大的一段距离，无怪乎古人没有发现恒星的自行现象，以至把它们当作是恒定不动的天体了。今天，天文学家已经测定了几十万颗恒星的年自行，精度好于千分之一角秒(0.001″)。

恒星自行虽然很小，但是在漫长的岁月中，它会使恒星间的相对位置发生显著的变化。在天空中，由一些星星构成的图案，如北斗七星，是人们非常熟悉的。但是，由于恒星有自行，而且这 7 颗星的自行大小和方向又不尽相同，在十万年前或经十万年后，它们的形状和现在就完全不同了。

恒星沿视线方向的运动与自行的情况不同，它使恒星远离或靠近地球，但不会改变观测者所看到的恒星在天空中(即天球上)的位置。

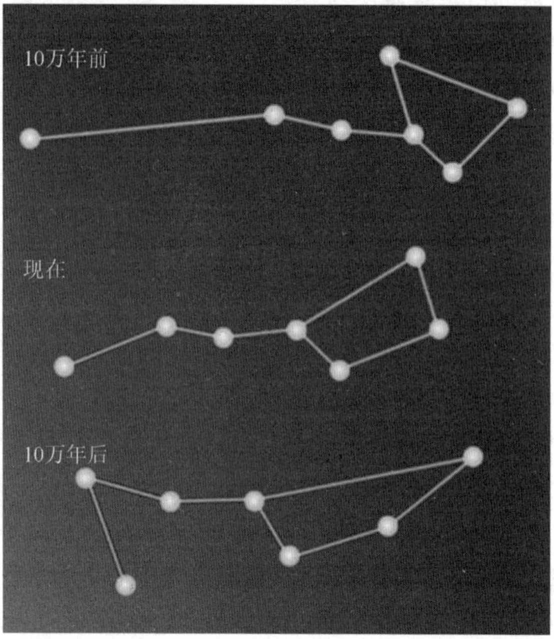

图 1.16　北斗七星在 10 万年前、目前和 10 万年后的形状

恒星视向速度的测定需要应用物理学上的多普勒效应。当火车以很高的速度通过站台时，在它接近站台的时段内，火车的汽笛声听起来会变得比较尖(声波的频率比较高，或者说波长比较短)，而远离站台时汽笛声就比较粗(频率比较低，即波长比较长)。如果以 c 表示声速，ν 为火车的运动速度，λ_0 为火车(即声源)静止时汽笛声的波长，则由于火车在快速运动，站台上的人实际所听到的汽笛声的波长 λ 与 λ_0 是不同的，这就是著名的多普勒效应。它的数学表达式是 $(\lambda-\lambda_0)/\lambda_0=\nu/c$，其中声速 c 和静止波长 λ_0 是已知的，λ 可以通过观测来加以确定，于是利用多普勒效应即可得出声源火车的运动速度 ν。

光是一种电磁波，把多普勒效应用在恒星星光的传播上时，上面简单公式中的 c 就是光速，ν 是待确定的恒星的视向速度。借助摄谱仪可以拍摄到恒星的光谱，通常在恒星光谱中会有一些吸收谱线，这些谱线是因恒星大气中的各种元素吸收恒星星光的辐射所造成的，而且一定的元素严格对应着一定波长的若干条吸收线。只要把恒星实测光谱中某种元素(比如铁)的谱线位置，与实验室中同种元素的标准光谱线位置加以比较，就会发现恒星光谱中铁谱线的波长(即运动光源的波长 λ)，与实验室中铁谱线的波长(即静止波长 λ_0)是不同的，两者之间会产生一定的位移 $\Delta\lambda=\lambda-\lambda_0$。铁的静止波长是已知的，$\Delta\lambda$ 可以通过观测得到，于是即可由多普勒效应求得恒星的视向速度 ν，这就是天文学上确定天体视向速度的基本原理。

恒星的视向运动有两种情况：如果恒星在远离地球而去，$\lambda>\lambda_0$，观测谱线与静止谱线相比向光波的红端（长波）方向移动，$\nu>0$，称为谱线红移。反之，当恒星在接近地球时，$\lambda<\lambda_0$，观测谱线向光波的蓝端（短波）方向移动，$\nu<0$，称为谱线蓝移（亦称紫移），这两种情况分别对应于火车远离站台和火车接近站台。由于多普勒效应，在声波上，声源的运动使听到的声音的频率发生变化；在光波上，光源的运动使谱线的位置发生变化。大量的观测表明，约有 50%恒星的视向速度不超过 18 公里/秒，大约 80%恒星的视向速度不超过 30 公里/秒。

通过对自行、视向速度和距离的测定，就可以得出恒星空间运动速度的大小和方向。任何运动都是相对的，观测得到的恒星运动必然由两部分组成：一部分是因太阳本身在运动所引起的恒星运动，称为视差动，而剩下的部分才是恒星自身的运动，这就是恒星本动。对于一大批恒星来说，它们本动的方向和大小可以认为是杂乱无章的，因而本动的平均值应该接近于零。赫歇尔聪明地认识到了这一点，他在 1783 年利用大批恒星的自行和视向速度首次确定了太阳的运动，发现太阳以大约 20 公里/秒的速度朝着织女星附近的方向运动。太阳在近 20 个小时的时间内才能移动自己直径大小那么一段距离，从天文学的角度来看这种速度之慢犹如蜗牛爬行。赫歇尔的工作明确无疑地证实了，哥白尼日心说中太阳在宇宙中固定不动的观念是错误的，人类的认识又向前迈出了一大步。

太阳在银河系中的地位

在赫歇尔的模型中，太阳仍然位于当时人们所认识的宇宙范围——银河系的中心。基于赫歇尔当时在天文界中有着很高的声望，这一不正确的概念一直维持了 130 余年之久。

1830 年代照相术的问世为天文研究提供了一种全新的观测手段。荷兰天文学家卡普坦（J. Kapteyn）首先抓着了这一点，他正确地认识到可以利用照相方法重做赫歇尔的恒星计数工作，并预期能得出更好的结果。卡普坦本人并没有使用过望远镜，但他同全世界天文学家建立了广泛而又有效的合作。鉴于照相底片所拍摄到的恒星数以十万计，计数工作量极为庞大，仅初期工作就耗时长达 10 余年。为节

图 1.17 沙普利(1885—1972)

省开支,经请求批准,卡普坦甚至借用了荷兰一所监狱内的一些囚犯来协助他进行计算。1922 年,卡普坦在嗣后进一步工作的基础上发表了他的银河系模型:银河系主体具有盘状结构,直径是 5.5 万光年,厚 1.1万光年,其中包含了 474 亿颗恒星;太阳位于靠近盘中心的位置上,离中心约为 2 000～2 300光年。对此,世人曾称之为"卡普坦宇宙"。可惜的是,尽管他在 2 年前发表的一篇论文中已正确地认识到"太阳到系统的中心必定有相当大的距离",但最终还是被他放弃了。

正确判定太阳在银河系中位置的工作是由美国天文学家沙普利(H. Shapley)完成的。说来有趣,沙普利可谓是偶然"闯入"天文界的。他当过报社记者,在他进入学校准备主攻新闻专业时,新闻系尚未开课,于是沙普利选修了天文学,不料从此一发不可收拾,最终成为著名的专业天文学家,并曾担任哈佛大学天文台台长和美国天文学会会长等要职。

与赫歇尔和卡普坦的做法不同,沙普利是用包含几十万颗恒星的球状星团,而不是用单颗恒星来研究银河系的结构和太阳在银河系中的位置。这样做至少有两个好处:工作量大大地减小,以及球状星团要比单颗恒星明亮得多,在很远的距离上也能观测到。1918 年,沙普

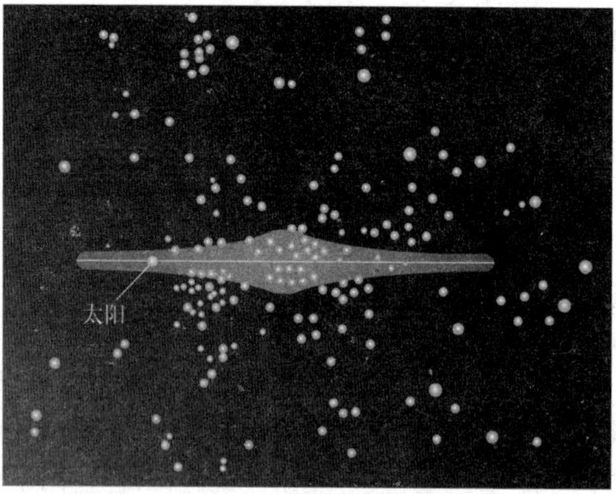

图 1.18 球状星团的分布和太阳在银河系中的位置

利用美国威尔逊山天文台当时世界上最大的2.5米口径的望远镜，研究了已知的约100个球状星团。他认定球状星团是银河系的组成部分，在前人工作的基础上，通过各种方法估计出各个球状星团的距离，结果发现其中的约三分之一位于人马座，而有90%以上的球状星团位于以人马座为中心的半个天球上。由此沙普利正确地推定，这些球状星团所构成的系统呈球对称分布，其中心就是银河系的中心。从这一论断出发，球状星团分布“一边倒”的观测现象说明太阳并不在银河系的中心，而是位于离银河系中心约5万光年的地方。沙普利还认为这些球状星团的范围为30万光年，而这就是银河系的尺度大小。

现在知道，球状星团系统的主要分布范围约为10万光年，太阳处于离银河系中心大约2.6万光年的地方，或者说更靠近银河系主体边缘的地方。银河系中心位于人马座方向，从地球上看那里的恒星数量最多，也最为密集，因此夏季夜晚可以看到的人马座方向附近的银河最为明亮。显然，沙普利过高估计了银河系的大小，其主要原因有两个：第一，对球状星团距离的估计过大；第二，与赫歇尔一样没有考虑到星际物质的存在对观测结果的影响。尽管如此，沙普利关于太阳不位于银河系中心的基本结论具有重要意义，他纠正了赫歇尔关于太阳位于银河系中心的错误认识，而当时人类心目中的宇宙也就仅限于银河系，因此哥白尼日心说中太阳处于宇宙中心的概念也是不正确的。

太阳确实在运动，以及太阳并不位于银河系中心的事实，不会影响到天文学家对太阳系天体运动规律的认识、研究和应用。太阳系内所有的天体在太阳巨大引力的束缚下，随着太阳一起在宇宙空间中运动。运动是相对的，太阳系天体相对于太阳的运动状态仍然符合日心说的基本观念，服从开普勒行星运动定律和牛顿万有引力定律，人们在预报与太阳系天体有关的天象，或者设计行星际空间飞行器的运动轨道时，完全无需考虑太阳正在银河系中快速运动。

1.3 在科学争论中确认河外星系

仙女星云本质之争

圣保罗大教堂是英国最有名的教堂之一，1666年的一场大火烧毁了它的大部分建筑。教堂的重建工作由颇具名望的建筑师雷恩(C. Wren)爵士负责，并于1697年竣工。这位建筑设计大师曾于1657年担任格雷舍姆学院的天文学教授，在他的就职演说中，雷恩猜想未来的天文学家也许会发现“每个在无限远处似乎是别的某个世界的苍穹出现的云雾状天体，都埋没于天体间广阔无垠的真空深渊之中”。这段话的含意尽管很不明确，但有人认为雷恩想到了“星云”可能是银河系外的恒星系统。

雷恩爵士的猜想说明了，早在赫歇尔尝试确定银河系结构之前，已经有人注意到夜间天空中除了恒星外，还可以看到一些亮度较为暗弱、外形模糊而又不规则的很小的云雾状天体，并取名为星云。自然哲学家们开始自问这样一个在当时显然无法回答的问题：“银河是否已构成了整个宇宙？”

图 1.19　仙女星系（M31）

1750 年，英国人赖特曾天才地猜想，在这种星云中，有一些可能是同银河系一样的巨大的恒星系统。1755 年，德国哲学家康德(I. Kant)经过一系列大胆而又直觉的推敲，首次明确提出在银河系外的宇宙空间中，存在着无数个与银河系相类似的天体系统，他甚至确指 1612 年发现的仙女座大星云即在此例。康德把宇宙比作广袤的海洋，而这些天体系统就像是“大海中的岛屿”，于是早期就有“岛宇宙”一说。现在知道这就是河外星系，或简称星系。可是，当时由于对形状模糊的星云的精细结构缺乏了解，更不知道它们的距离，对于星云到底是银河系内的云状天体，还是银河系外的恒星系统，人们无法轻下断语。

赫歇尔首次想到通过观测来探究这一问题的正确答案。当时，他拥有世界上最大的、口径 1.2 米的望远镜，并且已经用这台望远镜做出了不少重要的发现而声名显赫。赫歇尔认为，如果通过望远镜的放大作用，可以把星云分解成一颗一颗的恒星，星云就是星系；否则的话康德的观点便不能成立，星云是银河系内的天体，只是外形、组成和结构与恒星很不一样罢了。一开始不少星云被望远镜分解为一颗颗恒星，然后他又发现也有许多星云无法分解为恒星，这使得赫歇尔先是赞成而后又反对河外星系的存在，不能得出明确的结论。

现在知道，赫歇尔时代的所谓“星云”，实际上包括了 3 种完全不同的天体或天体系统。一种是银河系内真正的弥漫状星云，即使用今天最先进的观测设备也不会把它们分解成恒星，因为这些星云本来就不是由恒星组成的。另一种是银河系内的恒星集团——星团，只是用肉眼或者小望远镜无法分解为一颗一颗恒星。最后一种便是位于银河系之外的庞大的恒星系统——河外星系，因为太远了，凭赫歇尔的望远镜还是不可能分辨出其中的单颗恒星。因此，赫歇尔能用他的望远镜分辨出一颗颗恒星的天体实际上就是银河系内的星团，而无法分解为恒星的则是银河系内的星云，或者是河外星系。关于星云本质的争论，直到 20 世纪初仍然没有明确的定论。

1920 年 4 月，美国科学院举办了一次“宇宙的尺度”辩论会。会上，以柯蒂斯(H. Curtis)为首的一方认为一部分星云实际上是位于银河系之外的庞大恒星系统——河外星系，而以沙普利为首的另一方则坚持相反的立场，沙普利本人甚至认为岛宇宙理论只是一种幻想。这就是天文学史上有名的“沙普利－柯蒂斯之争”，争论双方各抒己见，互相对立的观点相持不下，而且根本不听取对方的意见，实际上没法称为人们所说的“伟大的辩论”，最终也不可能得出明确的结论。问题的关键在于如何正确测定这些星云的距离：如果“星云”的距离远大于银河系的尺度，而且又可以分解为一颗颗恒星，那么河外星系的存在就可以肯定下来了，否则它们便是银河系内的天体。可是，测定遥远天体的距离又谈何容易，这需要新的天体测距方法，更需要有大的望远镜。

图 1.20　柯蒂斯(1872—1942)

望远镜越做越大、越好

人们都会有这样的经验，对于同一个光源(比如灯泡)，离开它越远，看上去就越暗，而远到一定程度人眼就看不到了。这就是说人眼接收光线的能力是有限的，物体发出的光线太弱了，人眼便感觉不到，也就是看不到物体的存在。另外，如果有两个光源靠得比较近，当它们距离不太远时，可以看到两个光点。随着人与光源间距离的增大，不但光源变得越来越暗，而且看上去两个光点靠得越来越近，距离远到一定程度两个光点看起来便成了一个光点，人眼无法把它们分辨开来。这就是说，人眼分辨被观测对象的本领(称为分辨本领或分辨率)是有限的。须知，天文学的观测对象是天体，而绝大部分天体离开地球都非常遥远，人眼往往看不到，更谈不上去洞察它们的细节了，所以就需要用天文望远镜来观测。

望远镜主要有两个功能。第一是能收集到比人眼瞳孔（直径最大为 8 毫米）所能接受到的更多的光线，也就是说可以观测到人眼看不到的暗弱物体，这是望远镜的聚光作用。第二是能提高对观测目标的角分辨率，也就是说能够看清楚远方物体的细节，这是望远镜的放大作用，即望远镜的分辨本领。这两个能力主要都取决于望远镜物镜的大小，或者说望远镜的口径：物镜的口径越大，聚光能力越强，分辨本领也越高。因此，到目前为止，人们一直在想方设法加大天文望远镜物镜的口径，把望远镜做得越来越大。

图 1.21　牛顿制作的反射望远镜

继伽利略之后，望远镜便处于不断改进和完善的时代。伽利略望远镜的光学系统由一块凸透镜和一块凹透镜组成，称为折射（或折光）望远镜，看到的是物体的正像。17 世纪初，开普勒发明了由 2 片凸透镜组成的折射望远镜，使放大倍数有很大的提高，但在这类望远镜中所看到的是倒像，不过这对天文观测几乎没有任何影响。1668 年，大科学家牛顿（I. Newton）用凹形球面反射镜作为主镜制成了第一台反射望远镜，为天文望远镜的制造开辟了一条新的途径。

折射望远镜和反射望远镜相继问世以后，天文望远镜大体上便沿着折射式和反射式这两个方向发展。1789 年，赫歇尔制成了一台口径 1.22 米、焦距 12 米的反射望远镜，在天文学上做出了一系列重大发现，并使天文学家进一步认识到大型望远镜对天文观测的极端重要性。之后，人们便不惜工本去建造越来越大的望远镜，以提高它的聚光能力和分辨本领。就折射望远镜来说，1847 年口径做到 38 厘米，1896 年做到 82 厘米，1897 年口径

图 1.22　美国叶凯士天文台的 1.02 米折射望远镜

1.02 米的望远镜正式投入使用，这个记录一直保持到现在。在反射望远镜方面，继赫歇尔之后，1845 年口径做到 1.8 米，1917 年做到 2.5米，1948 年口径达到了 5 米，1974 年 6 米口径望远镜问世。

图 1.23　美国帕洛玛山天文台的 5 米望远镜

现代大型望远镜的建造是一项综合性的课题，涉及到精密光学、精密机械、自动控制以及计算机技术等各项高、精、尖的理论、技术和工艺问题。巨型望远镜在制造上会给光学和机械等各个方面带来巨大的、甚至不可克服的技术性困难。例如，在 1897 年以后，人们再也没有制造比口径 1.02 米更大的折射望远镜。

鉴于天文学观测研究对大口径望远镜的需要，从 1960 年代初期以来，有人就已提出了“化整为零”的思想，即用“多镜面望远镜”来取代单镜面望远镜。这些小镜面可以放在同一个支架上，也可以是一些独立的、相对小的望远镜。现代计算机技术能够保证按照观测要求，对每一块小镜面或小望远镜的位置和形状进行实时调整，使所有小镜面对观测对象的最后成像效果，始终保持等同于单块大镜面的观测结果。这种望远镜在当时曾被称为“下一代望远镜”或“第二代望远镜”，因为它们的工作原理和以前的望远镜有很大的不同。

图 1.24　夏威夷岛上的 10 米口径 Keck 望远镜

今天人们已经根据上述原理建成了一系列巨型望远镜。如美国夏威夷岛上两台口径 10 米的 Keck 望远镜，采用的是单一支架结构，由 36 块对角线长 1.8 米的六角形镜子组成。又如口径 16 米的欧洲甚大望远镜，它是由 4 台口径 8 米的单镜面望远镜合成的，这

几架望远镜既可以单独使用，又可以合起来相当于一台 16 米望远镜。不仅如此，口径几十米、甚至 100 米的超级大望远镜也已在酝酿之中。

造父变星和光度距离

天体距离测定是天文学中最重要的工作之一，长期以来天文学家始终为测定各类天体的距离进行不懈的努力。确定恒星距离最基本的方法是三角测量法，即测定恒星的视差角 θ，从而可以推算出恒星的距离 r(参见图 1.11)，称为几何距离。由于恒星的距离都十分遥远，r 与 θ 之间有着非常简单的关系：$r=1/\theta$，这里 θ 的单位是角秒，而 r 的单位为秒差距(pc)。秒差距是天文学中又一种常用的距离单位，1 秒差距的定义是当恒星的视差角 $\theta=1''$ 时该恒星到太阳的距离，它与光年的关系是 1 秒差距＝3.26 光年。如果说光年是一种物理意义上的距离单位，那么秒差距便是一种几何意义上的距离单位，而且比光年有着更为直观的含意；对专业天文学家来说，秒差距的使用比光年更为普遍。从历史上来看，秒差距可能始用于 1913 年或更早，这一测距单位最初是由英国天文学家特纳(H. H. Turner)提议的。在这之前，曾有人建议用天狼星的距离(相当于 8.8 光年或 2.7 秒差距)作为表示恒星距离的单位，称为“天狼米”，但没有为后人所采纳。

显然，视差角 θ 随着恒星距离的增大而减小，即使利用依巴谷卫星进行空间观测，三角视差方法可适用的测距范围最远也不超过 1 000秒差距(即 1 kpc＝10^3 pc，称“千秒差距”)。再远的话，由于 θ 角太小，它的测量误差会接近甚至大于 θ 角本身的值，这时三角视差法就不能得出可靠的结果，甚至完全无能为力。

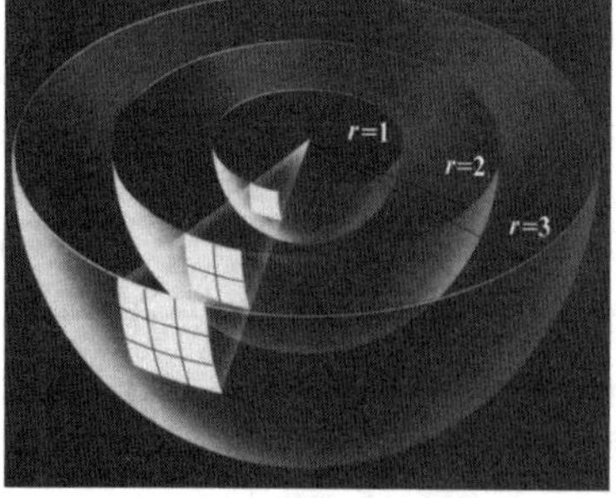

图 1.25　光源的亮度与它的距离平方成反比

为了测定遥远天体的距离，除三角视差法外天文学家还找到了其他许多种有效的方法，其中应用最为广泛的是光度测量法。对于一个光源(比如恒星)来说，它的实际发光本领称为光源的光度。另一方面，观测到的光源的明暗程度称为亮度。对一颗恒星来说，观测到的亮度 B 与光度 L 和恒星的距离 r 有关，它们之间存在简单的关系:$B=kL/r^2$,其中 k 是比例常数,这就是说恒星的观测亮度与距离的平方成反比。由此得到的推论是:同样光度的恒星,距离越远看起来越暗。恒星的亮度 B 是观测量,如果又能设法求得恒星的光度 L,则不难确定它的距离 r,而通过这条途径所得到的距离便称为光度距离。

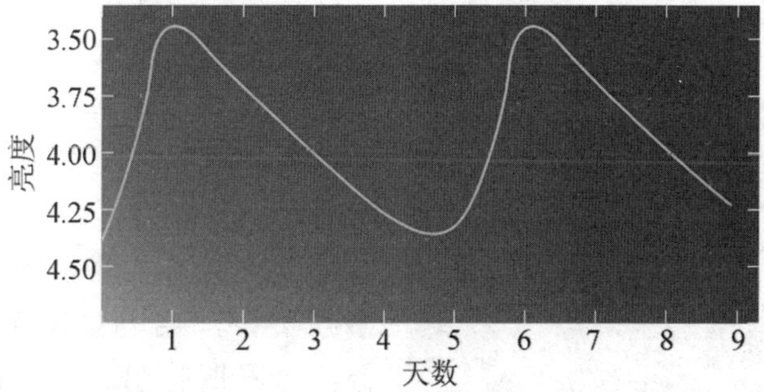

图 1.26 造父变星的光变曲线

恒星世界中有些恒星的光度会随时间而发生变化,这就是变星,其中有确定光度变化周期的又可称为周期变星。有一类很特别的周期变星称为造父变星,因第一颗发现的这类变星中名造父一(学名仙王 δ)而取其名。造父变星的光度变化十分有规律,在确定的周期内,光度从最小增亮到最大,然后再回复到最小,周而复始,非常有规则,而且有确定的光变特征,很容易在众多的恒星中识别出来。光度变化的周期称为光变周期,造父变星的最重要特性就是变星在一个周期内的平均光度越大,它的光变周期越长,称为周光关系,它是由美国哈佛天文台的女天文学家勒维特(H. S. Leavitt)于 1912 年首先发现的。因此,只要对某颗造父变星进行一段时间的监测,便可以得知它的光变周期,并由此确定它的平均光度,再把这个光度与变星的平均观测亮度进行比较,便不难推算出该造父变星的光度距离。

由于造父变星有着非常确定的周光关系,它们特有的光变性质使得这类变星很容易确认而不会误判。它们的光度非常大,即使在相当远距离的地方也能观测得到,而且比较普遍地存在,适用范围最远可超过 1 500 万秒差距(即 15 Mpc,1 Mpc$=10^6$ pc,称“兆秒差距”),距离测定的精度也比较高,因而被天文学家誉为“量天尺”。造父变星用于天体测距在历史上已享有盛誉,比如沙普利在估算球状星团的距离时,关键的一步便是利用了其中 3 个星团中的造父变星;即使在今天,造父变星的周光关系对于天体距离的测定仍然起着十分重要的作用。

哈勃证实河外星系的存在

最终证实河外星系存在的时机，历史性地落在了美国天文学家哈勃(E. P. Hubble)的身上。

图 1.27 哈勃(1889—1953)正在观测

1889 年 11 月 20 日，哈勃出生于美国密苏里州的马什菲尔德。1910 年从芝加哥大学天文系毕业，同年赴英国牛津大学女王学院改学法律，对此他的解释是回国后容易挣钱，而实际上他始终是一个十足的天文爱好者。1913 年返回美国后，曾一度在肯塔基州从事法律事务。翌年，哈勃重返天文界，经台长弗罗斯特(E. B. Frost)的同意，于 8 月份赴叶凯士天文台学习。1917 年，他在芝加哥大学获得博士学位，攻读学位期间哈勃仍在叶凯士天文台从事合作研究。嗣后他曾一度入伍，并最终获得少校军衔。从 1919 年起，哈勃一直在威尔逊山天文台工作，历时 30 余年，直至去世。

1917 年，美国威尔逊山天文台建成了当时世界上最大的 2.54 米(100 英寸)口径的反射望远镜。1923 年 10 月 5 日，哈勃利用这台威力强大的望远镜拍摄了仙女星云的照片，高分辨率的望远镜使照片上星云的外缘被分解成一颗颗的恒星。嗣后，经过仔细的分析，哈勃在这些恒星中证认出了造父变星，并利用周光关系推算出仙女星云的距离为 100 万光年(现代测定的结果为 225 万光年)。当时天文学家对银河系的大小还没有取得完全一致的认识，但即使采用沙普利的所谓“大宇宙”的观点，银河系的范围也只有 30 万光年，仙女星云的距离显然远远超出了银河系的尺度，它必然位于银河系之外。就这样，河外星系的存在经哈勃的工作而得以确认，仙女星云应更名为仙女星系，一场旷日持久的科学争论终于有了明确的结果。是年，哈勃只有 33 岁，按现在的划分标准他还是一个年轻人。有意思的是，哈勃始终拒不接受今天的标准天文学术语“星系”，而坚持用他自己偏爱的称谓——“星云”，在他的论文和报告中哈勃一直用“河外星云”来称呼河外星系。

哈勃的成就并不是在一夜之间带来的，实际上他早就对“星云”的研究表现出极大的兴趣，并做了大量细致的工作。在证实河外星系的存在之前，哈勃已开始尝试对这些“星云”进行分类，并在赫歇尔和柯蒂斯等前人对星云分类的工作的基础上，大胆地把它们分为银河星云和非银河星云两大类，其中银河星云又可细分为行星状星云和弥漫星云，后者更有亮星云和暗星云之别。他进一步又发现，所有的银河星云都明显地与恒星相处在一起，这种现象称为“成协”，但非银河星云(包括由他所分类的旋涡星云、梭状星云、卵状星云、球状星云和不规则星云)则并不明确地表现出同样的现象，只是在旋涡星云中会出现新星，不过也十分罕见。哈勃在他的一篇专论中曾经指出，巨旋涡星云“有着非常大的视向速度和不可测量的自行”，因此显然应该位于银河系之外。另外，他也看出了在银河系的对称平面——银道面附近，很少有非银河星云出现。相反，越是远离银道面，这类星云越多，而这观测事实与恒星大量集中在银道面附近的情况完全不同。鉴于1920年大辩论后对立双方的观点仍相持不下，哈勃对自己论点的阐述极为小心翼翼，甚至警告他人不要把他的术语“非银河星云”简单地理解为这些星云就处于银河系之外。只是在测出仙女星系的距离之后，哈勃才确认了河外星系的存在。据说，沙普利在得到这一消息后深感震惊，甚至还“负隅顽抗”了一段时间。

哈勃在星系领域的辛勤耕耘终于结出了丰硕的果实，人类对宇宙的认识又一次大大地扩大了。由于哈勃在星系研究领域内有着诸多的杰出贡献，开创了星系天文学，人们尊敬地称他为“星云世界的水手”。

同日心说的最终证实、银河系模型的建立、太阳在银河系中位置的确定等天文学的重大进展过程一样，这里再一次可以看到望远镜的改进和应用，以及天体距离测定对天文研究的极端重要性。

赫歇尔的工作把天文学家的视野扩大到银河系，而哈勃的发现则进一步把人们从恒星世界拓展到星系世界，人类对宇宙的认识又大大地跨进了一步。与此同时，人们心目中地球的“地位”则在不断地“下降”：在地心说中地球“位于”宇宙的中心，到了日心说地球只是绕太阳转动的行星之一；在赫歇尔的模型中太阳(亦即地球)居于银河系的中心，沙普利的研究使人们认识到太阳离开银河系中心很远；哈勃的工作使人类的视野进一步扩大，银河系也只是星系世界中的普通一员，宇宙根本就不存在什么中心。现在知道，在目前观测能力所及的范围内，河外星系的总数约有1 000亿个甚至更多，它们形态各异，其中最远的星系离开地球的距离已超过130亿光年。宇宙之大，由此可见一斑。

第 2 章　探索地球的近邻

从天文学的尺度来看，太阳系可谓是人类的近邻，如果以冥王星轨道所涉及的区域为界，则太阳系的半径范围约为 60 亿公里(40 天文单位)，或者说只有 0.000 6 光年。在太阳系内，除了太阳和 8 颗大的行星以及若干矮行星外，还有 100 多颗卫星，大量的小行星和彗星，难以计数的流星体，以及充满太阳系空间的行星际介质。尽管对太阳系天体的探索已经取得很大的成就，天文观测也已经迈入了空间时代，太阳系中许多尚未解决的问题仍然对人类的科学认知提出了挑战，需要通过一代又一代人的努力，去不断揭示它们神秘的面纱。

2.1　行星发现简史

五星之说早已有之

由于日常生活和农田生产的需要，人类从来就十分重视对天象的观察，其中对行星的认识和研究可以追溯到遥远的古代。地球自转造成日月星辰东升西落，这种表观上看到的运动称为行星的周日视运动，而不是行星自身的运动。另一方面，行星和地球又都绕着太阳公转，从而使行星在众多恒星中的相对位置逐日发生变化，这就是行星的周年视运动。在周年视运动中，除了因地球公转引起的行星的表观运动外，还包含了行星自身公转运动的成分。古人就是根据行星的周年视运动，以及星体亮度的变化，把行星和恒星区分开来了。

在中国，早期曾把行星称为“惑星”和“游星”，而在希腊语中行星一词则含有“流浪者”的意思。在太阳系的 8 颗大的行星中，水星、金星、火星、木星和土星早就为人们所知，因此对于这 5 颗行星，就谈不上谁是哪一颗行星的最早发现者。在中国，古代甲骨文中已有关于木星的记载，而在战国时期即已有了“五星”的说法，用以泛指辰星(水星)、太白(金星)、荧惑(火星)、岁星(木星)以及镇星或填星(土星)。在古代西方，很早就以神话人物的名字来命名这五大行星，如火星是战神，土星是农神等。

因为不同行星公转的周期和速度各不相同，以及行星和地球相对位置的变化，行星的周年视运动表现出相当复杂的形式。在大部分时间内，行星在天空中(或者说天球上)相对恒星自西向东移动，称为顺行；有小部分时间行星相对恒星表现为由东向西移动，称为逆行。由顺行变为逆行或由逆行转向顺行时，行星在恒星间的移动会出现短暂的停滞，这时行星所处的位置便称为留。

8 颗大的行星按从太阳起由近及远进行排列的话，依次为水星、金星、地球、火星、木星、土星、天王星和海王星。它们又可以分为两大类：位于地球轨道以内的水星和金星统称为地内行星(亦称内行星)，而在地球轨道以外的其余 5 颗行星称为地外行星(亦称外行星)。地内行星和地外行星的周年视运动状况有很大的不同。在天空中，地内行星与太阳的位置在任何时候都不会相差太远。在天文学中，天体(包括行星、恒星等)在天球上的投影位置称为天体的视位置，而两个天体视位置之间的距离便用天体视线方向之间的夹角来量度，称为角距离。水星与太阳间的角距离不会超过 28°，而金星距太阳不会大于 48°。因此，地内行星只能在清晨太阳升起前后，或者傍晚太阳下落前后的一段天空背景比较暗、但又并非全黑的不太长时间内才能观测到。另一方面，地外行星可以出现在夜间的任何时段，与太阳间的角距离可以为0°～180°间的任意角。

图 2.1 诸行星和太阳大小的比较，从左至右依次为太阳(一小部分)、水星、金星、地球、火星、木星、土星、天王星、海王星

根据上述运动特性，人们不难在浩瀚的星空中找出行星，区分地内行星和地外行星，并可以进一步由这些行星的亮度和颜色特征，识别水星、金星、火星、木星和土星，其中以水星最不容易观测到，因为它离太阳太近了。

用同样的办法来找到天王星就很不容易了，至于更远的海王星则完全不可能。这里有两个原因:其一,这 2 颗行星离太阳和地球相当远,因而看上去就很暗,亮度与上述 5 颗行星完全不能相比,即使视力好的人肉眼勉强可以看到天王星,但它在众星之中因毫不起色而难以识别,而要看到海王星则非使用望远镜、甚至大望远镜不可;其二,它们相对恒星在天穹上的移动非常缓慢,需要较长时间段的监测才能发现。鉴于这两个原因,在很长的时期内,人们只知道包括地球在内的 6 颗行星,直至 1770 年代,太阳系的大小也就只到土星轨道的范围。

科学发现中的哲理

"在阳光照耀的地方,紫罗兰总是要开放",这是一句英国的谚语,它的含意就是偶然之中有必然——由此引申出来的深层次意思是:有耕耘才有收获。

从 1780 年起,已栖居英国二十余年的威廉·赫歇尔开始用他配以高倍目镜的自制望远镜逐个观测肉眼不可见的暗星。1781 年 3 月 13 日的夜晚,他在双子座中偶然观测到了一颗相对比较明亮的小星,并发现望远镜中所看到的这颗星不再是一个光点,而呈现为小的圆面;不仅如此,这颗小星的圆面还随望远镜目镜放大倍率的增大而变大。嗣后的观测又进一步发现,这颗小星居然在众星之间移动,这使赫歇尔兴趣大增。他正确地意识到这不可能是一颗恒星,因为恒星实在太遥远了,即使用望远镜观测,恒星也只会"变亮",不可能被"放大",恒星在望远镜中还是一种点光源,而且在短时间内也不会与其他恒星出现相对移动。尽管赫歇尔一开始曾怀疑那是一颗彗星,但最终他认定是一颗行星,并把观测结果呈送英国皇家学会。同年 4 月 26 日,应皇家学会的邀请,赫歇尔宣读了他发现这一新天体的论文。8 月,法国科学家拉普拉斯(P. Laplace)等人计算出了这颗新行星的轨道,确认它位于土星轨道之外。天王星的发现,使太阳系的边界一下子扩大了差不多一倍!

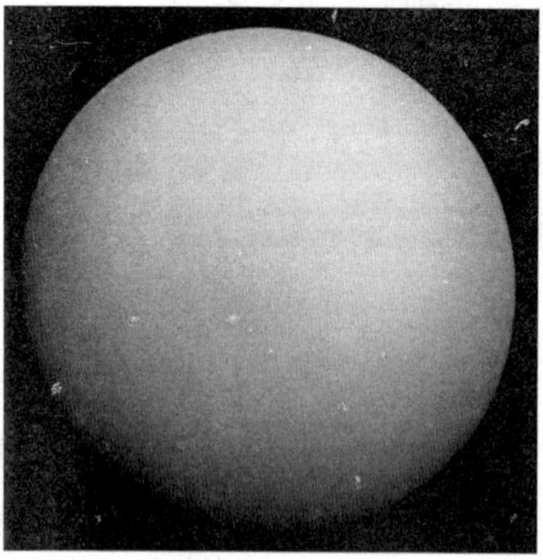

图 2.2　天王星

这段时间赫歇尔的主要精力用于恒星计数以构筑他的银河系模

型，但当时主流天文学家的兴趣是关注太阳系，而并不看重什么是银河系。因此，尽管当时赫歇尔在天文界也许只能算是一名小人物，但当他发现一颗太阳系新的行星的消息公布之际，赫歇尔的名声便骤然大振，不仅轰动了整个天文界，并且为广大公众所关注。英国国王乔治三世为此而专门召见了赫歇尔，除决定给他以终生俸禄外，还特地赐他以住宅。

为答谢英王的赏识，赫歇尔曾把这颗新发现的行星命名为乔治星，但显然未被人们接受。法国天文学家拉朗德(J. J. Lalande)建议把它称为赫歇尔星，1846 年法国天文学家勒威耶(U. J. J. Le Verrier)计算这颗星的引力作用时，它还被天文家称为赫歇尔星。但是，人们更习惯于用神话中的姓氏来给行星命名，于是柏林天文台台长波得(J. E. Bode)建议将新行星命名为 Uranus(天王星)，并为天文界同仁所认可。在罗马神话中，Uranus 是农神 Saturn(土星)的父亲。

事实上，早在赫歇尔之前，人们已经多次看到了天王星。据查，自 1690 年以来，它至少有 19 次被记录在案，然而由于它在群星之中毫不出众，一次又一次从观测者的眼皮底下溜走。例如，著名天文学家、英国皇家格林尼治天文台首任台长弗兰姆斯蒂德(J. Framsteed)在他编纂的星表中，这颗未被识别的行星已按恒星的命名法被冠名为金牛 34。另一位大师级观测天文学家布拉得雷同样也与它失之交臂。1764 年有人在金星附近看到过天王星，但遗憾的是却被误认为是金星的卫星。赫歇尔当时还只是一位名不见经传的天文爱好者和民间音乐家，由于他的勤于观测和敏锐的思考能力，在偶然之中发现了天王星而一举闻名全世界，正可谓机遇只会青睐有准备的头脑和勤奋工作的人，从而印证了一条著名的哲理——必然性寓于偶然性之中。

二体问题和“第三者”干扰

关于牛顿因树上苹果落地而启发他提出万有引力概念的故事可谓是家喻户晓，而英国剑桥人则为此深感骄傲。1687 年，牛顿的不朽杰作《自然哲学的数学原理》面世。该书集中了牛顿的许多发现，其中包括了万有引力定律：任何两个物体之间都存在引力相互作用，引力的大小与两物体质量的乘积成正比，与物体间距离的平方成反比。万有引力定律从理论上证明了开普勒的行星运动三定律，它的出现标志了天文学的一门新的分支学科——天体力学的诞生。

图 2.3　剑桥三一学院门口的苹果树

天体力学中的一个著名经典课题就是“二体问题”——只研究两个天体间的引力相互作用,以及由此造成的天体的运动状态,而任何其他第三天体的引力对这两个天体的影响一律不予考虑。经过许多人的工作,二体问题已完全从数学上得到解决。在二体问题中,环绕一个大质量天体运动的小质量天体的运动状态,可以用 6 个轨道参数(又称轨道根数)完全确定;或者说任意时刻小质量天体在天球上的位置,在数学上可以用这 6 个轨道参数的函数来表示。以地球和月球所构成的二体系统为例,这 6 个参数是:月球绕地球作椭圆运动的轨道的半长径和偏心率,它们分别决定了椭圆轨道的大小和形状;月球绕地球的公转轨道平面与地球绕太阳的公转轨道平面间的交角,以及这两个平面交线的位置,它们决定了月球轨道平面的空间取向;月球椭圆轨道长轴在轨道平面上的方向,它决定了月球椭圆运动轨道在轨道平面上的取向;以及月球经过最接近地球位置(称为近地点)处的时刻。理论上说,只要通过对小质量天体在不同时间所作的 3 次观测,就可以确定这 6 个轨道参数,而轨道参数一旦确定,便可以推知小天体在任意时刻的预期位置。

图 2.4　牛顿(1643—1727)

实际情况要比二体问题来得复杂,甚至复杂得多,这是因为在宇宙空间的任何地方不可能存在二体问题中完全孤立的 2 个天体,它们的运动状态必然会受到其他多个天体引力作用的影响。例如,月球绕地球的运动状态并不只取决于地球的引力,还必然会受到太阳以及其他天体(主要是行星)对月球引力作用的影响。因此,理想中的二体问题实际上是不存在的,天文学家需要面对的一定是超过2个天体的所谓"多体问题"。多体问题的客观存在使得作为研究对象的小质量天体的运动情况变得极为复杂,即使其中最简单的"三体问题"至今在理论上也没有彻底得到解决——这指的是不可能用更多个轨道参数的一些函数,来表示任意时刻小质量天体在天球上的位置。不过,这并不等于问题就无法得以解决。

对于天体力学家来说,解决上述问题的实际途径是,先把所要研究的对象作为二体问题来处理——首先考虑影响小天体运动状态的主要因素,比如在讨论月球绕地球的运动状态时,第一步只考虑地球的引力作用,这就是二体问题。然后,再进一步顾及其他起次要作用天体(如太阳等)对二体问题解算结果的影响,并对由解二体问题得出的小天体的运动状态加以改正(修正)。因第三(或更多)个天体的干扰而产生的影响称为摄动,把所有应该考虑的摄动因素都考虑到后,问题实际上也就可以解决了。当然,具体计算过程是很复杂的,不过对现代人来说电子计算机可以发挥很大的作用。

天王星是通过观测发现的,海王星的情况就完全不同了,它是"算出来"的。

年轻人展现理论的辉煌

天王星发现后,人们自然要对这颗新行星的运动情况进行仔细的观测和研究。当时,开普勒行星运动三定律以及万有引力定律已经问世,牛顿的工作开创了近代天体力学。天文学家利用天体力学理论计算了天王星的位置,结果发现它的理论位置和实测位置总是不能很好

图 2.5 亚当斯(左,1819—1892)和勒威耶(右,1811—1877)

地符合,而其间的差异又不能用观测误差来加以解释。这种情况下天文界出现了两种不同的观点:一些人对天体力学理论、甚至牛顿理论产生了怀疑,另一种意见则认为在天王星以外很可能还有一颗未知的行星,由于这颗行星对天王星运动的引力摄动,使后者的位置发生了变化。不过,大多数人都赞成后一种意见。

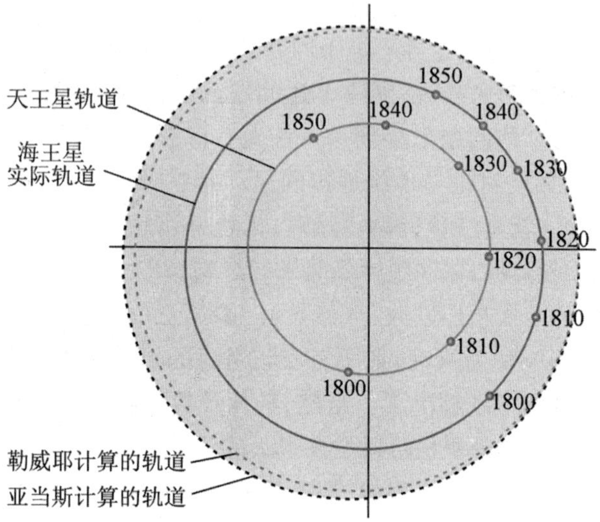

图 2.6 1800—1850 年天王星与海王星的实际轨道,以及亚当斯和勒威耶算得的海王星轨道

1845 年,26 岁的英国青年天文学家亚当斯(J. C. Adams)率先算出了这颗未知行星的轨道和质量,并于同年 9—10 月向剑桥大学天文台台长查理斯(J. Challis)和英国皇家天文学家、格林尼治天文台台长艾里(G. B. Airy)报告了他对这颗行星的预报位置,希望天文学家能用望远镜对此进行观测验证。可惜,这两位大人物对年轻人的研究结果不予重视而搁置一边,使亚当斯痛失一次重大发现的良好机会。

1846 年 8 月,35 岁的法国天文学家勒威耶完成了同样的研究,并于 9 月 18 日把他的计算结果寄给了柏林天文台的伽勒(J. G. Galle)。勒威耶在信中明确指出:请把你们的望远镜指向宝瓶座内……处的一点上,您将在大约 1°的范围内会发现一颗有明显圆面的新行星,它的亮度约近 9 等。柏林天文台对此非常重视,伽勒在收到信后立即进行观测。9 月 25 日夜晚,他很快在勒威耶告知的天区内找到了这颗未知行星,观测位置和预报位置居然真的相差不到 1°! 这颗新行星后来就被命名为海王星。

海王星的发现无疑使全世界深感震惊，这一发现完全是靠笔和纸算出来的，被人们称为“笔尖下的发现”。海王星的发现过程具有重大意义，它有力地证实了牛顿引力理论和天体力学理论的正确性，任何关于牛顿理论的疑惑被驱赶殆尽，大大地丰富了人类对太阳系的认识，并对嗣后的有关研究具有极为重要的指导作用。

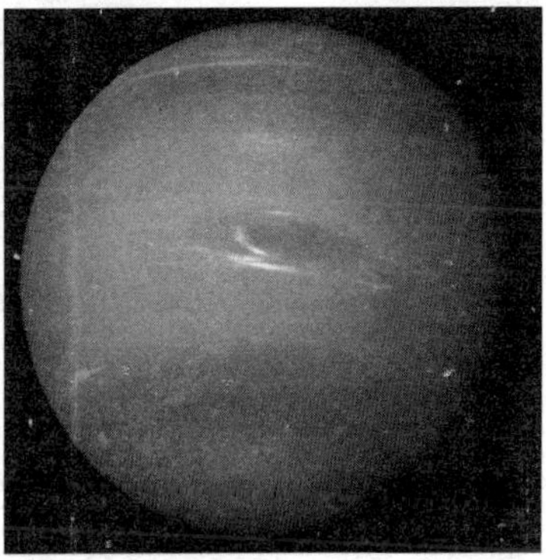

图 2.7　海王星

由于海王星的发现，英国皇家学会授予勒威耶柯普莱奖章。这时，人们才想起了亚当斯的工作，于是关于发现权的问题便引起了长期的争论，天文界大人物约翰·赫歇尔还公开表态，认为勒威耶只是重复了亚当斯的计算。不过，亚当斯本人始终没有卷入这场争端，甚至当 1874 年英国维多利亚女王决定授予他爵位时，亚当斯还以自己远不如牛顿为由婉言辞之，由此足见一位真正科学家不计名利、但求贡献的高尚品格和令人敬佩的道德风范。海王星发现事件中的两位“反面”人物艾里和查理斯自然是受人责备而处境不妙，不过艾里还是在一次会议上确认他于 1845 年秋季收到过亚当斯关于海王星的预言。

今天，天文界公认亚当斯和勒威耶是海王星的共同发现者。这两位当时的年轻人在后来自己的科学生涯中做出了许多重要的工作，亚当斯本人因正确预报 1866 年 11 月 12～14 日狮子座流星雨的再度出现，获得了英国皇家学会的金质奖章；他曾两次被选为英国皇家天文学会会长，1861 年起任剑桥大学天文台台长。勒威耶在 1854—1870 年和 1873—1877 年间，两度出任法国巴黎天文台台长。

实际上，在亚当斯和勒威耶着手计算海王星的轨道之前，德国天文学家贝塞尔已经提出，在天王星附近可能会有一颗未知的行星在干扰天王星的运动状态。然而，要想通过天王星观测位置的微小“异常”，从未知行星的摄动反推这颗行星的位置和质量谈何容易，这不仅需要科学的能力，更要有科学的勇气。要知道在 19 世纪中期，不要说电子计算机，就连简单的计算工具也还没有发明，计算工作量之大，对现代人来说是根本无法想象的。

在海王星发现后，随着观测精度的提高，人们觉察到即使考虑到海王星的摄动影响，天王星的观测位置与预报位置仍然存在某种微小

图 2.8　冥王星和它的卫星冥卫一

的差异。一些人猜测在海王星的轨道外面可能还会有未知行星存在，于是他们试图仿效亚当斯和勒威耶的方法去进一步推算海王星以外的未知行星，其中的代表人物是美国天文学家洛韦尔(P. Lowell)。经过多年的苦苦搜索，这颗未知行星直到 1930 年初才被美国人汤博(C. Tombaugh)所发现，这就是冥王星，是年汤博仅 26 岁。不过，因为冥王星的实际轨道与预测结果有较为明显的差异，加上亮度要比预报值暗得多，质量又太小，对天王星和海王星的轨道不会产生足够大的摄动，所以有人认为冥王星的发现不能看作是计算的功劳，而是偶然的巧合。尽管这样说，汤博还是为之付出了大量的劳动。当时，照相术业已问世，并广泛用于天文观测。汤博对有关天区一个一个地搜索，拍摄了大量的照相底片，并对所有底片做了细致的检查，最终发现了冥王星，并在长时间内被认为是太阳系中的第九颗行星。

太阳系内这 9 颗行星的物理状态各异，最大的是木星，直径超过 14 万公里，最小的是冥王星，直径只有 2 270 公里，比月球还小。离太阳最近的是水星，到太阳的平均距离约为0.4 天文单位，最远的是冥王星，到太阳的平均距离约为 40 天文单位。即使以冥王星的轨道作为太阳系主要天体所处区域的外边界，这一范围的直径至少约为 120 亿公里。20 世纪末的一系列发现表明，在这一范围之外还存在许多质量与冥王星相近甚至更大的太阳系天体。

搜索第十颗行星

到 1930 年，在太阳系内已经发现了 9 颗行星，之后便有“九大行星”之说。人们自然会思考，在太阳系内还会有其他行星存在吗？这是一个颇有意思并在长时间内受人广为关注的问题——搜索太阳系内的第十颗行星。自冥王星发现后，对从水星到冥王星之间的太阳系空间的情况已经比较清楚了，在这一范围内除了有大量的小行星以及一些彗星外，不再存在较大的行星级天体。因此，如果还有未发现的行星存在，那么这种行星只能出现在比水星更靠近太阳的地方，或者远在冥王星轨道之外。

事实上,因受到海王星发现的启发,当时勒威耶就根据19世纪中叶观测到的水星运动的某种反常现象——水星的观测位置与理论位置不严格相符,设想在水星的内侧可能还存在一颗尚未观测到的行星,这就是所谓的“水内行星”,勒威耶还给它取了一个颇有诗意的名字——火神星(Vulcan)。如果确实存在水内行星,那么它必定非常靠近太阳,几乎随太阳同起同落,所以平时就很难观测到。唯有在日全食时,拍摄太阳周围天空的照片,才有希望发现它。为此,人们在几十年内利用多次日全食的机会进行了观测,但始终都未能找到意想中的水内行星。勒威耶本人曾预言在1877年3月22日将会发生一次火神星凌日天象,那一天世界上许多望远镜都指向了太阳,而结果却什么也没有发生。因此,目前天文界对水内行星的存在基本上持否定意见。至于水星的所谓“异常”运动,在狭义相对论于20世纪初创立后便得到了合理的解释。

另一个方向就是寻找冥王星轨道以外更远的地方是否还有其他尚未观测到的行星,这就是所谓的“冥外行星”。随着海王星和冥王星的相继发现,对太阳系的认知范围不断扩大。根据引力理论,太阳的引力范围可达4 500天文单位,而冥王星所处的位置只及引力范围的1%左右。这说明存在冥外行星、甚至不止一个冥外行星是有可能的。另一方面,考虑了冥王星的摄动影响后仍未能完全消除天王星计算位置与实测位置间的差异,甚至冥王星本身的运动也存在类似的问题。因此,人们自然会想到这是否意味着确有冥外行星存在呢?

一些天文学家根据对彗星运动特征的分析,比如哈雷彗星过近日点(天体绕日公转轨道上最接近太阳的一点)时间的周期性变化,彗星轨道分布的规律性及其与大行星引力作用之间的关系等,来研究冥外行星的存在。有人甚至还推算出了这颗未知行星的质量、轨道半长径、轨道偏心率、轨道面与黄道面(地球公转轨道平面)的交角以及公转周期等运动参数,但众说不一,不同的预测结果相差很大,而且毕竟“耳听为虚,眼见为实”,只有真正观测到了才能确认它的存在。

然而,想通过观测来发现冥外行星是很困难的,因为这种天体必然非常暗弱,要是没有准确的预报位置,在茫茫星海中想找到它谈何容易。一种办法是沿用发现海王星的思路,从海王星或冥王星的观测运动中不能用牛顿引力理论解释部分,去推算并预言位于冥王星外未知行星的位置。然而计算结果表明,冥外行星的摄动实在太小,理论计算无法得出明确的结论。因此，除非能做到对天空中暗星的位置和运动情况进行大规模的全面普查，否则要像发现海王星那样定点式地找到冥外行星是十分困难的。

到了 21 世纪，随着观测能力和计算机技术的提高，以及随之而来的分析方法的改进，情况发生了很大的变化，天文学家在海王星以远的地方，陆续发现了一批比较大的“海外天体”，并最终动摇了冥王星的行星地位。

冥王星的困惑

2004 年 3 月 15 日，美国宇航局(NASA)宣布，他们的一个研究小组在遥远的太阳系边缘发现了一颗很像是行星的神秘天体，它是迄今为止所知的太阳系内最远的星体，也是自找到冥王星以来所发现的最大的绕太阳运转的天体。据探索项目负责人布朗(M. E. Brown)的介绍，该星体暂时命名为“赛德娜(Sedna)”，这是因纽特人所崇拜的海洋之神的名字。赛德娜目前距地球约 130 亿公里，即约 86.7 天文单位。它沿着一条很扁的椭圆轨道绕太阳运行，公转周期约 10 500 年，现在正处于近日点位置附近。据估计，赛德娜的直径约 2 000 公里，由岩石和冰块组成，呈红色，表面温度不会超过 −200℃。赛德娜的出现，曾一度被媒体炒作为发现了太阳系第十颗大行星。

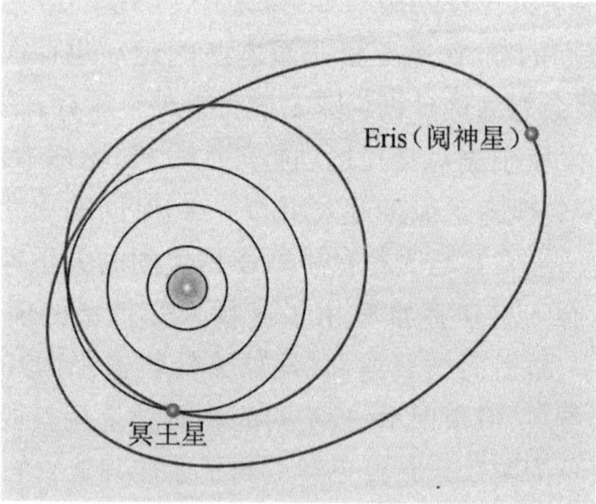

图 2.9　阋神星的运动轨道示意图

2005 年 8 月，布朗等人又宣布发现了一颗更大的海外天体 2003UB313(Eris，中文名为阋神星)，直径 2 400 公里，超过了冥王星。后来更发现阋神星有一颗直径约 250 公里的卫星，距阋神星 4 万公里，公转周期约为 2 周。于是关于第十颗大行星和冥王星的行星地位问题再度成为人们关注的热点。

事实上，自冥王星发现以来，一直有人对冥王星的行星地位提出质疑，认为它并没有资格归入太阳系的大行星之列。首先是冥王星的个子太小(直径 2 274 公里)，甚至比太阳系中月球(直径 3 476 公里)等一些大的卫星还要小。但在发现之初，曾不正确地估计冥王星的直

图 2.10 阋神星与冥王星等天体大小的比较

径在 6 000～10 000 公里范围内，而后来的测定使冥王星的个子大大“缩水”，因此把它列入行星范畴可能是一个“历史性”的错误。其次，冥王星的许多特性确实与其他 8 颗行星大相径庭。比如，轨道偏心率很大(0.256)，它在绕日公转的过程中可深入到海王星轨道以内，因而曾一度被看作海王星的卫星；公转轨道对黄道面的倾角很大(17.1°)；在物质组成成分上类似彗核，既不能归入类地行星，也不能归入类木行星等。

实际上，“大行星”的正式天文学名是“行星”，只是在 1801 年及以后发现了谷神星等一批小天体，并冠以学名“小行星”之后，才有了“大行星”和“九大行星”的说法。如何给冥王星定位，是否应增添行星的个数，“行星”的准确定义又是什么，天文学家对此众口不一，并随着阋神星的发现而更为激烈。于是，一场“天文官司”终于打到了最高级别的国际天文学联合会(IAU)。

2006 年 8 月 14～24 日，3 年一届的 IAU 第 26 次大会在捷克首都布拉格举行，75 个国家的约 2 500 名代表参加了会议。在会议期间，

上述问题成了会议领导层和与会代表们的讨论热点。鉴于事情颇为棘手，IAU 执委会决定先提出一份决议草案，交全体代表公决。这样一来，不管公决的结果及其影响如何，执委会便不会承担直接的责任。

图 2.11　第 26 届 IAU 大会对有关决议进行表决的场面，看上去参与投票的代表不是很多

在会议开始后不久出台的 5 号决议草案中，对“行星”的定义是：质量比较大，接近圆球形，并绕恒星旋转。草案把行星分为 3 类，共 12 颗：除冥王星外的 8 颗称为经典行星；冥王星、冥卫一和阋神星称为 Pluton，意为“类冥行星”；1 号小行星谷神星则称为矮行星，并对此分别做了一些具体的说明。

8 月 22 日大会对决议草案组织召集了专门的讨论会，然而无论会上会下，学者们看法的分歧甚大，未与会的阋神星发现者布朗甚至认为这个草案“完全是一团糟”。嗣后，会议又进而形成了 3 份单列的决议草案 5、6、7 号，供代表们进一步讨论。与原草案相比，主要的变动是把行星分为经典行星和矮行星 2 类，共有 11 颗，其中冥王星、冥卫一和阋神星列为矮行星，并建议另取正式的类别名称，而谷神星和 Pluton 一词没有再出现在决议草案中。对此，会议代表又是议论纷纷，真可谓“众口难调”。

8 月 24 日上午会议形成了最终的决议草案并下发。该草案分解为 5A、5B、6A 和 6B 共四份，分别进行表决，其中 5A 对行星的定义增加了“在它的轨道附近已清除了其他的邻近天体”。下午表决的结果是 5A 和 6A 两项获得通过，5B 和 6B 则被否决。于是冥王星从行星“降级”为矮行星，成为新一类海外天体的原型，其他 8 颗则保持原有的名称——行星;“经典行星”(决议草案5B)和“类冥天体”(决议草案6B)的说法未获通过。

事情似乎可以告一段落了,表决结果受到包括阋神星发现者布朗在内的天文学家的欢迎,但也随即遭到一些人质疑。美国宇航局冥王星探测任务“新视野号”的负责人斯特恩(A. Stern)甚至认为“这一结果非常糟糕”,他希望国际天文界能推翻已通过的决议。另一些天文学家则批评决议给出的关于行星的定义模糊不清。天文学中就有“矮星”,它们属于恒星中的一类,那矮行星又为何不算行星呢?

实际上最后一天参与大会投票的只有424人,仅占代表总人数的17%,或者像斯特恩所说的是“不及全球天文学家的5%”。民众和天文学家能普遍接受这一决议吗?显然,这是一场颇有争议的“公决”,IAU的这一决议将经受历史的考验,其中包括未来可能出现、而决议并没有考虑到的新情况。

2.2 寻找“失踪”的行星

提丢斯—波得定则

一幅图形或一组数字所表现出的一些有趣现象或某种规律性,在没有找到合理的解释之前,往往会引起有心人、特别是科学家的好奇,他们总是力图找出造成这种现象或规律性的内在原因,有时还会做出一些重要的发现。在天文学的发展史上,这种情况并不少见。

18世纪下半叶,天文学家已经掌握了当时所知道的6颗行星的运动规律,它们是水星、金星、地球、火星、木星和土星。如果以天文单位来量度的话,这些行星离开太阳的平均距离依次为0.39, 0.72, 1.00, 1.52, 5.20和9.54。这一串数字除了后一个比前一个大之外,看上去好像没有什么规律可循,但却引起了德国科学家提丢斯(J. D. Titius)的注意。1766年,他在经过一番煞费苦心的探究之后发现,如果从3开始写出一串数,每一个比前一个大一倍,最前面再添一个0;然后把包括0在内的每一个数都加上4,最后把全部数字除以10。结果,这串数便成为0.4, 0.7, 1.0, 1.6, 2.8, 5.2, 10.0, 19.6,…,这就是所谓“提丢斯数组”。提丢斯数组也可以

图2.12 提丢斯(1729—1796)

用公式来表示：$r=0.4+0.3\times 2^n$，其中 r 是行星到太阳距离(称为日心距)的天文单位数，幂指数 n 依次取为 $-\infty$，0，1，2，…时，便可得到水星、金星、地球等行星的日心距。

现在可以写出这 6 颗行星和当时尚未发现的天王星的以天文单位表示的日心距，以及相应的提丢斯数组：

水星	金星	地球	火星		木星	土星	(天王星)
0.39	0.72	1.00	1.52	(?)	5.20	9.54	(19.2)
0.4	0.7	1.0	1.6	2.8	5.2	10.0	19.6…

提丢斯注意到在他的数组中，除了 2.8 和 10.0 以后的数字外，其他数字居然和行星到太阳的距离一一对应，而且吻合得相当好。提丢斯注意到了 2.8 位置上的空缺。德国天文学家波得在 1772 年公布了提丢斯的发现，并声称太阳系空间中在这个空缺上应该存在一颗尚未发现的行星。后人把上述一一对应关系或公式 $r=0.4+0.3\times 2^n$ 称为提丢斯－波得定则，简称波得定则。1781 年威廉·赫歇尔发现了天王星，经计算它到太阳的平均距离为 19.2 天文单位，与提丢斯数组中的19.6 十分接近，于是大大增强了人们对提丢斯数组的热心关注。

有人开始设想通过观测来找到这颗似乎应该存在的行星。1785 年，德国戈萨天文台台长查哈(F. X. von Zach)试图组织对数字“2.8”位置上的未知行星进行搜索。1800 年 9 月，在一次会议上查哈与另外 5 位天文学家成立了一个被戏称为“天空警察支队”的协会，该协会把天空中的黄道带划分为 24 个小天区，由协会中的每个成员负责对其中一个小天区进行细致的搜索，以“跟踪和捕获逃亡中的太阳系子民”。查哈等人想邀请意大利天文学家皮亚齐(G. Piazzi)参加这一计划，因为他们知道皮亚齐擅长天文观测，而要想使这类看上去毫无头绪的天体搜索计划取得成功，非有观测能手参与不可。然而，在他们还没有与皮亚齐联系上时，皮亚齐却已经在一次偶然的机会中找到了这个“逃亡”中的天体。

小行星的发现

当时，皮亚齐是意大利西西里岛北部巴勒莫天文台的台长。1801 年元旦，因编制星表工作的需要，他在例行的观测中发现了一颗未知的 7 等小星。开始皮亚齐曾怀疑这是一颗新星，但很快发现它在众恒星中缓慢地移动，因而不可能是恒星。为谨慎起见，他起初只公布这是一颗彗星。由于这个天体没有表现出云雾状，移动速度比较慢，但速度却相当均匀，据此皮亚齐意识到这可能不是彗星。尽管他跟踪观测了 6 个星期，但未能算出这颗小星的轨道，又加上生病而观测中断，结果就把它丢失了。为此，皮亚齐四处写信以求帮助。是年 11 月，德国数学家高斯(C. F. Gauss)利用皮亚齐的观测资料算出了这颗星的轨道，预报了它的位置，并认定这是位于火星和木星轨道之间绕太阳运动的一颗行星。翌年元旦，德国医生、业余天文学家奥伯斯(H. Olbers)终于根据高斯的预报，重新找到了这颗行星，它的实际位置与高斯的预测位置只相差 30′，发现者皮亚齐把它命名为谷神星。

有趣的是谷神星到太阳的平均距离为 2.77，恰好填补了提丢斯数组中 2.8 这个空缺，从而为这个数组又抹上了一笔神秘的色彩。可惜，谷神星"个子"太小，直径还不到 1 000 公里，根本不能与其他已知的行星为伍，于是经威廉·赫歇尔的提议便冠名为"小行星"。

谷神星太小了，自然不能令人满意，也许正是这一点促使了以后的一系列发现。1802 年 3 月 8 日，奥伯斯发现了第二颗小行星——智神星，而且运动轨道十分靠近谷神星的轨道。这一重要发现使奥伯斯提出了一个大胆的设想：谷神星和智神星都是过去存在过的一颗大行星爆裂后的碎块，这样的碎块应该不止两个。如果这一假设成立，那么所有小行星的轨道应该在爆炸发生处相交。于是，奥伯斯计算出了这个交点的位置，在这个位置上他进行了 3 年守株待兔式的监测，终于在 1807 年 3 月 29 日发现了另一颗小行星灶神星。在这之前德国天文学家哈丁(K. Harding)已于 1804 年发现了婚神星。

图 2.13　奥伯斯(1758—1840)

如果说头 4 个小行星的发现只花了不到 7 年时间，那么下一个伙伴的出现却颇为不易。直到 1845 年 12 月 8 日，德国退职邮政官、天文学家亨克(K. L. Hencke)经过 15 年的苦苦搜索，才找到了第五颗小行星义神星。过了 2 年亨克又发现了一颗，嗣后小行星发现的速度越来越快，数目很快地增加，不过亮度则越来越暗——这说明后期发现的小行星越来越小。19 世纪末照相术用于天文观测后，大大加快了小行星的发现进程。1890 年，人们已认定了 287 颗小行星的运动轨道。到 1975 年，获得永久编号的小行星有1 966 颗，而 1991 年这一数字猛增到 5 000 颗左右。目前，有永久编号的小行星数已超过 15 万颗,而通过照相方法记录到的暗弱小行星的数目估计可能多达几十万颗。为了纪念皮亚齐和奥伯斯对小行星研究的重要贡献,国际天文学联合会分别命名第 1 000 号和第1 002 号小行星为皮亚齐星和奥伯斯星。

图 2.14　小行星艾达和它的卫星

一个十分有趣的现象是,小行星尽管很小,居然也会带有自己的卫星。例如,532 号大力神小行星直径为 243 公里,它有一颗直径为 45.6 公里的卫星,两者相距 977 公里,这是 1978 年 6 月 7 日发现的。同年 12 月 11 日,发现直径为 135 公里的 18 号梅菠蔓小行星有一颗直径 37 公里的卫星。嗣后,有关发现小行星有卫星的消息时有报道。不过,要确认小行星卫星的存在相当困难, 对已有的一些发现也还存在争议。

提丢斯数组究竟说明了什么问题,迄今无人能给出公认的答案。最近,以色列特拉维夫大学的两位科学家注意到,在一颗脉冲星 PSR B1257＋12 的周围有 3 颗行星,而这 3 颗行星到母恒星的距离之比为 1.0∶0.77∶0.4,居然与地球、金星、水星到太阳的距离之比1.0∶0.72∶0.4 非常接近! 这仅仅是一种巧合,还是说明提丢斯－波得定则也许具有某种普适性? 如果真是后者,那么显然对恒星周围行星的形成条件提出了一种制约条件,而这就非常值得做进一步的研究了。

若干统计性质

顾名思义,小行星就是比较小的行星。事实上只有少数小行星的直径超过 100 公里,其中最大的是 1 号谷神星,直径也不到 1 000 公里。绝大部分小行星的直径小于 1 公里,而且形状很不规则,完全谈不上球形,真正谈得上具有圆球形的只有谷神星(也许还有 2 号小行星智神星)。总体上说,小行星实际上只不过是游弋在太阳系空间中的一些较小的碎块。据估计,全部小行星的总质量约为 1.8×10^{18}吨,还不到月球质量的 1/40。

大部分小行星在火星和木星轨道之间运动,形成主小行星带,也称小行星带。从总体上来看,小行星绕太阳公转的运动轨道大多数是

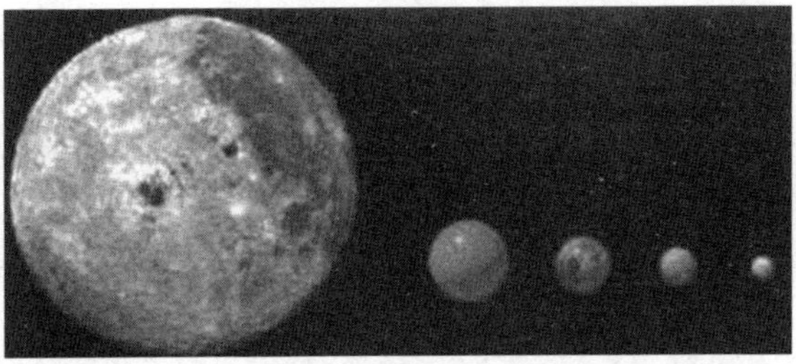

图 2.15 最大的 4 颗小行星与月球大小的比较(从左至右依次为月球、谷神星、智神星、灶神星和婚神星)

一些不太扁的椭圆,它们的运动规律同样可以用 6 个轨道参数加以描述。少数小行星的轨道位于木星轨道之外,如著名小行星希达尔戈(944 号)的远日点有土星轨道那么远。有一些小行星在最靠近太阳时(即近日点附近)会伸入地球轨道之内,它们又可称为越地小行星,有的甚至会深入到金星或水星轨道之内。这类小行星就有可能对地球构成威胁,1932 年 4 月发现的阿波罗(1862 号)小行星即属于此类,它的近日距仅为 0.64 天文单位,已进入金星轨道之内,但远日距却有 2.29 天文单位,超出了火星轨道的范围。

小行星的轨道运动受木星引力摄动的影响最大,从而在空间分布上表现出某些统计特性,其中最重要的是它们轨道的空间分布。小行星轨道的平均半长径约为 2.8 天文单位,符合提丢斯－波得定则,但不同小行星轨道半长径的分布范围相当宽,并形成某些空隙区和密集区。具体来说,在平均日心距为 3.7 亿公里、4.4 亿公里、4.9 亿公里和 5.47 亿公里的地方便是小行星的空隙区,那里很少有小行星出现。这一现象由美国天文学家柯克伍德(D. Kirkwood)于 1866 年首先指出,因而被称为柯克伍德空隙。另一方面,在别的一些地方则集结了众多的小行星,是为小行星的密集区,从而构成所谓小行星群。例如,在木星公转轨道上就存在两群小行星,它们相对木星呈对称分布,统称为特洛伊群小行星,其中在木星公转运动方向前方的又称为希腊群,另一群则称为纯特洛伊群。近期,在海王星的轨道上也发现了有小行星集聚的现象。

此外,小行星的其他一些轨道特征与大的行星也有所不同。例如,小行星轨道的平均偏心率约为 0.15,比大行星的相应平均值大;小行星公转轨道平面与黄道面的平均倾角超过 9°,这也明显要比大行星的平均轨道倾角大。

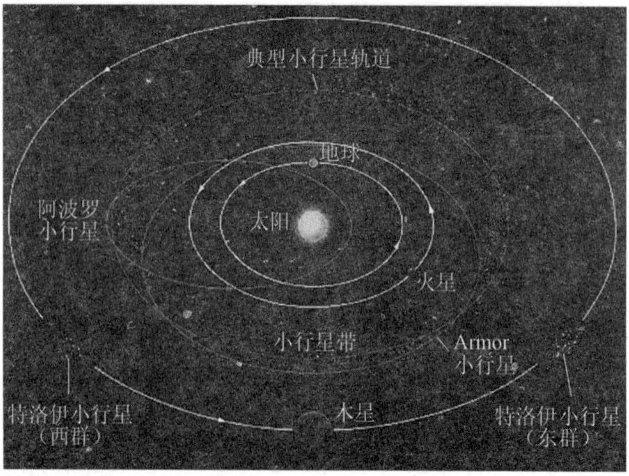

图 2.16　小行星带

小行星的上述统计特征，对研究小行星的形成和演化，以及太阳系的演化具有重要意义。现代天体力学理论可以对这些观测现象做出某种解释，但也还存在一定的问题。

起源问题

科学的发现需要科学的思考，尽管思考问题的科学家未必一定能解决自己所思考的问题。专心小行星观测研究的奥伯斯，就非常喜欢思考一些常人根本想不到的问题，例如他曾对彗尾的成因提出过自己高明的见解，而在宇宙学研究中颇有名声的难题“奥伯斯佯谬”也是他提出来的。奥伯斯在发现智神星之时已经 40 多岁了，在嗣后的几十年漫长时光中，他把自己的后半生涯献给了天文研究。

任何关于小行星起源的理论要能成立，必须说明以下的主要观测事实：

(1) 小行星绕太阳运动，为数众多，体积很小，形状大多很不规则；

(2) 它们的轨道绝大多数是一些不太扁的椭圆；

(3) 小行星大多位于火星和木星轨道之间的小行星带内，不过也有例外；

(4) 轨道分布呈现有柯克伍德空隙。

婚神星发现后，人们注意到它的轨道与谷神星和智神星轨道很接近，在别人尚不明白其原因时，奥伯斯已注意到这 3 颗小行星的轨道都交会于室女座，于是他进一步认定自己已有的观念：这些小行星应该源自一颗大的行星，后者在过去的一次灾变事件中爆炸碎裂，而爆炸后所留下来的大批碎片，就成为大小不一、形状不规则的小行星。

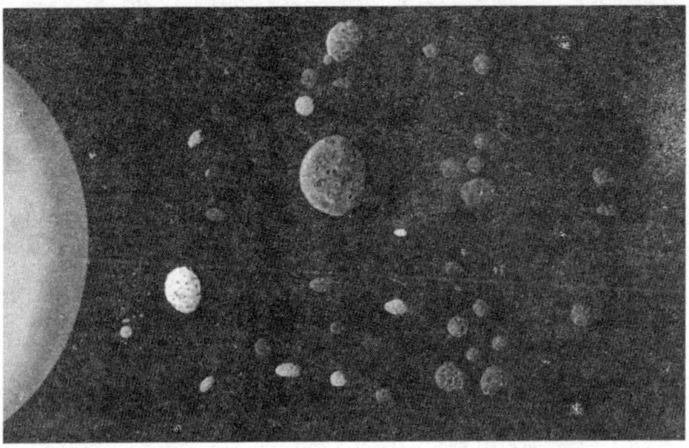

图 2.17　直径超过 200 公里的 33 颗最大的小行星与火星大小比较

奥伯斯的上述设想可算是最早的小行星起源学说。随着小行星不断被发现，这种学说似乎进一步得到了证明，并发展成了比较完整的“爆炸说”。爆炸说认为，在太阳系演化早期的火星和木星轨道之间，与提丢斯数组中“2.8”相应的地方，原来存在一颗有火星甚至地球那么大的行星，后来由于某种原因发生了爆炸，而残留下来的大大小小碎片便成了现在观测到的众多小行星。

按照爆炸说，所有小行星的轨道应该相交于原来的爆炸地点。即使一部分小行星轨道不交于同一点，也可以解释为这些小行星后来因为受到其他大行星引力摄动而改变了原有的轨道。不过，许多小行星的轨道相差很大，用爆炸说来解释显得非常勉强，甚至根本说不通。另外爆炸说并不能说明小行星运动轨道的分布特征，包括为什么存在柯克伍德空隙。

怀疑爆炸说的另一个理由涉及到小行星的质量。据估计，所有小行星的总质量不到地球质量的 1/3300，这应当就是生成它们的那颗前身行星的质量。即使估计时遗漏了大量更小的小行星，它们数量再多，但质量实在太小，加在一起也不会显著增大上述对前身行星总质量的估计。形象地说，如果把所有组成小行星的物质都捏在一起，合成一个球形天体，那么这个天体的直径也不大可能会明显超过 1 000 公里。当然，在爆炸说的框架内，上述关于质量的疑惑可以用小行星前身行星质量本来就很小来加以解释，或者它在爆炸后大部分质量已经散布到更大的空间范围内，现在就无法准确估计它的原有质量了。

爆炸说的致命弱点是对爆炸的起因无法给以合理的解释,或者说根本就找不到任何能令人信服的爆炸机制。因此,到20世纪后期,小行星起源的爆炸说已经被人们抛弃。

继爆炸说之后,美籍荷兰天文学家柯伊伯(G. Kuiper)提出,在太阳系演化过程中,火星和木星轨道之间没有能形成单一的一颗大的行星,而是生成5～10个比较小的小天体——原行星。它们在后来的长期演化过程中不断互相碰撞、碎裂,最后便形成今天所看到的小行星。显然,这是对奥伯斯理论的一种修正,爆炸成因这一难点就不存在了。他研究了小行星数目与大小之间的关系,发现这一关系与因碰撞而产生的碎片大小在数量分布上的规律相符合。然而,柯伊伯并没有说明原有的小天体是怎样来的,因此他的学说只是说明了小行星的演化,并没有解决它们的起源问题。

1970年代,瑞典科学家阿尔文(H. Alfvén)等人提出了"半成品说",以图解释小行星的起源。这种学说认为,在太阳系形成初期,位于火星和木星轨道之间的太阳系原始弥漫物质由于某种原因未能凝聚成大的行星,而只是形成了众多的小行星,并一直保留到今天。1979年,中国天文学家戴文赛通过定量计算,把"半成品说"的论点大大地推进了一步,特别是较好地说明了未能凝聚成大的行星的原因:由于太阳系原始星云盘内物质的温度、压力与日心距之间的关系,使得在今天小行星区域内的物质出现了不连续的间断性分布,结果是在形成行星的过程开始之前,那儿的可集聚的物质比较稀少,而邻近的正在形成中的木星又特别巨大,它的引力把原本就比较少的物质中的绝大部分夺走了,于是在这一区域中的物质始终未能聚集成一颗大的行星。

鉴于小行星观测特征的多样性,也许任何一种学说都难以说明全部小行星的物理特性,而不同小行星很可能有着不同的起源。彗星演化说便是有关小行星起源的另一类学说。由于在远离太阳时,彗星只有彗核,因而与小行星没有什么本质上的差别,所以有人认为这两类天体可能代表了某种演化序列。每当彗星接近太阳时,会形成彗发和彗尾,同时损失一部分质量。彗星多次回归太阳后,表面的挥发性物质消耗殆尽,剩下的彗核也就成了一颗小行星。

柯伊伯带

事实上,现在已经知道,在太阳系中,像小行星带这样有大量小天

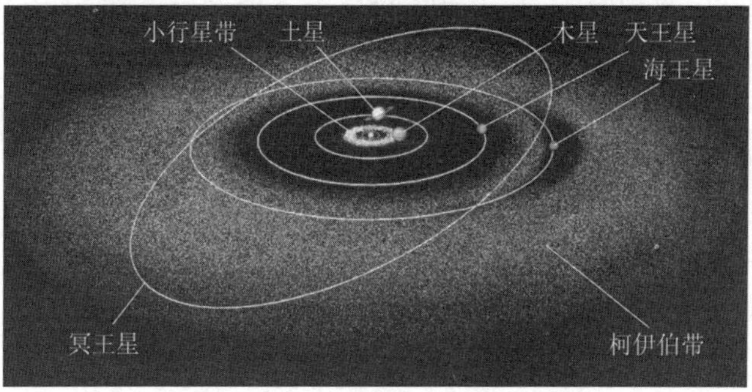

图 2.18　太阳系中小行星带和柯伊伯带的位置示意图

体集中分布的区域并非仅限于火星与木星轨道之间。为了解释海王星轨道的异常变化，柯伊伯于 1951 年首先提出在海王星公转轨道之外存在有另一群小行星，这个区域便称为柯伊伯带，其中的小天体又称为柯伊伯带天体。从 1992 年观测到第一个柯伊伯带天体起，到目前已发现了约1 000个。因此，柯伊伯带的存在可以说已是公认的事实。通常认为，柯伊伯带天体的分布范围在日心距 35 到 1 000 天文单位之间。也有人进一步把在海王星轨道以外发现的小天体细分为两类：一类的公转轨道接近圆形，称为柯伊伯带天体；另一类像冥王星那样轨道比较扁，以至可以深入海王星轨道之内，称为海外天体。

柯伊伯带内小天体的性质与位于火星与木星轨道之间的小行星有所不同，它们一般含有很多冰冻气体。少数柯伊伯带天体会在海王星引力的影响下改变运动轨道，从而来到太阳附近，一旦在太阳辐射的作用下表面气体挥发出来，它们就成了彗星，因而柯伊伯带被认为是彗星的发源地之一。另外，关于小行星的半成品说也能用来说明柯伊伯带天体的起源。

在有关冥王星行星地位的争论中，有人认为冥王星就是第一个发现的柯伊伯带天体，它与赛德娜和阋神星都属于柯伊伯带中的“大个子”，而绝大多数柯伊伯带天体的直径在 100 公里左右，更小的可能更多，估计至少有 7 万个，而有人则认为柯伊伯带天体的总数可能多达 10 亿个甚至更多。不过由于柯伊伯带位于太阳系的边缘，非常遥远，阳光极为微弱，可谓是一片黑暗，因此大量小的柯伊伯带天体从地球上很难观测到。

2006 年 1 月 19 日，美国宇航局的冥王星探测器“新视野号”成功发射升空，预计经过近 10 年的长途跋涉，最早于 2015 年年中到达冥王星附近。“新视野号”除了首次对冥王星进行考察外，另一个任务就是对直径50～100公里的柯伊伯带天体进行为期5～10年的观测。届时，人们对这类天体的性质，包括柯伊伯带的范围等问题，必将会有更为深入的了解。

柯伊伯带天体的大量存在，以及由此引起的一些有待解决的问题，对于太阳系的形成和演化无疑具有重要的意义。例如，有人通过计算机模拟，来探讨冥王星和柯伊伯带天体的形成过程。结果发现，50亿年前这类天体在形成之初，柯伊伯带所在位置上物质的总质量应该是现在的100倍，这些物质足以形成与天王星或海王星大小相近的行星级天体，但事实上现在只发现了为数众多的小天体，而并不存在大的天体。那么是什么原因造成这样的结果呢？现在的柯伊伯带天体与海王星、甚至天王星会有什么关系吗？或者是否因为海王星和天王星的存在，妨碍了柯伊伯带天区形成大的行星级天体呢？对于这类问题，任何理论都应该做出合理的解释。

2.3 从深度恐惧到“深度撞击”

古人的迷信和恐惧

彗星可算是太阳系天体中形状最为奇特的一类。当彗星在天空中出现时，在比较明亮的头部后面，往往会拖着一条很长的尾巴，其形状犹如一把硕大无朋的扫帚倒悬在夜间星空之中，因而在中国又俗称为“扫帚星”。东汉许慎的《说文解字》中，对“彗”字的解释是“扫竹”，意即扫帚。在《康熙字典》中，称彗星“谓之孛，言其形孛，孛如扫帚”。

在古代，人们由于缺乏科学常识，对于彗星为什么会偶尔出现，形状又如此奇特，且变化无常，完全一无所知。于是，种种荒诞之说不胫而走，而且往往把彗星看成是一种神秘可怕的天象，把它们的出现视作不祥之物，或者认为是天神派来的使者，是大难来临的先兆，并因此而恐慌不已。例如，1853年伦敦上空出现了一颗大彗星，在它的圆形头部的后面拖着两条尾巴，一条又直又细的比较长，另一条粗而短，但略呈弧形。当这个形状怪异的天体划过天空并且亮度逐日增加时，观测者们便产生了一种莫名的恐惧感。

1528年，法国人对一颗大彗星出现时所作的记述可谓是令人毛骨悚然：“它使人如此恐惧，以至有人被吓死，有人被吓疯了。成百上千的人感到它的颜色是血红的，形状是长长的。在它的顶端还能见到一只握着长剑的巨手，……彗星光芒的周围有许多战钺、匕首和血淋淋的短剑，中间还有许多令人恐怖的人头。”由此可见，彗星在当时人们心目中的形象已经恐怖到了何种程度！

图 2.19　1853 年伦敦上空出现的大彗星（绘画）

由于每当彗星出现之时，总能在人世间找到某种天灾或人祸，于是有人便轻而易举地把彗星和天灾人祸联系起来，并产生了古今中外各种荒诞的迷信传说。例如，《春秋》中有这样一段记载：鲁文公十四年（公元前 613 年），“秋七月，有星孛入于北斗”，当时一位名叫叔服的星占学家根据这一天象做出预言：七年之内宋、齐、晋三国的君主将会死于动乱。碰巧的是这一没有任何科学根据的预言后来居然成了事实，而这类偶然的巧合无疑对迷信和恐惧的流行起了推波助澜的作用。

图 2.20　1528 年彗星来临时绘制的恐怖场景

在众多迷信的流言中，影响尤其大的是把彗星出现与战争联系在一起。在中国，《史记・大官书》中记载：“秦始皇之时，十五年彗星四见，凡八十日，长或竟天。其后秦遂以兵灭六国，并中国，外攘四夷，死人如乱麻。”连当时学识渊博的太史公司马迁都人为地把“死人如乱麻”和“十五年彗星四见”两件毫不相干的事联系起来，更不用说普通百姓对彗星的恐惧感了。正因为如此，中国古代对彗星的记载中，彗星有许多不好听的别称：孛星、妖星、星孛、异星、奇星等。

在西方,类似的传说同样很多。1066 年,英国国王爱德华逝世之日,没有留下王位继承人。众贵族挑选哈罗德为英王。同年,出现了一颗大彗星,英国人以为这是帝王逝世和灾难即将来临的凶兆。然而,有意思的是诺曼底公爵威廉却很聪明地把这颗大彗星的出现说成是他将获得胜利的预兆,于是便发兵西征进入英格兰。入侵者在彗星的“鼓励”下士气大振,很快战胜了被彗星出现吓得不知所措的撒克逊士兵。威廉于年底加冕为王,建立了诺曼底王朝。为纪念这一事件,威廉的夫人玛蒂丽达编织了一幅有名的挂毯。在画的顶部中间有一颗彗星,彗头指向右方;画的左边是诺曼底人在指着彗星欢笑,而右边则是哈罗德国王望着上面的彗星和下面诺曼底人的战舰,吓得快要从王座上跌下来。可见,古人由于缺乏天文科学知识,对彗星的本质一无所知,从同一种天象可以得出两种完全相反的解释,实际上都是不科学的。

图 2.21　11 世纪诺曼底公爵夫人玛蒂丽达编织的挂毯

尽管彗星出现总被认为是不祥之兆,但在中国古代已经对彗星有了比较正确的认识。例如,《晋书·天文志》中对彗星的解释是:“彗体无光,傅日而为光,故夕见则东指,晨见则西指。在日南北,皆随日光而指。顿挫其芒,或长或短…… 。显然,这段话对彗星发光的原因及彗尾的指向等都已有清晰的见解。在中国的一些史书中,对彗星的位置、运行路径、见灭时间、与太阳的相对位置,以及彗星的形态、亮度、分裂等现象作了大量详细的描述,这些宝贵的资料直到现在还受到中外天文学家的重视,并用于对现代的彗星研究。

哈雷和哈雷彗星

古希腊著名学者亚里士多德曾认为彗星并不是天体,而只是一种大气现象，这种观念后来在欧洲曾长期流行。也许因为受到亚里士多德错误观点的影响，西方对彗星的位置、形态和运动情况没有留下任何有价值的早期记载。1577 年出现了一颗大彗星，第谷试图通过观测来确定彗星到地球的距离，这可算是对彗星的首次科学研究。尽管第谷最终并没有测出这颗彗星的距离，但他已确认彗星在空间中运动，距离比月球至少要远 6 倍，因而彗星应该是一种天体而不是大气现象，更不可能是什么“怪物”。

图 2.22 亚里士多德（前 384—前 322 年）

开普勒经过长期的观测研究后，同样认定彗星不是大气中的现象。当时，一些天文学家推测，彗星的运动轨道可能是封闭的，同一颗彗星也许会多次返回地球附近。由于对彗星认识的提高，欧洲人开始注意测量彗星在夜空中的位置。

1680 年代之前人们还没有完整掌握计算彗星轨道的知识。当 1680 年出现一颗彗星时，牛顿根据万有引力定律和观测资料，正确地算出了这颗彗星绕太阳运动的轨道。1682 年又有一颗彗星出现，哈雷与牛顿合作进行彗星轨道计算。

图 2.23 哈雷（1656—1742）

哈雷是第一个全力从事彗星轨道计算的天文学家，对彗星研究做出了巨大的贡献。他根据史书记载的资料，计算了 1337—1698 年间所观测到的 24 颗彗星的轨道。经过仔细的比照后哈雷发现，1531、1607 和 1682 年出现的彗星的轨道非常相似。于是，他大胆推断这 3 次彗星出现，是同一颗彗星的 3 次回归，它应该每隔 75～76 年回归一次，并预言这颗彗星将在 1758 年底或 1759 年初再度出现。哈雷未能等到 1758 年就已与世长辞。然而，正如哈雷所预料，这颗彗星果然在 1758 年 12 月 25 日圣诞之夜如期而至，一位业余天文学家发现了它，在哈雷逝世 16 年后证实了他的预言。为了纪念他的这一重要功绩，这颗彗星便被命名为哈雷彗星。哈雷彗星周期性回归的确认，进一步证明彗星是太阳系内的天体，它们与行星一样绕太阳公转，可以准确预报其出现的日期、亮度和位置。当 1835 年哈雷彗星再度出现时,人们以好奇心而不是恐惧心理观看这颗大彗星,没有人再会相信骇人听闻的迷信传说。

哈雷彗星是第一颗正确预报回归时间的周期彗星,因而名声最大。另一方面,它又是周期彗星中唯一的一颗年轻彗星,虽然已回归太阳附近有好几十次,但依然处于很活跃的状态,每次出现时都会显示出多变的形态,可谓是彗星中的佼佼者,这也是哈雷彗星名声大振的一个重要原因。

哈雷在他的彗星研究中,从中国古代的记录得到了不少启示。从春秋战国到清末的两千多年间,哈雷彗星每次出现中国史书中大多有记载。《春秋》记载:鲁文公十四年(公元前 613 年)"秋七月有星孛入于北斗",可算是世界上最早关于哈雷彗星的确切记载;而从公元前 240 年起,哈雷彗星的每次出现中国都有记载,且次数之多、记录之详细是绝无仅有的。1985 年发现的巴比伦书版上记录了公元前 164 年对哈雷彗星的观测,而在西方最早的记载是公元 66 年。

1910 年 5 月哈雷彗星回归前。天文学家预测 5 月 19 日彗星位于地球和太阳之间,距地球 2 400 万公里,届时巨大的彗尾将扫过地球。这一消息迅速传遍了欧洲,人们为此深感惊慌不安。有人传言,彗星中的有毒气体会侵入地球大气,而这对人和生物是致命的,甚至有人相信地球会被哈雷彗星的彗尾打翻,世界末日即将来临。然而,事实上人们安然无恙地度过了那个"可怕"的日子,一切都和往常一样,人们丝毫没有察觉到有出现异样的迹象。当时,照相术已经用于天文观测,包括中国佘山天文台在内的许多天文研究机构都拍下了这颗大名鼎鼎彗星的"倩影"。

图 2.24　哈雷彗星

最近一次回归是在 1986 年，可惜哈雷彗星在远离地球的地方度过了它最光辉的时刻，而当 4 月 10 日离地球最近时彗星却已经变得很暗了，这令业余天文爱好者们深感遗憾。不过专业观测并没有因此而有所懈怠，天文学家不仅动用了地面上尽可能多的观测设备，而且首次发射了专用的“乔托号”等空间探测器，对哈雷彗星进行了近距离观测。下一次哈雷彗星回归是在 2061 年。50 多年后人类的科学技术必将大大超过现有的水平。也许宇航员和科学家将会搭乘宇宙飞船对这位“明星”作近距离的实地考察，即使现在四十岁的中年人也有可能看到这一天。

看得见的乌有

彗星形状奇特，那么它们究竟是什么样的一类天体呢？

在靠近地球时，彗星从结构上通常可以分为彗头和彗尾两部分，其中彗头又包括了彗核和彗发。有些彗星在彗发外面还有氢原子云，称为“彗云”或“氢云”；但有的彗星没有彗发，彗头只是一个彗核。彗核的直径很小，仅有几百米到上百公里，但集中了彗星的绝大部分质量，平均密度约为 1 克/厘米^3，不过不同彗星密度可以相差很大。大彗星的质量范围为 10^3～10^8 亿吨，而小的只有几十亿吨。彗发的体积随彗星的日心距而变化，尺度比彗核大得多，一般可达几万公里或更大，如 1811 年出现的大彗星的彗发直径达到 180 万公里，竟比太阳还大。

彗星在远离太阳时只有彗核，当它们运动到日心距约 2 个天文单位时开始伸出彗尾。随着向太阳趋近，彗尾显著地变长、变大；当它过近日点后远离太阳时，彗尾就逐渐变小，直至最后消失不见。大的彗尾可长达上亿公里，宽度超过几千公里，甚至可达到 2 000 万公里。这时，彗星便成了太阳系内体积最庞大的天体。不过，彗尾物质极为稀薄，密度只及地面大气密度的十亿亿分之一，这正是 1910 年哈雷彗星回归时彗尾扫过地球但人们毫无感觉的原因。所以，彗尾确实是一把空空如也的“大扫帚”。彗发和彗尾的质量之和一般只占彗星总质量的 1%～5 %。

彗尾可以分为两类，一类较长、较直，呈蓝色，由离子气体组成，称为“离子彗尾”或“气体彗尾”，这类彗尾是在太阳风（从太阳逸出的高速粒子流）的作用下形成的。另一类彗尾比较短，呈弯曲状，带黄色，称为“尘埃彗尾”，是由太阳光的光压对尘埃微粒的斥力作用造成的。

图 2.25　海尔-波普彗星，两类彗尾清晰可见

彗尾的结构往往相当复杂，并且呈动态变化，有的还会形成好几条彗尾，彗尾还会出现分叉、断裂等，非常奇特，令人叹为观止。

彗星的运动轨道绝大部分都是一些很扁的椭圆，或者是接近抛物线的双曲线。沿椭圆轨道运行的彗星就是周期彗星，每过一段时间它会再度来到地球附近，其中周期长于 200 年的称为长周期彗星，最长可达几千年甚至上万年；短于 200 年的是短周期彗星，哈雷彗星即属于短周期彗星。沿双曲线轨道运行的彗星是一些来去匆匆的过客，一去就不复返了。

通常认为彗核是一些“脏雪球”，由冰冻的母分子和细微尘粒组成。彗星在接近太阳的过程中，因太阳的加热作用表面冰结物质升华为气体，向外膨胀并带出微尘，形成彗发和彗尾。然后，彗尾在太阳光压和太阳风的作用下扩展出去。过近日点后，太阳的加热作用渐而减弱，气体的挥发量减少，彗尾和彗发减小以至消失，剩下的只是彗核，并远离太阳而去。每次经过太阳附近，彗星会损失一部分质量，周期彗星多次回归太阳后，挥发性物质便越来越少，最后即使回归太阳附近时也不能生成彗发和彗尾。

关于彗星的起源问题，目前还没有取得完全一致的意见。一种比较流行的说法是“原云假说”，由荷兰天文学家奥尔特(J. H. Oort)于 1950 年代提出。这种假说认为，在距太阳 10 万天文单位处有一个巨大的彗星云，又称“奥尔特云”，其中大约有 1 000 亿颗彗星，可谓是储存了大量彗星的巨型仓库，但全部彗星的总质量比地球还小。由于受到某种外部作用力(比如太阳系附近恒星的引力)的摄动，奥尔特云中一部分彗星的运行轨道会发生变化，结果是它们在经过几百万年时间的漫长时光后到达太阳系内部。这时又因为受到大的行星、特别是木星的引力摄动,运动轨道进一步发生变化,成为短周期彗星,最终可以来到地球附近。差不多同一时期的还有一种看法认为,有部分彗星应该来自柯伊伯带,它们同样因外力的摄动改变运动轨道而到达太阳附近的区域,因此柯伊伯带是彗星的另一个发源地。

彗星与流星群

太阳系内除了太阳、行星、卫星、小行星、彗星外,在行星际空间还存在着大量的尘埃微粒和微小的固体块。当它们接近地球并闯入地球大气层时,由于相对地球的运动速度很高,达 11～72 公里/秒,因与大气发生剧烈摩擦而燃烧发光,在夜间天空表现为一条光迹,这种现象就是流星。流星中特别明亮的又称为火流星,火流星出现时,偶尔还可听到声响。造成流星现象的微粒或固体块称为流星体,所以流星和流星体是两个不同的概念。

图 2.26　流星划过天空

流星体的质量一般很小,大部分在进入大气层后都气化殆尽,只有少数大而结构坚实的流星体才能因燃烧未尽而有固体物质降落到地面,这就是陨星。据估计,每年降落到地球上的流星体,包括气化物质和微陨星,总质量约有 20 万吨之巨!

流星通常是单个零星出现的,彼此间无关,出现的时间和方向也没有什么规律性,平均每小时可以看到 10 条左右,称为偶现流星或偶发流星。流星体空间运动速度的大小和方向各不相同,而同时地球在绕太阳公转,因此流星现象的出现又可分为 3 种情况:(1)流星体追上地球,(2)地球赶上流星体,(3)迎面闯入地球大气层的流星体。对于

图 2.27 一颗火流星

图 2.28 流星雨照片

偶现流星来说，下半夜出现的数目要比上半夜来得多，因为上半夜看到的只能是情况(1)，而出现在下半夜的则是情况(2)和(3)。

有时在天空某一区域或在某一段时间内流星的数目会显著增多，每小时出现几十条甚至更多，这种现象称为流星雨。特别大的流星雨又称流星暴，如 1833 年狮子座流星雨出现时，每小时竟多达 35 000 条，景象颇为壮观。流星雨是一大群流星体在短时间内闯入地球大气层的结果，这种成群结队的流星体称为流星群。

流星群的各个成员在空间中的运动轨道基本上是彼此平行的。由于透视的原因，在地球上看来由流星群造成的流星雨仿佛都从同一点向外辐射出来，这一点称为流星雨的辐射点。大多数流星群(流星雨)即以辐射点所在的星座或附近的恒星命名，如狮子座流星群、宝瓶座δ流星群等。

通常认为流星群起源于彗星散发出来的物质碎粒或是瓦解了的彗核,因而流星雨的出现与彗星有关。最著名的例子是奥地利天文爱好者比拉(W. V. Biela)于 1826 年发现的比拉彗星,地球在每年的 11 月 27 日穿过它的轨道。1846 年 1 月发现比拉彗星已一分为二,且分裂后的两颗彗星越来越分开。1855 年当它们双双出现时,彼此已经分得很开。在以后两次预期应该出现的年份都没有观测到比拉彗星,人们都以为它失踪了。然而,在 1872 年 11 月 27 日夜晚天空中突然出现了极为壮观的流星雨,辐射点在仙女座。1885 年 11 月 27 日又发生了同样的现象。后来得知,1798、1830 和 1838 年已观测到过仙女座流星雨。可见比拉彗星在瓦解前早已在散发大量的质点,仙女座流星雨无疑与比拉彗星有关,故又称比拉流星雨。

在漫长的年代中,彗星散发出的微粒,会因太阳风的作用和行星的引力摄动而逐渐分布在整个彗星运动轨道上。有些彗星的轨道会与地球公转轨道相交,当地球穿越这种区域时便会因在短时间内大批微粒闯入地球大气层而形成流星雨。这类微粒在轨道上的分布很不均匀,母体彗星附近密度特别大。所以,对应于某一颗彗星来说,不是每年都能从地球上看到壮观的流星雨。比如,狮子座流星雨出现于每年的 11 月 18～19 日;在平常年份,流星雨的流星数目并不很多,只是每隔 33 年才有一次规模较大的流星暴出现,如 1833 年、1866 年等,这 33 年就是母体彗星的轨道运动周期。

流星雨的出现是可以预报的,但其准确程度远不如对诸如日食、月食或掩星一类天象的预报。这里主要有 2 方面的原因:其一,组成流星群的是为数众多而又大小不一的微小天体,它们的轨道很容易因受到行星的引力摄动而发生改变,对轨道运动规律的掌握较为不易;其二,流星群物质在轨道上的分布情况较为复杂,流星雨出现的多寡以及峰值时刻,取决于地球穿越流星群的位置和运动路径上流星体的具体分布情况,这就会给准确预报带来一定的困难。

实施“深度撞击”

根据开普勒的行星运动第二定律(即面积定律),周期彗星(特别是其中的长周期彗星)沿着扁长的椭圆轨道绕太阳运转,在远离太阳的位置上它们运动得非常慢,相对而言回归太阳附近的过程可谓是一晃而过。因此,彗星的大部分生涯都是在离太阳很远的地方渡过的,

图 2.29 “星尘号”接近彗星(艺术图)

而在那里阳光极其微弱,温度非常低,太阳系形成初期的原始物质状态就有可能在彗星中得以长久地保存下来。另一方面,一些比较复杂的有机分子可能早已存在于宇宙空间,它们有机会附着在太阳系内的一些小天体上,其中也包括彗星。这些小天体或它们的碎片偶尔会闯入地球,从而为地球带来最初的有机化合物。

基于彗星可以为研究太阳系的早期演化史,以至探讨地球上的生命起源提供宝贵的线索,1980 年代以来,彗星便成为空间探测的重要目标。

1973 年 5 月 4 日,美国发射了第一个空间站“天空实验室”,在站上工作的宇航员对名噪一时的科胡特克彗星进行了成功的观测。继 1985—1986 年哈雷彗星的空间探测后,各国已成功发射了为数众多的彗星探测器。如 1999 年 2 月 7 日升空的“星尘号”于 2004 年 1 月到达怀尔德 2 号彗星,用气溶胶收集彗星的尘埃,并发回许多高清晰度照片。耗资2.12 亿美元的“星尘号”在历时 7 年、飞行 48 亿公里后,于 2006 年 1 月 15 日按计划回到地球,带回了首批彗星物质样品。据称,对彗星尘埃样品的完整分析需长达 10 年的时间。欧洲空间局已于 2004 年 3 月 2 日发射了“罗塞塔”彗星探测器,它将于 2014 年到达 67P/C－G 彗星附近,届时将对其作近距离探测并采集彗星物质的样品送回地球。

彗核表面现有的物质成分已不能完全代表太阳系物质的原始状态,只有内部深处才可能保留了太阳系的原初物质。因此,只观察彗核表面是不够的,必须深入到彗核的内部,而这就是要对彗星实施撞击的科学理由。为此,2005 年 1 月 12 日美国发射了“深度撞击”探测器,在飞行了约 4.31 亿公里、历时 173 天后,于 7 月 4 日美国的独立日当天成功击中坦普尔 1 号彗星。

坦普尔 1 号彗星是在 1867 年 4 月 3 日由法国天文学家坦普尔(E. Tempel)首先发现。选择它作为撞击对象的主要原因是:这颗彗星已有 100 多年的观测史,对它的运动状况掌握得比较好;彗星正处于中年期,彗核深处的物质具有代表性;彗星可以飞到离地球比较近

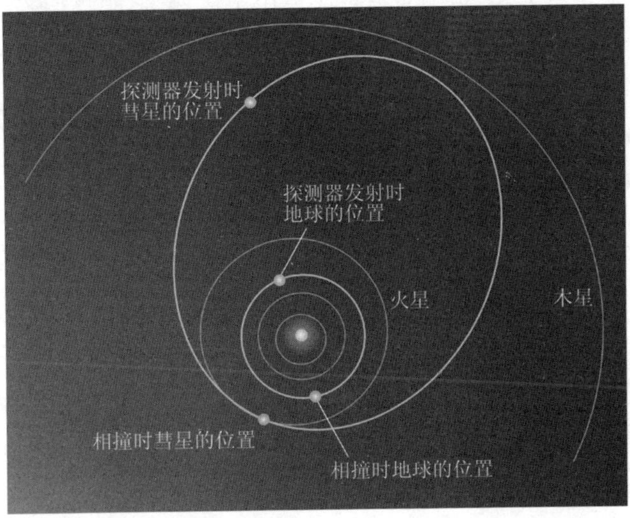

图 2.30　坦普尔 1 号彗星的运动轨道

的地方，从地球上观测撞击过程较为容易。

从准确度来说这次对彗星的撞击是非常成功的。撞击过程约历时 3.7 秒，撞击发生时撞击器与彗星的相对运动速度约 10.2 公里/秒，倾角 25°，撞击的威力相当于 4.5 吨 TNT 炸药，撞击发生后彗星约增亮 5～8 倍。撞击坑的大小估计比足球场大，深数十米。释放出撞击器之后，探测器在约 500 公里远处飞越彗核，同时拍摄了撞击前后的数千幅彗核图像，而撞击发生之前撞击器所拍摄的近距离彗星图像也通过探测器转发回地球。

在分析了夏威夷 10 米口径 Keck 望远镜所获得的观测资料后发现，坦普尔 1 号彗星很可能诞生于天王星和海王星轨道之间，即柯伊伯带。不过，彗星的化学成分却类似于奥尔特云彗星，这也许说明一些柯伊伯带彗星和奥尔特云彗星有可能在同样的地方形成。

图 2.31　近距离拍摄的撞击坦普尔 1 号彗星的图像

对观测资料的初步分析表明，与“脏雪球”理论模型的预期情况相比，在撞出物中尘粒较多，水冰较少。物质颗粒很细，不太像沙粒，更类似于滑石粉，这似乎对理论提出了质疑，说明彗核不像理论预期的那样是个“大冰坨”。彗核表层物质如此细小，说明它在长期太空漫游中没有受到太大的外界扰动。研究表明，除了像硅酸盐这种彗星中常见的化合物外，还意外地探测到了如泥土、碳酸盐之类的成分，而通常认为这类成分必须在有液态水的条件下才能生成。此外，还发现有含铁的成分和芳香族碳氢化合物。对这些观测结果还没有给出能令人满意的解释。

撞击造成的喷发物以约 5 公里/秒的速度很快向外扩散，产生的尘埃量是平时的 1.6 倍左右。平均来说，尘埃的温度从撞击前的绝对温标 280 开，在一天时间内很快升高到 330 开。这说明撞击产生的能量并没有全部为彗核所吸收，而是有很大一部分通过辐射或扩散过程带入行星际空间，这也与“脏雪球”模型的预期不符。

撞击后的测量表明，因撞击使彗星表面释放出的水分不到 250 公斤/秒，与撞击前彗星表面的水分释放率相近，低于撞击前数周内彗星若干次自然喷发时所观测到的水分释放率。气体（如氢等）产生率同样很低，探测仪器只能测出其上限。但是，撞击后彗核周围乙烷的含量明显地要比撞击前高，说明彗星表面和内层的物质组成确实有所不同。

有人认为这次计划并未完全取得预期的效果。因为按照最初的设想，撞击器在与彗星相撞后，探测器应拍下撞击地点的细部特征并分析彗星尘埃的成分，但由于光学系统出现故障，探测器未能获得理想的观测数据。

包括“深度撞击”计划在内的空间探测所取得的成果，必将会使人们对彗星，以至对太阳系演化取得更为深入的理解。

2.4 揭开行星环的奥秘

科学家的“私心”和土星环的发现

对于爱好者来说，土星无疑是太阳系中最为奇特的一颗行星。只要用一架小望远镜就能看出它的草帽形外貌，在星体周围有一圈很宽的“帽檐”，这就是土星光环，又称土星环。光环的存在使得土星成为最为美丽的一颗行星，令观赏者赞叹不已。

关于土星环的发现有着一段颇为有趣的故事。自从伽利略在 1609 年首次用望远镜观测星空以来，新的发现经他之手接踵而至。

1610 年 7 月,他把望远镜对准了土星。在这架放大倍数只有 30 倍而又不完善的望远镜中,伽利略看到土星两旁有某种奇怪的附属物,实际上他所观测到的便是土星两侧的光环部分,但当时伽利略并没有意识到这一点。鉴于在这之前他已经发现了木星的 4 颗大卫星,于是便相信土星也有两个卫星之类的小天体。然而,由于情况不如木星卫星那样确切,而且过了一段时间两旁的附属物又似乎隐匿不见了,于是伽利略没有立即宣布他的这一发现。

任何一位科学家在感觉到将要做出一项重要发现之时,往往会受到两种互相矛盾感情的支配:一方面生怕别人走在自己的前面而想尽快地发表它,另一方面又担心会犯错误而不想轻率地过早发表。在伽利略时代,学者往往为此采用一种称为“字母颠倒法”的密码记录方式来简要地记载自己的发现,这种记录除了发现者本人外几乎谁也无法加以破译。当发现者嗣后进一步确证了这项发现,他便把早已写好的那份“天书”破译出来,从而保留了对该项发现的优先权。

伽利略对他的土星观测结果便采用了这种方法。他当时所做的记录是由 39 个拉丁字母混乱排列的一长串符号,其真实含义是“观测到一颗最高的三重行星”。这里“最高的”即指土星,因为土星是当时所知离太阳最远的行星,而“三重”则隐含着土星有两个尚不清楚的附属天体。

约半个世纪后的 1659 年,荷兰科学家惠更斯(C. Huygens)证实伽利略观测到的是一个离开土星本体的环状结构。他开始时也像伽利略一样用了字母颠倒的密码记录法,不过形式略有不同,在惠更斯的符号串中包含了 62 个拉丁字母。3 年后当他确信自己结论正确时才宣布这组符号串的意义是“土星周围有一个又薄又平的光环,它的任何部分都与土星不相接触,光环平面与黄道面斜交”。

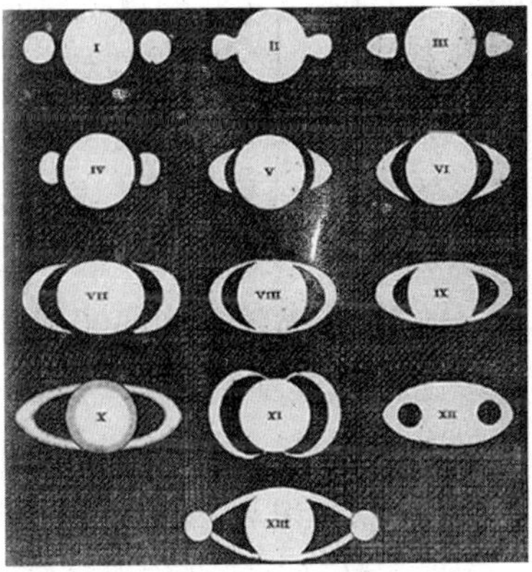

图 2.32　惠更斯描绘的土星环

惠更斯以后,经过很长的时间人们才对土星环的本质有了正确的认识。在最初的 200 年内,土星环一直被认为是一个或若干个扁平的固体物质盘。1856 年,英国物理学家麦克斯韦(J. C. Maxwell)从理论

图 2.33　纪念惠更斯(1629—1695)发现土星光环的邮票

上证明,这种环必然是由围绕土星旋转的一大群小"卫星"组成的物质系统,而不可能是整块固态物质盘。40 年后,天文观测的结果证实土星环不同部分的旋转速度随到土星中心距离的增大而减小,而要是环作刚体转动的话情况应该恰恰相反。这就无可辩驳地证实了,环是由无数个各自沿独立轨道绕土星旋转的大小不等的物质块组成的,从而最终阐明了土星环的本质。事实上,当远方恒星在环后经过时星光并没有多大的减弱,这也说明它不是一整块东西,而是一些稀疏分布又很小的分离物质块。现已知道组成土星环的小"卫星"大都是一些直径 4～30 厘米的冰块,环的总质量约为土星质量的百万分之一。环极冷,温度低达－200℃。

土星环系的主体含有 A、B、C、D、E、F 和 G 共 7 个环,以及环与环之间称为环缝的一些很窄的暗区。环编号字母的次序是根据发现时间的先后,而不是按它们离土星的远近来确定的。环缝多以发现者的名字命名,它们是一些物质块密度相对很小的区域。最里面的是 D 环,内侧几乎触及土星的表面,宽度约为 7 500 公里,与其外侧的 C 环隔开一个约 300 公里宽的盖林缝,以纪念法国天文学家盖林(P. Guerin)于 1969 年发现 D 环。C 环很暗,宽约 17 500 公里。位于 C 环外的是最明亮的 B 环,宽度达 25 500 公里,几乎可以并排放上两个地球,B 环和 C 环之间是宽度仅为 500 公里的麦克斯韦环缝。再往外就是 A 环,亮度仅次于 B 环,宽约 15 000 公里。A、B 两环间是宽度为 4 800 公里的卡西尼环缝,由著名天文学家卡西尼(G. D. Cassini)于 1675 年发现。卡西尼环缝是永久性的环缝,另一条永久性环缝为 A 环中的恩克环缝,系德国天文学家恩克(J. F. Encke)所发现,宽度不到 900 公里;其他环缝都不太完整,而且是一些暂时性的环缝。A 环向外依次为 F、G 和 E 环,其中 F 环很窄,宽度估计仅为 30～500 公里,它与 A 环之间宽约 3 600 公里的空缺区取名为"先锋缝"。F 环和 G 环都是空间探测器发现的。E 环是一个暗弱的尘埃环,情况比较复杂,物质分布

图 2.34　土星和它的光环

呈现某种结构，宽度约为 30 万公里，最厚处的厚度可达 3 万公里左右。

除暗弱的 E 环外，土星环的总宽度已接近 20 万公里，然而最大厚度却不超过 150 米，相比之下真可谓“其薄如纸”。由于土星环所在的平面（即土星的赤道面）与观测者视线方向间的交角在不同的时间是在变化的，所以有时候看到的环很宽、很漂亮，但有时候环会变得很窄，而当土星环恰好以侧向对着地球时差不多会在望远镜中消失，就是这种现象曾经使伽利略对自己的发现产生了怀疑。

掩星天象暴露了海王星环

自惠更斯证实土星光环的存在以来，人们一直以为在太阳系内唯独土星才有光环，土星环成了太阳系天体中的珍品。经过 300 多年，在 1970 年代人们相继发现了天王星环和木星环后，这一观点才得以彻底改变，并引起天文学家们的极大兴趣。

由于相对运动的关系，远方的恒星有时会移动到太阳系天体如月球、行星或小行星的正后方，从地球上看来恒星便会在视野中消失，这种天象称为掩星，如月掩星、木星掩星、小行星掩星等。从广义上说，日全食也可算是一种掩星现象——月球遮掩了太阳。此外，行星遮掩其卫星，卫星遮掩恒星等，凡是近距离天体遮掩远方天体的现象，均可归属于掩星天象。如果近距离位置上的太阳系天体的周围没有大气，在掩星发生时刻恒星的星光会瞬间消失，月掩星的情况就是如此。如果近天体的外围存在大气层，则星光在完全消失前会在短时间内有一个略为减暗的过程。各类掩星的发生时刻，包括掩星开始（掩始，之后恒星即隐匿不见）和掩星结束（掩终，之后恒星便重新显现），都可以通过理论计算做出非常准确的预报，就像对日食和月食的发生过程可以作长期、准确的预报一样。不过，除月掩星外，其他掩星现象都是比较少见的。因此，有关领域的专业天文学家总是会根据预报，不失时机地对各类掩星事件进行观测。

掩星天象的观测对天文研究有着特定的重要意义。例如，对月掩星的观测，证明了月球周围没有大气层，又可用以测定恒星的角直径，或者发现新的双星系统；还可以精确测定被掩天体的位置，并曾为早期射电源和 X 射线源的准确定位发挥过重要的作用。天王星环的发现，便是掩星观测对近代天文研究做出重要贡献的一个典型例子。

图 2.35　天王星环

1977 年 3 月 10 日曾发生过一次天王星掩星的罕见天象，被掩的是一颗暗星，编号 SAO158687，中国、美国、澳大利亚等国的天文学家都对此进行了观测。在观测过程中，意想不到的奇怪事情发生了：小星在预报的被掩时刻前 35 分钟出现了“闪烁”，也就是星光减弱又迅即复亮，而且这种闪烁一连出现了好几次，然后才为天王星所掩而消失不见。当恒星从天王星背后复现，或者说掩星过程结束后，这种闪烁现象又再度出现。显然，这绝不可能用天王星存在大气层来加以解释。经过仔细的计算和研究后，所得出的结论是，引起恒星星光闪烁现象的原因是天王星周围有环状物质存在，而且环应该不止一个，天王星有环系！这是继 1930 年发现冥王星后，20 世纪太阳系内的又一重大发现。

由于天王星环非常暗弱，在这之前即使用大望远镜也从未观测到过。1978 年，美国天文学家用 5 米口径的望远镜，才在波长 2.2 微米的红外波段首次拍摄到天王星环的照片，从而证实了由掩星观测所推断的结论。21 世纪初，哈勃空间望远镜拍摄的照片又揭示了两个新的天王星环，但新环半径是原已发现的环半径的两倍，组成另一个环带，而且更为暗淡。

现在知道，天王星的环系至少由 11 个环组成，但这些环的结构和物质成分与土星环大不一样。天王星的环都很窄，除了最外边的 ε 环可望宽达 100 公里，以及 η 环的宽度约为 60 公里外，其余各环的宽度都大约只有 10 公里左右。一方面是环很窄，另一方面在环和环之间则是相当阔广的空间，这也与土星环的结构不同，后者是环非常宽，而相对来说环与环之间环缝就显得比较窄。天王星环的反光本领很差，看起来就很暗，非大望远镜不可窥见。因此，其环粒的组成成分很可能也与土星环有所不同，但对构成环的物质微粒的大小尚不太清楚。

空间探测发现更多的行星环

随着行星际飞行器的发射，通过近距离的空间探测，不断揭示出太阳系中许多前所未知的事实，包括对已知太阳系天体认识的深化和发现新的太阳系天体，而木星环的发现便是其中的典型一例。

图 2.36　木星环的位置

美国发射的"旅行者 1 号"探测器经过一年半的长途跋涉，于 1979 年 3 月 4 日穿过木星赤道面时，在距离木星 120 万公里的地方拍摄到了亮度十分暗弱的木星环的照片。同年 7 月 10 日，后期达到的"旅行者 2 号"探测器又在距木星约 150 万公里处拍下了木星环的照片。有关研究表明，木星环主要由亮环、暗环和晕三部分组成，环的厚度在 30 公里左右。亮环离木星中心约 12.8 万公里，宽 6 000 公里。暗环位于亮环的内侧，宽可达 5 万公里，内边缘几乎与木星大气层相接。晕的延伸范围可达环面上下各 1 万公里，外边缘比亮环所及的范围略远。在木星的环系中有许多尺度数十米到几百米不等的黑色块状物，它们绕木星高速旋转，公转周期约为 7 小时。木星环中还含有大量的微粒，据推算，组成环的粒子的大小只有 2 微米。

自天王星环和木星环发现以来，行星环在太阳系中已不再是珍品，人们自然会想到其他行星是否会有尚未发现的环存在呢？由于已发现环的 3 颗行星都是类木行星，那么最有可能存在环的当推第四个类木行星——海王星了。美国杂志《空间与望远镜》1978 年 4 月号曾经报道，1846 年 10 月 10 日英国天文学家拉塞尔(W. Lassel)曾在 60 厘米反射望远镜中用肉眼看到过海王星环，并在次年为剑桥大学天文台台长查里斯所证实，后者甚至得出环的半径为大土星半径 1.5 倍的结论。但是,在后来寻找海王星卫星的多次观测中均未发现海王星有环,这件事就渐渐被人淡忘了。

100 多年后,在发现天王星环的鼓励下,不少人试图通过海王星掩星事件来发现环,但几次掩星观测的结果和对结果的解释却众说纷纭,1968 年和 1985 年对海王星两次掩星事件的观测声称发现了环,而1980 年从掩星观测则报道了相反的结果。另外,对报道发现有环的结果也有人认为可以用其他原因来解释,从而基本上否定了环的存在。

图 2.37 海王星环

1989 年 8 月,当"旅行者 2 号"探测器到达海王星时这一谜团终于有了答案。近距离空间探测的结果表明,海王星确实也有环,而且至少有3～5 条完整或比较完整的环,其中的 2 条环相对比较亮一些,到海王星中心的距离分别为 5.3 万和 7 万公里。另外,在最里面的环到海王星表面之间,还有一个很宽的、主要由尘埃物质组成的壳层。海王星实在太远了,它的环系都是很暗的,从地球上很难观测到,而近距离空间观测又谈何容易。因此,有关海王星环的具体情况至今仍然很不清楚。

更有趣的是,有人甚至认为历史上地球也曾经有过一个由微粒构成的环,并用它的存在来解释大约 3 400 万年前地球上冬季的温度曾一度降低了 20℃,而夏季温度却无多大变化的化石植物学资料。设想中的地球环存在了 100 万至 200 万年,之后因高层大气的阻尼作用、微流星体的冲击,以及太阳风持续不断的轰击而逐渐消失,故今天也就不存在了。当然,这仅仅是一家之言,是否确有其事目前尚无可奉告。

在所有的行星环中,土星环最为明亮,小望远镜都能观测到,故又可称为光环。其他的行星环都极为暗弱,用地面大望远镜观测也非常困难,甚至观测不到,因而只能取名为环,而不能称为光环。

行星环的起源

太阳系范围内的天体形态各异,内容十分丰富,即使在行星附近的空间,围绕行星转动的天体就有卫星和行星环两种完全不同的形态。那么，卫星和行星环之间是否有着某种联系，或者说是否存在演化上的关系呢？

从历史上看，比较大的卫星的发现均早于行星环。如果不考虑地球的卫星月球，最早是伽利略在 1609 年发现了木星的 4 颗大卫星(Io，Europa，Ganymede 和 Callisto)。嗣后，具有标志性意义的卫星发现事件是：1655 年 3 月惠更斯发现土星最大的卫星土卫六(Titan)；1787 年约翰·赫歇尔发现了天王星的两颗卫星天卫三(Titania)和天卫四(Oberon)；1846 年拉塞尔发现了海卫一(Triton)；1877 年美国天文学家霍尔(A. Hall)在火星大冲时发现火星有两颗很小的卫星，即火卫一(Phobos)和火卫二(Deimos)；1978 年美国天文学家克里斯蒂(J. W. Christy)发现了冥卫一(Charon)。

现在知道除水星和金星外，其他所有行星和冥王星都有自己的卫星，但卫星的数目相差甚大：地球有 1 个，火星 2 个，木星 63 个，土星 33 个，天王星 27 个，海王星 13 个，冥王星 3 个。因此，目前卫星的总数至少有 142 颗，而在若干年前这个数字仅为 34。由于近代大型望远镜和空间探测器的观测，使卫星数目急剧增加，而且还可能继续发现新的卫星。在太阳系的卫星中，最大的是木卫三，直径 5 270 公里，比水星还大，而最小的直径只有几十公里、甚至几公里。大的卫星大致呈圆球状，称为规则卫星，而小卫星的形状通常很不规则，可称为不规则卫星。

为了解释行星环的形成，天文学家提出了若干种理论，如潮汐理论、凝聚理论、碰撞理论等。

卫星到行星的距离不能近于某个极限，否则就会被行星的巨大引力所瓦解而不复存在，这个最小距离称为洛希极限，由法国天文学家洛希(E. A. Roche)首先提出。洛希极限的数值大小与卫星绕以转动的母行星的半径、母行星的密度以及卫星自身的密度有关。关于行星环形成的潮汐理论认为，在洛希极限之外形成的卫星，因公转轨道缩小，走近行星而到达洛希极限时，会被行星的潮汐力所瓦解，结果便形成了行星环。

行星环形成的另一种理论是凝聚说。这种理论认为，组成行星环的物质是在现有位置附近，通过微粒相互间的凝聚而形成的。一开始这是一种非引力过程，当微粒增大到一定程度后，引力起主导作用，粒子继续长大。由于粒子处于洛希极限之内，行星的潮汐力阻止它们进一步生长为卫星，而保持了原有的盘状结构，成为行星环。根据这种理论，行星环的形成与卫星没有直接的关系。

碰撞理论的基本思想是，在行星环现在所处的位置上，最初曾经有过一个或几个很小的卫星。由于它们的引力太小，一旦遭到流星体的撞击，因撞击产生的碎片就能从这些小卫星的表面逃逸，在一定的条件下不再被产生碎片的母体小卫星重新俘获，但仍然没有摆脱母行星的引力束缚。最终，大量的这类碎片便构成了绕行星转动的环。

4 个类木行星的周围都有行星环，而这些环在结构、范围、完整性等方面的特征又不尽相同，不同行星的环很可能有着不同的形成机制。中国天文学家戴文赛认为，土星环是因规则卫星的轨道缩小，并进入洛希极限后瓦解形成的；但天王星环的情况则不同，它是因为大星子撞击天王星，从天王星撞出的大量碎粒物质生成的。

行星环不仅在形成的原因上可能与卫星有着某种联系，环状结构的维持机制同样可能与卫星有关。行星环为什么能长期维持而不会瓦解掉？有人认为一些处于特定位置上的卫星的引力作用，使环物质不致四分五裂，并维持在一个有限的范围内。这类卫星被称为“牧羊卫星”，它们对环物质的作用，犹如牧羊人起着能管好羊群而不使羊群跑散的角色。目前已发现土星有 3 颗牧羊卫星，而天王星则有 2 颗。另一方面，环缝的存在也可能与一些卫星的引力影响有关，如土卫一对于卡西尼环缝，以及土卫十八对于恩克环缝，这与小行星带中出现柯克伍德空隙的成因是类似的。

2.5 太阳系的起源

太阳和太阳活动

太阳是一颗普通的恒星，现在的年龄约为 50 亿年，无论从质量、光度还是体积上来说，太阳在恒星世界中都居于中等地位。它是太阳系的中心天体，也是太阳系中光和热的源泉；表面温度 5 780 开，中心温度约 1 500 万开。太阳的直径约为 140 万公里，是地球直径的 109 倍；质量为 2×10^{33} 克，是地球质量的 33 万倍，占太阳系总质量的 99.8%。太阳物质的平均密度只及地球的 1/4，约为 1.4 克/厘米^3，但中心密度高达 160 克/厘米^3。地球到太阳的平均距离约为 1.5 亿公里，也就是 1 个天文单位。

从地球上直接观测到的是太阳的大气层，它由内向外又可以分为光球、色球和日冕 3 层，平时所看到的是太阳的光球，而色球和日冕只有在日全食时才能用肉眼观测到。尽管从总体上说，太阳是一个相当稳定的发光气体球，但它的大气层却时刻经历着局部的剧烈活动。太阳活动的主要标志是太阳表面黑子数的盛衰，以及耀斑爆发和日珥的变化等。太阳辐射和太阳活动的动力来自太阳的内部，不过太阳内部是无法观测到的，对太阳内部物质结构和核活动的全部认识都来自理论研究。太阳中心承受着由全部太阳物质自引力所造成的巨大压力，因而中心处的压强和温度都极高，氢聚变为氦的热核反应释放出巨大的能量，并维持了太阳的总体平衡状态。这种能量由太阳内部传播到光球表层，进而向外辐射出去。根据天体物理理论，太阳现在的这种状态还能再维持 50 亿年左右。之后，太阳便会发生剧烈的变化，目前的状态将不复存在。

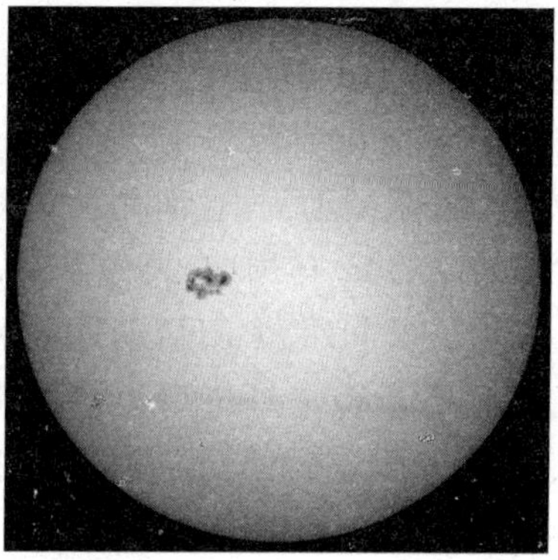

图 2.38　太阳黑子

就天文学的尺度而言，太阳可谓是近在咫尺。然而，太阳活动性的发现却经历了不寻常的过程。1826 年，德国业余天文学家施瓦贝(H. S. Schwabe)开始用小望远镜观测太阳，试图寻找水星轨道之内是否存在“火神星”。施瓦贝发现，在太阳表面除了黑子外什么也没有，于是便专注对太阳黑子进行观测，并持续不断地坚持了 17 年之久。尽管他最终也没有找到“火神星”，但却发现了太阳黑子大约有 10 年的变化周期，这就是太阳活动周。不过，在 1843 年，因为施瓦贝的职业是药剂师，无人相信他的结果，甚至论文也无处发表。直到他再继续坚持观测了 10 多年，进一步证实了这一周期性后，他的重大发现才为天文界所公认。现在知道，黑子活动的平均周期为 11.1 年，称为 11 年太阳活动周。

在一个太阳活动周内，太阳表面的黑子从无到有，从少到多，直至黑子数最多的所谓“峰年”。之后，黑子数渐而减少，一直到最终消失不见，一个活动周就此结束。太阳活动的周期性变化，不仅表现为黑子数的多寡，而且还反映在黑子出现的日面位置上。在一个活动周内，黑子总是首先出现在日面南、北纬 35°左右的地方。随着黑子数的增加，黑子出现的位置逐渐靠近太阳赤道。当这个活动周接近尾声时，所有的黑子都已位于纬度 5°的地方，并随之消失。

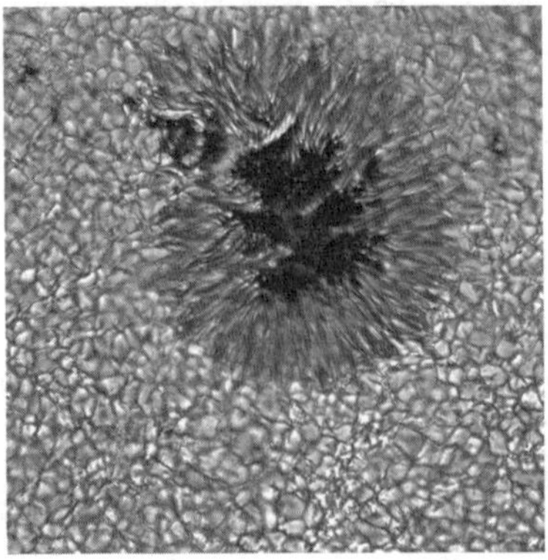

图 2.39　太阳黑子的本影和半影

黑子其实并不黑，只是因为黑子中央的温度要比周围光球的温度低 1 000 多开，在明亮光球的反衬之下才呈现为黑色。一个充分发展的黑子，由核区较暗的本影和外围较亮的半影构成，形状如浅碟，中央部分下凹约 500 公里。小黑子的尺度约为 1 000 公里，而大黑子可达 20 万公里之巨，足以放进几十个地球！

黑子的出现与太阳的磁场有关。太阳黑子的磁场有极性，成对出现的前后两个黑子总是具有相反的磁极，且南北半球黑子对的前后极性始终相反。不仅如此，在相邻的两个太阳活动周内，南北半球黑子对的极性必然互相交替，这就是太阳活动的 22 年周期，又称为磁周。

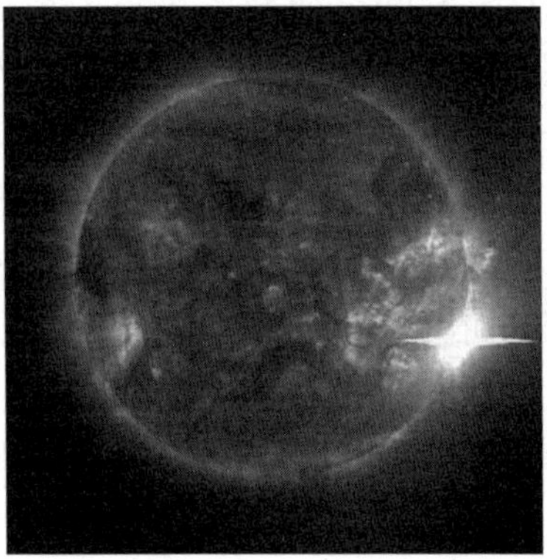

图 2.40　太阳耀斑

除了黑子外，太阳活动性的另一个重要表现是耀斑爆发。通常认为耀斑出现在色球层，这是太阳大气中的一种不稳定过程，局部区域在几分钟到几十分钟的短时间内，释放出巨大的能量，可高达 10^{26} 焦，相当于整个太阳在 1 秒钟内所释放的总能量。耀斑爆发会引起太阳风暴，大量的带电粒子（总量可高达 10 亿吨）以非常高的速度从太阳发出，吹向行星际空间，这就是日冕物质抛射，所抛出的粒子以每小时几百万公里的速度席卷太阳系空间。一旦太阳风暴恰好朝向地球，在到达近地空间时，会引发一系列事件，如生成美丽的极光，干扰电讯信号，使地面短波通讯暂时性中断，影响人造卫星上的设备，甚至对宇航员会造成一定的威胁等。在太阳活动的峰年期间，耀斑的出现尤为频繁。

太阳系天体的运动规律

宇宙中的一切事物无不处于运动之中，太阳系内的天体也不例外。太阳系天体的运动主要表现为天体绕自身某个轴的自转,以及绕母天体的公转运动两种形式。对卫星来说,母天体指的是相应的行星;而对行星、小行星和彗星来说,母天体就是太阳。

太阳是一个气体球,因而它的自转情况与固体地球不同:在赤道附近太阳转得最快,日面纬度(类似于地球上的纬度,在太阳赤道上日面纬度为0°,两极处为±90°)越高,自转速度越慢,这种自转形式称为较差自转。通常说太阳的自转周期为27.3天,指的是从地球上所观测到的、日面纬度17°处的太阳自转周期,称为会合周期。由于地球同时绕太阳公转,27.3天并不是太阳的实际自转周期。太阳相对远方恒星的实际自转周期是25.4天,称为恒星周期。太阳在赤道上的会合周期为25.5天。

行星自转的速度各不相同,有的很快,有的则相当慢。木星的自转最快,赤道部分的自转周期仅为9时59分;其次是土星,为10时14分。因为自转很快,这两颗行星看上去明显呈扁球状。转得最慢的是金星,自转一周需244天。卫星都有自转,有趣的是有些卫星的自转周期与它的公转周期严格相等(如月球、木星的4颗伽利略卫星等),于是这些卫星便始终以同一面对着其母行星。小行星以及彗星的彗核尽管小得多,但它们也有自转,如坦普尔1号彗星,彗核的自转周期约为42小时。

在公转方面,无论是行星、彗星或小行星绕太阳的公转,还是卫星绕其母行星的公转,都服从开普勒定律。因此,离开太阳(或行星)越远,行星等天体(或卫星)的运动速度就越慢。以行星为例,最接近太阳的水星的公转运动周期仅为88天,而海王星的公转周期则长达165年。

观测表明,对于太阳系的主要天体,包括行星和行星周围比较大的规则卫星来说,它们的运动存在着一些重要的规律性:无论是行星绕太阳的公转运动,还是卫星绕行星的公转运动,以及行星和卫星的自转,都表现出一些明显的共性特征,即所谓近圆性、共面性和同向性。行星绕太阳、或卫星绕母行星的公转轨道都是一些椭圆,但这些椭圆的偏心率一般都非常小,或者说绝大部分公转轨道都很接近圆形,这就是近圆性。行星绕太阳的公转轨道平面,以及卫星绕母行星的公转轨道平面,与黄道面的交角大多比较小,称为共面性。行星和卫星的公转及自转大多有着大致相同的方向,如果从地球北极上方很远处向下看,这个方向是逆时针的,这就是同向性;而对于自转来说,同向性又表现为行星和卫星的赤道面与黄道面的交角不大。这三方面的运动特征说明，太阳系主要天体的运动状态是相当“和谐”的。

太阳系主要天体的运动除了上述共性特征外，也还存在少数例外。明显不符合同向性的是金星的逆向(顺时针)自转和天王星的侧向自转，这两颗行星的赤道面与它们绕太阳公转轨道面的交角分别为177°和98°。不仅如此，由于天王星卫星的公转轨道平面与天王星的赤道面相重合，因此这些卫星绕天王星的公转轨道面与天王星绕太阳的公转轨道面同样交成98°角，这又不符合共面性规律。此外，水星公转轨道的偏心率为0.206，与其他行星的轨道相比是较为扁的椭圆，近圆性较差；而冥王星轨道面与黄道面的交角比较大，达17.1°，共面性较差。

任何有关太阳系起源和演化的学说，都必须对太阳系天体的上述共性运动特征以及少数例外做出合理的解释。

另一方面，太阳系中的小天体，包括小行星、彗星以及柯伊伯天体等，它们的运动状态就不存在近圆性、共面性和同向性这样的共性规律。这些天体的公转轨道可以是一些非常扁的椭圆，甚至是抛物线或者双曲线，公转轨道平面可以与黄道面交任意角，因而公转和自转的方向也就无同向性可言。

早期的太阳系起源学说

太阳和太阳系的起源与演化，是天体物理学的一个重要研究内容。从历史上来看，有关太阳系起源的学说不下数十种，它们大体上可以分为3大类，即灾变说、俘获说和星云说。

1745年，法国动物学家布丰(G. Buffon)首次提出关于太阳系起源的灾变说。他受1680年一颗大彗星接近太阳的启发，设想在过去的年代里，有一颗大的彗星擦边碰撞太阳的边缘，而碰撞的结果使太阳转了起来，同时被撞出的物质绕着太阳旋转并最终形成行星。这种学说的致命缺陷是彗星质量太小，即使与太阳碰撞也不可能撞出质量比它大得多的行星物质，更不可能使假设中原本不转的庞然大物——太阳转起来。属于灾变说的还有1916年英国天文学家金斯(J. H. Jeans)提出的潮汐说。金斯假定曾经有一颗恒星接近太阳，太阳表面因恒星的潮汐力而被拉出一长条物质，长条形的隆起物绕着太阳旋转，又随着恒星的远离渐而变长并与太阳相脱离，其中的气体最终可以凝聚为多颗行星。不过，后来的理论计算否定了这种可能性。

俘获说主张先形成太阳，而行星和卫星等物质是在太阳形成后，从邻近的星际空间中俘获而来的，1944 年苏联天文学家施米特（О. Ю. Шмидт）提出的“陨星说”即属于这一类。他认为在几十亿年前，太阳以 5 公里/秒的相对速度，进入一个 10 光年尺度的星际云，并在 60 万年时间内俘获了约 3%太阳质量的星际物质。被俘获的物质在太阳周围逐渐形成一个扁平的星云盘，并进而演化为围绕太阳运转的行星，以及行星周围的卫星。尽管这种学说可以较好地说明太阳系天体运动的近圆性、共面性和同向性等特点，但是发生这种俘获的可能性实在太小，而且也不能解释某些观测事实。

最早主张太阳系起源星云说当推德国哲学家康德，他是在 1755 年发表的《宇宙发展史概论》一书中提出这一观点的。康德认为，太阳系内的所有天体，都是由同一个原始星云演化而来。原始星云由大小不等的固体微粒组成，它们互相吸引、碰撞，结合成较大的团块并逐渐长大。星云中心部分凝聚的物质最多，先形成太阳。周围物质在绕太阳转动的过程中会生成多个引力中心，它们最终演化成了行星。在康德的学说中，卫星的形成与行星相类似，行星的自转起源于团块对行星的撞击，而彗星则形成于原始太阳星云的外围部分，由于太阳对它们的引力作用很弱，彗星的运动轨道可以取任意方向，因而完全不遵循共面性规律。康德的星云说否定了牛顿“第一推动力”的形而上学观点，首次提出了自然界在不断发展、演化的辨证观点，具有重大的科学意义和哲学意义。不过，也许因为康德不算是一位专业天文学家，他的观点在当时并没有引起人们太多的重视。

1796 年，法国数学家拉普拉斯在他的《宇宙体系论》中详细阐述了自己的星云说。拉普拉斯认为，原始太阳星云是一团自转着的巨大而又灼热的气体，整体上大致呈球形。在星云物质冷却的过程中，整个星云不断收缩，转动速度则随着收缩而加快。因中心引力和离心力的共同作用，星云慢慢地变为扁平状。在收缩过程中，每当引力与离心力相等时，会有一部分物质滞留下来，它们不向中心进一步收缩，而是演化成一个绕中心转动的环。这样的环会形成好几个，它们最终分别生成各个行星，而中心部分的物质便形成了太阳。卫星

图 2.41 拉普拉斯（1749—1827）

系统的形成过程与行星相类似,只是尺度上小了很多。

拉普拉斯的学说与康德的观念在本质上是相同的,即太阳系天体起源于同一个原始太阳星云。康德的学说侧重于哲理,而拉普拉斯则从数学和力学上进行论述。不过,相比之下拉普拉斯的学术地位要高得多,他曾担任法国经度局局长和法兰西学院院长。基于拉普拉斯在学术界的威望,他的学说得以广泛的传播,41 年前康德的观点和著作也因此被人们重新提起并得以再版,而他们的学说被称为康德一拉普拉斯星云说。值得一提的是,作为科学家的拉普拉斯,他根本不承认上帝的存在。拉普拉斯最大的学术成就反映在他于二十几年内完成的 5 卷 16 册巨著《天体力学》中。他曾在拿破仑政府中担任过 6 个星期的内政部长,据说当拿破仑看到这部书时曾问起拉普拉斯,为何在他的书中一句也没有提到上帝,而拉普拉斯则明确地回答:“陛下,我不需要那个假设”。

现代星云说

关于太阳系起源的现代星云说,是在康德一拉普拉斯星云说基础上发展起来的,它能解释太阳系内的大部分观测事实,因而为大多数天文学家所接受。

现代星云说的基本思想是认为,太阳系内的所有天体都是由同一个原始太阳星云在万有引力的作用下演化形成的。在大约 50 亿年前,银河系中有一团总质量为几千倍太阳质量的气体尘埃云。这团星云在其自身的引力作用下逐渐收缩,同时内部出现了许多湍流和涡流。结果是大星云碎裂成了许多小星云,其中有一块就是现在太阳系的前身——原始太阳星云,质量不超过 1.2 倍太阳质量。原始太阳星云有自转,这是原来大星云中的湍流和涡流残留下来的运动。这团星云继续在万有引力的作用下收缩,中心位置上占绝大部分的物质形成了太阳,在收缩过程中星云的自转变得越来越快,外围部分

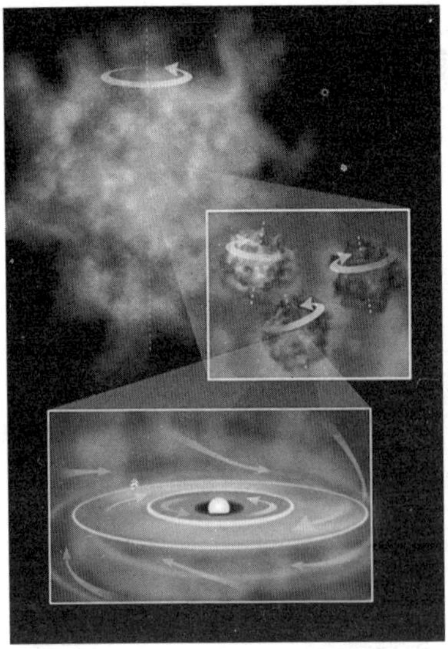

图 2.42　太阳系形成过程示意图

物质渐而变为扁平状，并形成一个星云盘。

太阳形成以后，由于太阳强烈的辐射和太阳风的作用，星云盘中靠近太阳的气体被向外推离，结果是这部分星云盘的尘埃含量相对比较高，而在星云盘的外围部分气体的含量比较高。另外，星云盘的厚度是靠近太阳的内圈较薄，外围部分较厚，但物质的密度则是内圈较高，离开太阳越远物质的密度越低，而行星就是在这种物质状态的星云盘中形成的。行星形成的大致过程是，构成星云盘的尘埃微粒在运动中互相碰撞，结合成大小不同的颗粒。较大的固体颗粒在原始太阳的引力、惯性离心力、气体压力以及运动过程中所遭受的阻力这几方面因素的综合作用下，逐渐沉降到星云盘的中央平面附近，在星云盘内形成一个厚度更薄的“尘层”。一旦尘层内的物质密度变得比较大，就会出现引力不稳定和转动不稳定现象，结果尘层便瓦解为许多颗粒团。每个颗粒团继续收缩和聚集，先形成一些小的团块，然后这些团块相互碰撞，结合成尺度 1 至 10 公里的较大的团块，称为星子。

大星子的引力较强，它们在运动过程中会不断吸积所遇到的物质，包括吞并所碰上的小星子并迅速长大。星子之间的引力会使它们的轨道变得复杂化，结果是星子和星子更容易发生相互交会、接近甚至碰撞，这一过程的效应犹如滚雪球，于是大星子便越长越大。星子间的碰撞可以有两种结果：如果两个星子彼此间大小相差悬殊、或者相对运动速度不太大，那么它们就会结合在一起；否则，它们就会撞碎，而那些因撞击形成的碎块，大多数最终又会被大星子所吸积。在这种碰撞、吸积和并合的复杂过程中，在行星盘中的一定区域内，会产生一个相对来说最大的大星子，这就是行星胎。

行星胎的形成进一步大大加快了物质集聚的过程，最后便形成了一颗颗大的行星。生成于盘内圈的行星，由于那里的尘埃比较多，所以是一些组成类似地球的固态行星——类地行星。位于盘外圈的行星，因为原来星云盘的成分主要是气体，所以是一些像木星那样的气态行星——类木行星，只是在它们的中心可能有很小的固态核。在一些行星的周围，大的规则卫星的形成过程很可能是行星形成过程在局部区域内较小规模上的再现，而一些没有能形成行星的星子，在以后的演化过程中就形成了小行星、彗星和一些行星的不规则小卫星。数值模拟表明，从星云盘到最终形成行星，大约只需要 1 千万年到几亿年的时间。因此，与太阳和太阳系主要天体的年龄相比，可以说太阳系内所有成员基本上是在同一时期段内相当快地形成的。

为了说明不符合共性特征的少数例外，特别是金星的逆向自转和天王星的侧向自转，天文学家提出了各种解释机制。有一种观点认为，在太阳系行星形成后不久，行星际空间还游弋着大量星子，而其中大星子对个别行星的猛力撞击就完全有可能使行星的运动状态发生剧烈变化，因而也就不符合原有的共性特征了。对此，有人已经作了一些定量计算，并发现如果有一个直径11 600公里、质量为4.5×10^{21}吨(约为天王星质量的1/20)的大星子，沿抛物线轨道与天王星发生擦边碰撞(称为掠撞)，那么撞击的能量就足以撞翻天王星，使它的自转轴方向发生很大的变化而成为目前所具有的侧向自转状态，同时撞出的碎片生成天王星环系。大星子的撞击作用同样可以用来解释金星的逆向自转：如果金星原来的自转方向合乎同向性规律，那么一个质量为5.4×10^{19}吨(相当于金星质量的1%)的大星子从相反方向掠撞金星，便足以把金星的自转方向颠倒过来，使它变为目前的逆向自转状态。

如果确实存在这类撞击事件，那么幸运的是在太阳系的演化过程中，这类大星子没有撞上诞生人类的地球。不然的话，地球可能会被撞得脱离原有的轨道，而今天繁花似锦的世界也许就不复存在了。不管怎么说，用大星子撞击来解释太阳系主要天体中不符合共性运动特征的个别例外也只是一家之言，而造成这种重大撞击灾变事件的大星子今天已经不存在了，它们在太阳系演化的过程中，或者为行星所吞并，或者成了行星的卫星，或者演变为今天的小行星。但是，规模相对较小的天体撞击事件，即使在今天的太阳系内仍然时有发生。

2.6 彗木相撞及其思考

惊天大冲撞

1993年3月24日傍晚，美国彗星观测专家休梅克夫妇(E. M. Shoemaker & C. S. Shoemaker)和加拿大天文学家利维(D. H. Levy)共同发现了他们的第9颗彗星。按照惯例，彗星被命名为休梅克－利维9号彗星(SL9)。这颗彗星的与众不同之处在于发现之时彗核已经分裂成至少21个小块(称为亚核)，而且所有的亚核都位于同一条直线上。进一步的研究表明，分裂事件应该发生在1992年7月8日彗星与木星近距离交会之际——木星强大的引力把结构原本不太紧密的 SL9 的彗核撕裂成了碎片，这些碎片在后来的运动过程中彼此间相距越来越远，伸展为直线状，成了众多彗星中的一大奇观。对这颗彗星的轨道运动作了研究和预报后令人惊讶地发现，它将于次年7月中旬撞击木星。尽管从发现到撞击发生的一年多时间内，SL9 各个亚核的状态出现了许多变化，但撞击还是如期发生了，整个天文界都为之兴奋不已，并引起了广大公众和媒体的极大兴趣。

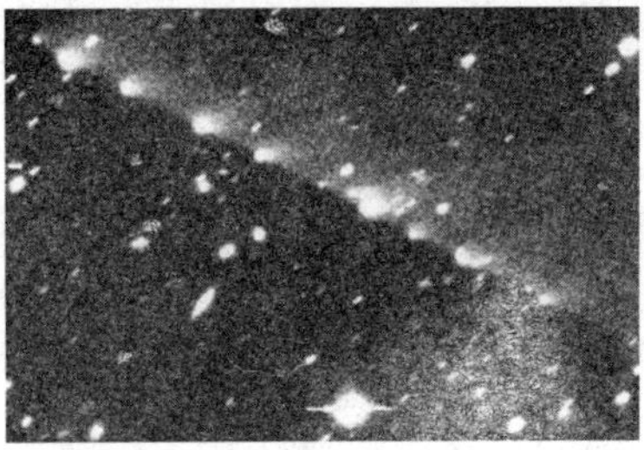

图 2.43　分裂后的 SL9 彗星

从 1994 年 7 月 16 日起，SL9 彗星的 21 个碎块，以大约 60 公里/秒的速度和 45°的入射角，一个接着一个撞向木星，演出了太阳系历史上极为壮丽的一幕。这是人类天文学史上第一次准确预报并观测到的

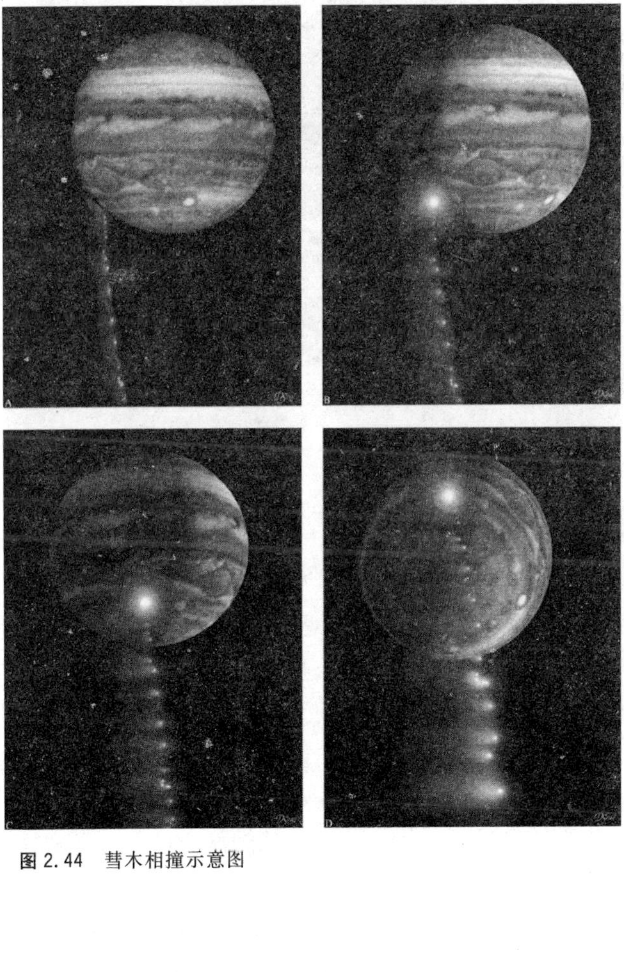

图 2.44　彗木相撞示意图

太阳系天体的大规模撞击事件。在撞击发生的前后一段时间内，世界上几乎所有的望远镜，包括地面望远镜和空间望远镜，都对准了木星，在不同的波段上观测了撞击发生的全过程，并取得了前所未有的大量宝贵资料和图像。

撞击事件昙花一现，SL9 彗星已经永远消失了，然而科学家却在认真思考一个问题：这样的事情会不会发生在地球上？对此人类应该采取怎样的应对措施？有人估计，彗木相撞所释放的能量约相当于 5 000 亿吨 TNT 炸药爆炸的威力，如果类似事件发生在地球上，即使撞上荒无人烟的地区，其严重后果也将不堪设想。遗憾的是，这种可能性尽管非常非常小，但还是存在的。许多直接和间接的证据表明，在太阳系形成以来的漫长时期中，包括地球在内的太阳系天体确实不断受到彗星、小行星、流星体这些小天体的撞击。

图 2.45　通古斯事件现场

图 2.46　月球上大大小小的环形山

1908 年 6 月 30 日，当地时间上午 7 时 17 分，一颗直径不到 100 米的“迷你型”小行星，以 30 公里/秒左右的速度闯入俄罗斯西伯利亚通古斯地区上空，在距地面 6 公里处爆炸。这一事件犹如一次强烈地震，使 2 000 公里^2 内的森林尽数推倒。这就是著名的通古斯事件，爆炸所释放的能量相当于广岛原子弹威力的 500 倍以上。

从1609年伽利略用望远镜观测天象以来，人们早已知道月球上布满了大大小小的环形山，直径大于1公里的环形山总数达33 000多个，最大的直径约为200公里，它们绝大多数都是小天体撞击月面的结果，环形山也就是陨击坑。由于月球没有地球那样的大气层的屏障作用，再小的流星体也能保持原有的速度和质量长驱直入击中月球表面而生成陨击坑。月球上既没有空气，又没有流水，也就没有地球上那样的风化侵蚀作用，而且月球上的地震活动远比地球上少，即使在几十亿年前生成的陨击坑也能完好无缺地保存下来。这就是月球表面布满环形山的原因。

图2.47　美国亚利桑那州的陨击坑

随着望远镜性能的提高和行星际探测器的成功发射，已经发现不仅在水星、金星、火星这些类地行星的表面上，而且在许多行星的卫星上，甚至在小行星上，都分布着许多因小天体撞击而生成的大小不等的坑穴。

图2.48　水星上的陨击坑

纵观上述事实，太阳系内小天体对行星和其他天体的撞击是一种颇为普遍的现象，通古斯事件只是人类有历史记载以来地球上所发生的最大一次撞击事件。毫无疑问，地球在未来仍然有遭受小天体猛烈袭击的威胁存在，而发生彗木相撞的事实再一次表明，这类规模比较大的天体撞击事件目前仍在发生，人类决不能掉以轻心。

地球发展史的撞击灾变说

地球的年龄大约是46亿年，它是在太阳诞生后经过4亿年左右的时间形成的。关于地球形成后的演变史，有均变说(又称渐变说)和灾变说两种不同的观点。均变说认为，地质纪元中的一切地质变化，都可以用诸如侵蚀、沉积、火山爆发等人们熟知的物理和化学作用来解释，这种学说把地球作为孤立存在的世界来讨论它的演变历史。灾变说则认为外部天体的撞击作用是绝不能忽略的，这类事件甚至对地球史起着某种决定性的作用，一些地质时期的划分也许就起因于若干次超大规模的天体撞击事件。

图2.49　居维叶(1769—1832)

英国天文学家赖特于1755年指出："彗星，由于有着巨大的质量和惊人的运动速度，以及容易爆炸的物质，无疑会使碰巧位于它前进道路上的世界遭到毁灭。"50年后，拉普拉斯也对小天体撞击地球的严重后果做了较为具体的描述。同时代的古生物学奠基人、法国科学家居维叶(G. Cuvier)根据化石证据提出，地球历史上曾经有过6次大的灾变，从而造成物种的大规模消亡，其中最后一次就是1.5万年前的猛犸灭绝。这6次灭绝事件同时又是6个创生时代，因为每次灭绝发生后，一些新的物种就得以诞生。

19世纪早期灾变说曾经一度盛行，后来均变说渐占上风，到19世纪中期灾变说在科学界已销声匿迹。当时，灾变说不受重视的原因是多方面的：人们习惯于从地球本身来寻找大规模生物灭绝等现象的原因，地球上所发现的陨击坑为数很少，对月球环形山的流行解释是起源于火山爆发，以及对撞击事件的发生率和它们的大气效应及击中海洋时的后果缺乏深入的认识，天文学家和古生物学家缺少充分的学术交流等。

1960年代前后，随着观念的改变和科学技术的进步，灾变说重新受到科学界的重视，有关研究也越来越深入。1956年，美国古生物学家德朗贝费尔斯(M. W. de Laubenfels)提出，恐龙的灭绝可能是由大陨星撞击掀起的热风造成的。1958年，爱尔兰天文学家厄皮克(E. J. Öpic)指出，小天体撞击事件生成的大量炽热尘埃能从出事地点扩散到很远的地方去，而由此产生的高温会使生物遭到毁灭。1970年，美国古生物学协会主席麦克劳伦(D. J. McLaren)断定，小天体撞击使古太平洋一片混乱，无脊椎滤食生物因此而大批死亡。

从天文学的时间尺度来看，造成超大规模破坏性的天体撞击地球的事件，在地质年代中是很平常的，而就这种意义上来说，灾变即是均变。一方面，随着航空和人造卫星事业的发展，近年来已经在地球上陆续发现了一些相当大的陨击坑。如1950年代在巴西中部从飞机上发现了一个直径12公里的陨击坑；1960年代的卫星观测发现，位于加拿大的直径为93公里的马尼库甘湖是一个已遭到严重侵蚀的陨击坑，等等。另一方面，通过对月面土壤的分析，月球环形山的撞击起源说已得到确认。还有，对近地小行星的观测和研究表明，地球也的确有过受小天体撞击而形成陨击坑的历史。灾变说不再像以前那样被认为是在没有办法情况下所想出的、令人难以接受的“最后一招”，而是一种有科学内涵的学说。

图2.50　小天体撞击地球的情景(艺术图)

现代化石研究揭示，地球在地质史上曾发生过多次超大规模的生物灭绝事件：在相对比较短的时期内，地球上大范围内大批生物物种突然消失，同时又出现了一些新的物种。这类短时标事件在地质学上称为古生物裂点，而最明显的裂点发生在泥盆纪、二叠纪、三叠纪和白垩纪。例如，3.55亿年前晚泥盆纪末，北半球大部分浅海地区的海底生物(珊瑚、三叶虫等)全部灭绝，但深海中的生物却未受影响。2.3亿年前的二叠纪末，96%的海洋生物(包括小的带壳浮游生物、海绵、棘皮动物、珊瑚等)消失殆尽,而且陆地上的大部分爬行动物和两栖动物也都在短时间内灭绝。6500 万年前,恐龙和大型爬行动物在地球上不可一世地生活了 1.7 亿年后突然销声匿迹,但小动物幸存下来,这一事件标志着白垩纪和中生代的结束。更为详细的统计分析表明,地球史上的重要生物灭绝事件与主要地质边界之间存在很好的相关性,表明两者可能有着共同的或者相关的短时标起因,从而为地球发展史的撞击灾变说提供了颇为有利的依据。

恐龙灭绝探讨

1980 年,美国科学家阿尔瓦莱茨(L. W. Alvarez)的研究小组明确提出,白垩纪和第三纪地层的截然分界,是由于一颗 10 公里直径的小行星以 40 公里/秒的速度猛烈撞击地球而造成的:这一事件的威力足以使整个地球上的生物和地质环境变得面目全非,造成全球性灾变的严重后果。这种撞击事件的发生又有两种可能,那就是撞上陆地,或者击中海洋。须知,这样一次撞击所释放的能量相当于 160 万亿吨 TNT 炸药,或者说在地球上每平方公里范围内爆炸一颗氢弹! 作为比较,通古斯事件的威力相当于 1 000 万吨 TNT 炸药,超过广岛原子弹威力的 500 倍。彗木相撞所释放的总能量约为 10 万亿吨 TNT 当量,相当于爆炸 5 亿颗广岛原子弹的威力。

图 2.51　恐龙灭绝想象图

陆地撞击灾变效应的相当一部分来自剧烈的大气扰动,包括小天体以超声速进入大气层时所形成的激波,以及形成陨击坑时产生的冲击波。紧靠激波前沿后部的空气受到高度压缩,其结果是使局部空气的温度和压力急剧上升,全球的平均风速可高达 1 500 公里/时,超过龙卷风的最大风速,而大气的平均温度则要升高到 43℃。也许更为致命的是随着撞击而产生的灰和蒸汽,它们带着 250℃的温度高高地抛起,这对于地面上的一切生物都意味着死神的来临。撞击物理学指出,当撞击物比较大时,因撞击生成的坑穴的直径大约是撞击物直径的 20 倍。因此，10 公里小天体撞击陆地时，会在几分钟内形成一个直径约为 200 公里的巨坑，同时抛出大约 10 万公里^3 的物质，其中有许多以细尘形式出现，并很快传播到地球的各个角落。这块厚厚的尘埃幕布使阳光无法到达地面，在长达 2～3 年的时间内，阳光减弱为撞击发生前的千分之一。在这期间，植物由于无法进行光合作用而大批死亡，并威胁到动物的生存，大型动物首当其冲，而部分小动物也许会留存下来。与此同时，高温抛出物通过一系列化学反应使大气中的臭氧层破坏殆尽，一旦尘埃幕布消失后，地球表面便直接裸露在太阳紫外线的暴晒之下，其强度对生物无疑是极为致命的。还有，伴随着撞击事件的是一场全球性的特大地震，并引起大规模的地质灾变。

地球上海洋的面积约占地球总面积的 71%，因此小天体冲入海洋的可能性要比撞上陆地更大些。直径 10 公里小天体的一次撞击，可以在海底生成直径为 500～1 000 公里的巨坑，其形成过程可能要长达 1 个小时。在出事地点附近，海水会掀起高达数公里的超级巨浪，即使距撞击点 1 000 公里以外的地方浪高仍能达 500 米。滔滔巨浪向四周迅速扩展，最终会到达大陆架或浅海区域。那时，大浪会再度涌起，浪高可增大 10 倍，而数公里高的海浪涌上陆地时的超级海啸将会荡平地面上的一切。同时，地核的内部流动会因此而受到强烈的干扰，使地磁场发生剧烈的扰动，并引起各类生物的大批死亡。另一方面，原来缓慢进行中的大陆漂移，会因猛烈撞击而受到极大的扰动，结果会引起大幅度剧烈的板块运动，固体地壳会出现几十公里宽的超大裂缝，造山运动在短时间内变得十分激烈，全球火山普遍爆发。当各种剧烈活动重新平息下来之时，地球表面的生物学和物理学环境已面目全非。

古生物学的研究表明，地球上生命的发展并不是从简单到复杂、由低级到高级的一种平稳、渐变式的演变，化石记录所揭示的是在这一过程中会不时穿插着一些短时标事件。在这类事件中，大量的生物物种几乎在同一时间段内突然消失，而后又诞生出一些新形式的生物。用小天体撞击事件来解释这种生物的大规模灭绝是十分自然的。在过去的几亿年内，这种撞击可能发生过 6～7 次，而同一时期内也出现了同样数目的全球性生物灭绝事件。

判定推测的合理性需要有证据。为此，自 1980 年以来地质学家们一直不停地在地球上到处奔波，试图找到直径 200 公里左右的撞击

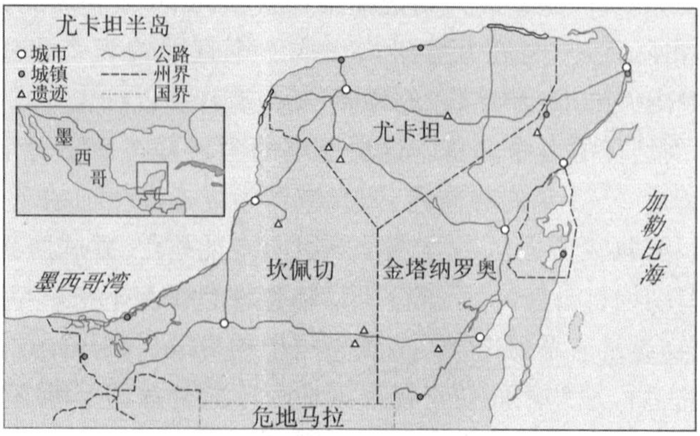

图 2.52　墨西哥尤卡坦半岛的地理位置

坑,并用以证明曾经发生过的小天体撞击事件。然而,要想在 5 亿公里^2 面积的地球表面上寻找一个直径 200 公里的撞击坑谈何容易,何况这样一个古老的坑穴可能因长期的风化作用而被磨平,或者深埋在冲击层之下,或者已因地壳运动而变得支离破碎,或者因撞击事件发生在海洋中而更难以发现。因此,全球范围内大规模的普查显然是不现实的,应该进行有目标的定向搜索。

图 2.53　尤卡坦半岛上的陨击坑

对于一次小天体的海洋撞击事件来说,在高达几公里的超级巨浪的猛烈冲刷下,会形成有明显特征的厚沉积层,构成沉积层的是大量杂乱无章的粗糙岩石碎片,而地球上这种沉积物最明显的地区集中在加勒比湾的周围。于是,关心此事的人们纷纷把注意力转向加勒比海地区。可是,那里在陆地上连小的陨击坑都没有,更谈不上直径 200 公里左右的巨坑了。

事情的转机出现于 1970 年代后期,人们从墨西哥尤卡坦半岛的空中地磁勘察资料以及同一地区较早时期的重力图,发现在半岛北部的地下深埋着一个直径 180 公里的巨大环形地貌,其中心位于切克苏罗布,这就是后来名声显赫的切克苏罗布陨击坑。嗣后,有人从人造卫星拍摄的图像中发现,这一地区存在着许多大型灰岩坑,当地人称为落水洞,它们组成了一个近乎完整的半圆形结构,直径约 170 公里,中心就位于切克苏罗布。1990 年,考察人员在这一地区进一步发现了含有玻璃陨体和冲击石英颗粒的岩石碎片,而这类物质只能在由猛烈撞击作用造成的高温、高压条件下才能形成。经研究,该陨击坑的地质年龄与恐龙灭绝的时间相符,看来灾变说取得了实证。

不仅如此,切克苏罗布陨击坑似乎并不是一个孤立事件,地球表面还发现年龄与切克苏罗布陨击坑相近的另外两个陨击坑:一个在美国的衣阿华州,直径 35 公里;一个在西伯利亚中北部,直径 100 公里,且表现为多重环形结构。鉴于这 3 个陨击坑差不多在同一时期形成,很可能当时曾有一颗大的彗星因某种原因像 SL9 那样分裂了,它的碎片闯入了地球,在形成 3 个陨击坑的同时,给地球造成了全球性的生物灭绝,恐龙在经历这一事件后就很快消失了。

威胁来自何方

太阳系中的行星和卫星长期以来遭受小天体的频繁撞击已是不争的事实,而对于地球和月球来说,这种威胁来自近地小天体,包括小行星和彗星。一个小天体一旦撞上了地球、月球或者别的什么天体,它也就消失了,或者说发生一次撞击小天体就会少一颗。月面环形山一旦形成,它们便能在几十亿年时间中完好地保存下来,或者后一次撞击造成的坑穴会叠加在早期形成的陨击坑上。通过对这些环形山年龄的分析发现,至少在过去的 30 亿年中,不同时期这种陨击坑的生成率并没有逐渐减小,而是大体上保持不变。因此不难推知,近地小天体必定有源源不断的补充来源,它们的总数在数十亿年的漫长时光中并没有明显减少。

小行星带中集聚了大量的小行星,它们中的一些成员会因木星的巨大引力摄动而改变运行轨道,并成为能穿越地球公转轨道的越地小行星,甚至成为会威胁地球的近地小行星。不过,理论研究表明,因此而新生成的近地小行星,其数目远远不足以补充因发生撞击而损失掉的小行星数。

唯一能给近地小行星不断增添新成员的也许是轨道周期仅为几年的彗星,它们会频繁地到达地球附近。每当这类彗星接近太阳时,就会因生成彗发和彗尾而损失一部分物质。长此以往,彗星表面的挥发性物质最终必然会挥发殆尽,剩下的由非挥发性物质组成的彗核就成了一颗近地小行星,并有可能撞击地球。另外,也不能排除存在这类短周期彗星自身撞击地球的可能性。当然,如果彗核的结构比较松散,那么在行星的潮汐力作用下也有可能会逐渐瓦解,并最终形成流星群，如著名的比拉彗星，或者像通古斯事件那样在地球大气层中爆炸，这时尽管不会在地面上生成陨击坑，但小天体终究是消失了。

但是，与地球的46亿年高龄相比，短周期彗星的寿命是很短暂的，平均只有几千个公转周期，充其量也就是几十万年。如果它们的数目有限，对近地小行星的补充会随着撞击事件的相继发生越来越少，地球遭受它们轰击的频数会逐渐减小，也许人类就无需为大规模撞击灾变的可能前景而担忧了。遗憾的是，这类短周期彗星居然还有自身的"后备役"成员，而且数量极为庞大——这就是奥尔特彗星云。在奥尔特云中有多达1 000亿颗以上的彗星，可谓是取之不尽，用之不竭。太阳带着太阳系大家庭在银河系中运动的漫长历史中，可能会与一些质量和尺度范围都很大的所谓巨分子云近距离交会甚至直接相遇，或者与另一颗恒星靠得很近，其结果是这些原来储存在奥尔特云中的彗星，便会在外部引力摄动的干扰下，先是离开奥尔特云，成为长周期彗星并朝着内太阳系运动，在到达太阳系的行星区域后，再进一步因为大行星的摄动而变为短周期彗星，以至近地小天体，并对地球造成巨大的威胁。

上述过程尽管还只是一种理论上的假设，但较好地说明了月面环形山生成率在几十亿年内长期保持不变的观测事实。

人类的对策

根据月球上环形山的大小和数目分布，有人估计通古斯事件大约每隔5 000年在地球上出现一次，而造成全球恐龙灭绝的10公里小行星撞击地球的事件，大约每6 000万年发生一次。当然，这类估计带有相当大的不确定性，不同估计方法所得出的结论可以相差很大。不过，即使是像通古斯事件这类直径不到100米的"迷你型"小天体对地球的撞击，一旦发生在大城市或大城市附近，其后果也是不堪设想的。通古斯事件和彗木相撞事件的出现，无疑说明了今天仍然存在发生小天体撞击的可能性。

图2.54　美丽的地球

另一方面，近期已经记录到有若干小天体从地球附近经过。例如,2004 年 3 月 18 日,一颗直径 30 米的小行星飞越地球,与地球最接近时的距离约为 4.9 万公里;嗣后不久的 3 月 31 日,又有一颗直径 6 米的小行星在 1.3 万公里的地方掠过地球。月地平均距离约为 38.4 万公里,而地球的直径仅为 1.28 万公里,可见要是出现这样靠近地球而又比较大的小天体,就会对地球上的生物以至人类构成某种威胁。

图 2.55　19 世纪法国的一幅漫画——彗星撕毁了地球

今天,人们不仅已清楚地认识到地球会遭受小天体的撞击,从而有可能造成破坏性很大的灾变,并正在严肃认真地考虑自己的对策。1991 年 7 月 3 日,在美国召开了一次有 20 位科学家参加的小行星探测国际讨论会,会议所发表的报告强调指出,地球会受到彗星和小行星的撞击并造成灾变性的后果,而对人类最大的威胁来自直径 0.5～5 公里的小天体撞击。有人估计在这一范围内的近地小天体总数大约有 1 万颗,这类天体撞击地球时所释放能量的范围为 10 亿至 10 万亿吨 TNT 当量,轻者会在地球上产生大范围局部区域的破坏效应,重者可能造成全球性的灾变,并导致数亿至数十亿人的死亡。当然,大规模撞击事件的发生是极为罕见的,但必须非常慎重、仔细地分析其可能性和危害程度。

显然,在这个问题上,第一位的任务是必须找到有可能撞击地球的小天体,并对它们的轨道运动做出准确的预报。这需要制定大规模而又具体的搜索计划,以及世界各国科学家的通力合作,也许还要建造新的观测设备和资料分析软件,以能在茫茫星海中正确地找出数以千计很暗的太阳系小天体,确定它们的运动轨道,进而对它们的位置做出长期预报，并最终确认其中有可能威胁地球的"肇事杀手"。一旦确证有一个(或甚至多个)较大的小天体在未来某个时间会撞击地球，并对人类构成严重威胁，那么接下来就要设法消除这样的威胁。

以人类现在的科技水平，完全有能力提早发射一艘无人驾驶空间飞船去拦截这样的不速之客。一种办法是在小天体附近引爆一颗威力巨大的氢弹，爆炸产生的推力使这个小天体哪怕只是稍稍改变一下它目前的运动路径，所谓"动之毫厘，差之万里"，这颗小天体未来对地球的潜在威胁也就可以解除了。特别对于比较大的小天体来说，这种做法要比把小天体本身炸碎更容易取得成功。一种成本更低的途径也许是在飞船到达小天体附近时，组装出一个巨大的太阳灶，集中太阳光的能量来使小天体物质升华、蒸发。随着小天体质量的减少，它的运动轨道便会发生改变，从而使地球上的灾变事件得以避免。甚至有人设想，在小天体上安装一些大型的风帆式装置，利用太阳风和太阳光压对帆的作用，把肇事小天体"吹"离原有的轨道，那么就地球来说"杀手"也就不存在了。

总之，尽管天体撞击灾变的后果极为严重，但读者完全无需为之而作杞人之忧，现代科学技术完全有能力使人类决不致重蹈恐龙灭绝的厄运。

月球的灾变起源学说

在太阳系天体中，小行星的爆炸形成说，行星环形成的潮汐说和碰撞说，以及造成金星逆向自转和天王星侧向自转的大星子撞击说，都引入了某种灾变机制，而且这些灾变事件所涉及的能量之大是尤卡坦事件完全不能相比的。在有关月球起源的理论中，涉及灾变事件的学说同样得到较为广泛的认同。

图 2.56　月球，俗称月亮，又称太阴

月球是地球唯一的天然卫星。月球半径约为 1 700 公里，比地球半径的 1/4 略大，质量约为地球的 1/81.3。月球绕着地球运动，公转周期为 27.32 天，地月之间的平均距离约为 38.4 万公里。月球的公转轨道(白道)面与黄道面的平均交角仅为 5°09′，符合共面性运动规律。月球又随着地球绕太阳运动,与阳光照射有关的月球盈亏(月相)变化周期(朔望月)约为29.53天。人们早就知道,月球始终以同一面朝着地球,其原因是月球的自转周期和公转周期恰好相等。

月球起源的问题早就受到天文学界的关注,有关的理论主要有同源说、俘获说、分裂说和大碰撞说等,其中的大碰撞学说涉及到太阳系内的撞击灾变事件。

图2.57 在月球上看到的地球

同源说可能是最早出现的一种月球起源学说。这种理论认为,地球和月球由原始太阳系星云中的同一块行星尘埃云形成,其中的大部分物质形成地球,小部分形成月球。不过,地球和月球并不是同时形成的,地球形成在先,形成时以铁为主要成分,并以铁为核心,这就是现在的地核。月球在地球形成之后,由残留在地球周围、以非金属成分为主的物质聚集而成。因此,月球和地球的平均密度和化学成分有所不同。

瑞典天文学家阿尔文于1942年提出了俘获说。俘获说的基本思想是,月球和地球是在不同地方形成的,一次偶然的机会,地球把运行到附近的月球俘获,并成为自己的卫星。有人认为,这一事件大约发生在35亿年前,而整个过程历时约为5亿年。如果采用这种观点,那么月球在成为地球卫星之前的6亿年就已形成了,只是在后来才因接近地球而为地球所俘获。因此,这种学说能较好地说明地球和月球在物质组成上的差异。不过,尽管太阳系中有些行星的不规则小卫星很可能是被俘获的小天体,地球要俘获如此大质量的月球的可能性非常小。

分裂说最早由著名生物学家达尔文(C. R. Darwin)的次子乔治·达尔文(G. H. Darwen)于1880年提出。到1980年代,一些学者又联系地质学、古生物学、月质学和月球的演化,发展了早期的分裂说。近代分裂说认为,月球是在地球形成后的1亿年,即距今约45亿年之前,从原始地球的地幔中分离出去的。当时,地球物质还处于熔融状态,而且自转得很快。由于自转的不稳定性,原始地球在垂直自转轴方向上变扁、拉长,并成为一端凸出的梨状体。最后,突出部分在细颈位置处断开，形成原始月球，并从地球分离出去。有人甚至认为，太平洋就是原始月球从地球分出去后留下的疤痕，月球的物质刚好能填满现在地球上的太平洋。脱离地球后，由于潮汐力的作用，月球很快稳定到以固定的一面朝向地球，并逐渐远离地球，经过 45 亿年的漫长时光，最终到达现在的位置上，成为今天所看到的月球。

由于分裂说认为月球是从地球的地幔部分出去的，因而能较好地解释月球的平均密度和化学组成与地幔相近，而与地球的总体情况有相当大的差异。然而理论研究表明，熔融状态的地球根本不可能分离出月球那么大一块物质。另外，如果月球确实是从地球上分离出去，那么它的轨道应该位于地球的赤道面附近，但事实上却是靠近地球的公转轨道平面，这也对分裂说提出了质疑。

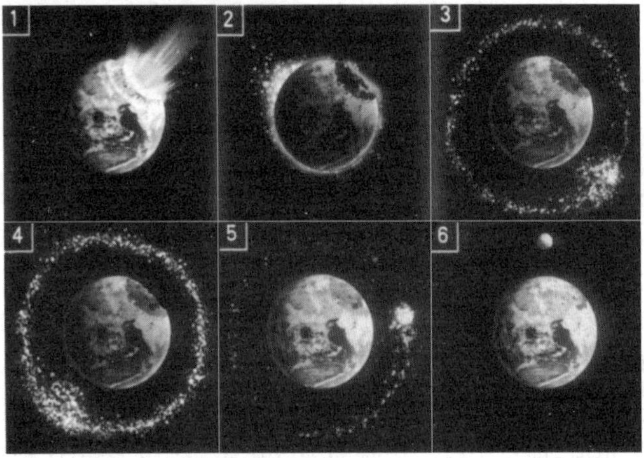

图 2.58　月球的大碰撞起源说

鉴于上述学说所遇到的一些困难，天文学家又发展了关于月球起源的第四种理论——大碰撞说，由两位美国科学家哈特曼(W. K. Hartmann)和戴维斯(D. R. Davis)于 1975 年首先提出，并经后人做了改进。这种学说引入了月球起源的撞击灾变机制：在太阳系行星形成之初，行星际空间存在大大小小的星子，一颗有火星那么大(直径是地球的 1/2 到 1/3)的大星子游弋到当时尚处于熔融状态的原始地球附近，并与地球猛烈碰撞。由于撞击的方向并不是朝向地球中心，而是偏向某一侧，其结果是使地球自转轴发生倾斜，同时生成大量的碎片。但是，撞出物并没有摆脱地球引力的束缚，它们围绕着地球运转并互相碰撞、吸积，这一过程类似于太阳系中行星的形成，而最终的结果是诞生了一个绕地球转的相当大的卫星——月球。在 1984 年于夏威夷召开的一次有关月球起源的国际会议上，大碰撞说成为解释月球起源的主流假说。

月球的大碰撞成因说可以比较合理地解释地月系统的一些基本特征。例如，地球自转轴对黄道面的倾斜，月球公转轨道与地球赤道面不重合，月球的平均密度明显比地球低，地球有一个巨大的铁质地核而月球却没有，等等。不仅如此，有人还通过理论计算进一步说明，发生如此大规模的碰撞灾变是有可能的。因此，大碰撞说得到学术界的广泛支持，被称为是一种"最好的学说"。当然，关于月球起源话题的讨论不会就此结束。未来，人们将会取得新的、更丰富也更细致的月球观测资料，例如通过各类登月活动有可能进一步探明月球的组成成分，从而为解决它的起源问题提供有用的线索。

从月球起源学说的进展可以进一步看出，人们对太阳系内发生各种形式撞击灾变事件的普遍认可，并进而认识到这类事件在太阳系天体演化过程中所可能发挥的重要作用。

2.7 飞出地球去

从观测科学迈向实验科学

天文学从来被定位为观测科学，而不是实验科学。天文学的探索对象是各类天体，它们远不可及，唯一可行的研究手段是对它们进行观测。早期，这种观测是通过人的肉眼进行的。后来发明了望远镜，观测能力不断提高，再配以各种后端设备，如照相机、光谱仪、光度计以至近期的 CCD 接收器等，可以获取天体的位置、距离、运动速度、星等(亮度)、颜色、光谱、图像等资料，并用于进一步的分析研究。但是，天文学家不可能像物理学家、化学家、生物学家那样，对自己的研究对象可以进行一些实验以深入了解它们的性质。如果说天文学家还可以做些什么实验的话，长期以来仅有的对象也只是掉到地面上的陨星了。这就是为什么一旦在地球上发现并证实有来自火星的陨石，科学家会视之为取得稀世珍宝而欣喜若狂的理由，因为对这类陨石的实验室分析，一定程度上就相当于对火星上的物质进行实验。

这种被动式的状态直至 1960 年代末，美国阿波罗 11 号实现载人登月成功，并携回月球表面物质的样品后，情况才发生了少许变化。

1957 年 10 月 4 日，苏联成功发射了世界上第一颗人造地球卫星，

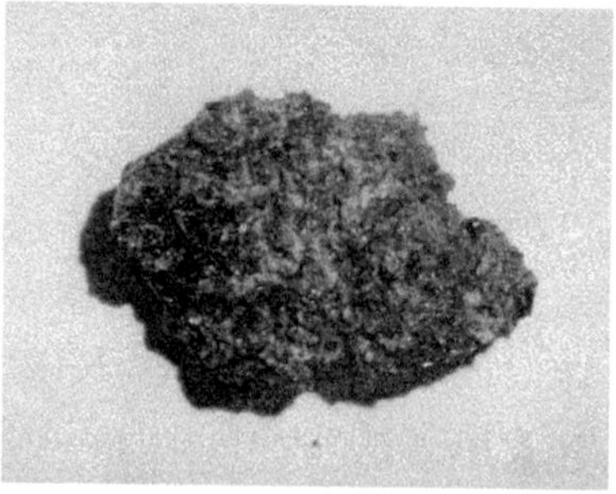

图 2.59　来自火星的陨石

标志着人类进入了真正意义上的空间时代。在不到 50 年的时间内,人类技术成就的“足迹”几乎遍及太阳系的各个角落,从月球、行星到小行星、彗星,以至一些行星的卫星,无不成为行星际飞船进行近距离实地探测的对象。这类探测有的在飞船发射后几天便可取得观测资料,如飞向月球;有的则需要经过几年、甚至更长的时间后方能获得成果,如 2006 年发射的“新视野号”探测器,要经历长达近 10 年的时间后,于 2015 年 7 月才能到达它的主要探测目标冥王星。

图 2.60　“月球号”探测器

月球是离地球最近的天体,自然成为空间探测的首选目标。1959 年 1 月至 1976 年 8 月,苏联共发射了 24 个无人“月球号”探测器,其中 18 个获得成功。“月球 2 号”于 1959 年 9 月 12 日发射,2 天后飞抵月球,并实现首次硬着落。同年 10 月 4 日,“月球 3 号”飞赴月球,拍下了第一张月球背面的照片。1966 年 1 月 31 日发射“月球 9 号”探测器,并首次实现在月球表面的软着陆。1970 年 9 月 12 日,“月球 16 号”飞离地球,4 天后到达月球,采集了 120 克月岩样品并成功返回地球。1970 年 11 月 10 日发射“月球 17 号”,把世界上第一辆自动月球车送上月球。

苏联领先美国发射了第一颗人造卫星,1961 年 4 月 11 日率先把宇航员加加林送入轨道空间,而在探月的过程中,苏联又获得了若干项世界第一，这些使冷战时期的美国深为震惊，而阿波罗载人登月计划就是在这样的背景下出现的。这一计划的成功实施，使美国成为世界上第一个、也是迄今为止唯一的一个已能把人——宇航员送上月球，并安全返回的国家。

阿波罗计划始于1961年5月，到1972年12月第6次载人登月成功后结束，历时11年余，耗资255亿美元。最多的时候有2万家企业、200多所大学和80多个研究机构参加，总人数超过30万人，由此足见该计划规模之庞大。"阿波罗6号"及之前的几次发射均为不载人绕地球飞行；1968年10月11日发射的"阿波罗7号"载有3名宇航员，绕地球飞行了163圈；同年12月21日发射了"阿波罗8号"，第一次把3名宇航员送入绕月轨道并安全返回。1969年7月20日，3名宇航员搭乘"阿波罗11号"在月球登陆，首次实现载人登月。在整个阿波罗计划中，共有12名宇航员登上月球表面。这一计划的成功，大大丰富了人类对月球的认识，各次飞行对月球表面进行了广泛的考察，搜集了大量的月岩和月壤标本，其中带回地球的样品共计440公斤。不仅如此，宇航员还把一些仪器安置在月球上，用于较长时期的探测研究，如太阳风实验、月震测量、月球激光测距等，月球开始成为人类的实验基地。

图2.61　宇航员走下"阿波罗11号"的登月舱，左边夜空中的是地球

阿波罗计划完成后，对月球的探测有一段20余年时间的宁静期。从1990年代中起，开始了新一轮耗资较少的月球探测，如美国的"月球勘探者号"等探测器对月球的地貌、资源、水冰等进行有针对性的探

测。1998 年的 3 月，美国宇航局曾宣布，“月球勘探者号”的探测证实月球上存在水；同年 9 月更进一步声称在月球的两极可能保存有 10 亿至 100 亿吨水冰，从而引起人们极大的兴趣。除美国外，欧洲国家、俄罗斯、日本、印度以及中国等也都制定了各自的月球探测计划。

欧洲空间局于 2003 年 9 月 27 日发射的“智能 1 号”探测器，在围绕月球完成了为期 3 年的探测后，于 2006 年 9 月 3 日以 2 公里/秒的速度，对月球成功实施小角度的“温柔”式撞击，以分析撞击后扬起的月球尘埃的成分，并进而用以研究月球的起源。美国计划在 2009 年进行撞月活动，但目的是为了探测月面下存在水的可能性。另外，美国还设想在 2015—2020 年重返月球，并在月球上建立工作基地。

中国已经开始实施无人探月的“嫦娥”计划，该计划分为“绕、落、回”三个阶段：2007 年发射绕月探测器，2012 年前实现在月球上软着陆，2020 年前完成探测器登月并安全返回地球。“嫦娥一号”已于 2007 年 10 月 24 日发射，11 月 7 日成功实现绕月飞行，计划进行为期一年的对月探测。

在天文学从纯粹的观测科学迈向实验科学的征途中，月球是第一个实验对象。这种天文学实验只能在相当长的时间内稳步推进，需要各种最新高技术的支撑、多学科专门人才的密切配合和充足的资金，而在人类探索宇宙的过程中必将会通过这类实验取得丰硕的回报。

向往火星

在太阳系众多的行星中，火星无疑是最令人向往进行探测的一颗。火星有着与地球较为接近的环境条件，它与地球同属类地行星，并且也有大气，不过相当稀薄，大气的主要成分为二氧化碳。火星离开太阳比地球略远，平均日心距约为 1.52 天文单位；直径约 3 400 公里，比地球约小一半。它的自转周期为 24 时 37.4 分，比地球略长；赤道面与公转轨道平面交 23°59′ 角，与地球的情况很类似，因而也有一年四季的变化。上述种种引人注目的特征，加上近 20 多年来在南极洲陆续发现了十几块来自

图 2.62　红色的火星

火星的陨星,而且表现出某些疑似生命痕迹,进一步激发了人类探测火星的愿望。

火星探测器往往选择火星离地球最近时候(称为火星冲,而发生在火星近日点附近的冲称为大冲)的前后发射,这是发射的最佳时机。火星冲平均每隔 780 天发生一次,因而美国总是每隔 2 年多集中发射探测火星的航天器。飞向火星的轨道通常采用所谓双切椭圆轨道,即探测器的飞行轨道与地球和火星的公转轨道相切,这样做技术上最容易实现在两颗行星之间的成功飞行。

早期,在 1964—1977 年间,美国发射了“海盗号”和“水手号”两个系列共 8 个火星探测器。差不多同一时期,苏联也发射了 7 个“火星号”探测器。其中,1964 年 11 月 28 日发射的“水手 1 号”首次从火星旁 1 万公里处掠过,拍摄了 21 幅火星照片;1971 年 5 月 28 日“火星 3 号”实现了第一次火星软着陆,不过因为遇上尘暴,探测设备在着陆后仅仅工作了 20 秒就停止了。在成功的飞行中,有的从火星附近越过或者绕火星运行,有的则在火星表面实现软着陆。大量的图像资料被送回地球,从中发现了火星上的环形山、巨大的火山、峡谷和古老的河床等地貌。

图 2.63　第一次登陆火星的“海盗号”探测器

上述飞行可称为火星探测的第一阶段。在之后的近 20 年时间内,美国和苏联(以及后来的俄罗斯)的历次火星探测均告失败。

第二阶段火星的成功探测始于 1996 年。是年 11 月 7 日,美国发射了“火星全球勘探者号”,它于 1997 年 12 月 12 日到达火星,并进入环火星运行轨道，开始进行覆盖火星全球的高分辨率考察。2001 年 10 月 24 日，美国“奥德赛号”火星探测器顺利到达环绕火星的轨道，开始对火星进行详细的地理勘探，特别注重对水的考察。上述两艘飞船迄今都仍在正常工作之中。1997 年 7 月 4 日，美国发射了携带“索杰纳”漫游车的“火星探路者号”，经过 7 个月的长途旅行后，终于成功着陆于火星。这次探测继近距离掠过火星、绕火星运行和火星软着陆后，成为人类征服火星的第四个里程碑，科学家第一次尝试超远距离操纵载有探测仪器的漫游车在火星表面行走，从而实现了在较大范围内对火星的实地移动考察。“火星探路者号”发回了数千张火星地表照片，其中包括许多特写镜头和 360°彩色全景照片，而漫游车上的科学设备还能现场分析岩石的化学成分。

2003 年 8 月迎来了又一次火星大冲，火星和地球创记录地达到 5 600 万公里的接近距离，美国和欧洲空间局都发射了各自的火星探测飞船。2003 年 6 月 2 日，欧洲空间局“火星快车”飞船发射升空，它携带的“猎兔犬 2 号”着陆器预定于 2003 年 12 月 25 日凌晨到达火星表面。遗憾的是，着陆器进入火星大气层后即失去了联系，不过母体飞船仍环绕火星正常运行并发回了许多高质量的照片，发现在火星表面上有大量因冲刷作用形成的痕迹，它们很可能就是水的“杰作”。

2003 年 6—7 月，美国先后发射了两艘火星探测飞船，分别携带着“勇气号”和“机遇号”漫游车飞向火星。2004 年1 月 4 日，“勇气号”成功降落于一个陨星坑内；同年 2 月，“机遇号”在另一个地方成功着陆。这两个火星漫游车的主要工作目标是寻找水和生命活动的踪迹，它们比 “索杰纳”大了许多，但更为灵巧，所携带的探测设备也更多、更先

图 2.64 “勇气号”携带的火星车

进。2005 年 8 月 12 日,美国发射了“火星侦察者”探测器,并于 2006 年 3 月 10 日成功进入绕火星轨道。该探测器能够拍摄到火星表面足球那么大物体的图像,近期的首要任务是用 2 年时间勘察火星表面和地下的水资源,探索生命存在的踪迹,并为未来的载人火星探测寻找合适的着陆地点。在接下来的 4 年中,更可以用作把未来火星着陆器所获得的资料送回地球的中转站,数据传输速度是目前另外 3 个正在运行的火星轨道器“火星全球勘探者号”、“奥德赛号”和“火星快车号”的 10 倍。

图 2.65 “机遇号”所拍得的火星表面,古代那里可能是一片汪洋

从现在起的 20 多年内,人类探测火星的活动将进入一个更高的层次。美国宇航局的估计是,在不到 25 年的时间内实现把宇航员送上火星。为此,美国已经制定了一项详细的火星探测计划:2007 年开展 4 项火星探测行动,其中包括使火星着陆器在火星冰层附近的一个盆地边缘降落;2009 年把一个重达 600 公斤以上的大型火星车“火星科学实验室”送上火星,在火星表面的行走范围可达数公里;2011—2014 年间计划把第一批火星物质样品带回地球,这将是人类征服火星的第五个里程碑;2026 年通过无人登陆火星,来验证宇航员登上火星时各阶段的任务;2030—2033 年,最终实现宇航员登陆火星。

人类终将会在火星上建立自己的基地,而在未来遥远的某一天地球人也许还会移民火星。因此,在火星上寻找水资源便十分重要。另一方面,尽管迄今尚未在火星上明确发现有生命存在的踪迹,但水是生命得以生存的首要前提。一系列以寻找水或水的痕迹的火星探测计划便由此而展开。就目前的探测结果来看,越来越多的证据表明火星上曾经有过水,而最近美国宇航局的一些科学家通过对“火星全球勘探者号”观测资料的分析,大胆推断火星表面现在就有液态水在流动。

人类奔向火星的征途远比登月困难,不仅路程和时间要长得多,技术上的难点也要大得多。在探测火星的历程中,人类共发射了 30 多个火星探测器,但成功的仅约为 30%,俄罗斯、欧洲、日本发射的探测器几乎没有一个取得成功,美国也同样遭遇过很大的挫折。尽管如此，人类正在征服火星的历程中稳步前进，并已取得了很大的成功。

多目标行星际探测

从历史上来看，人类对太阳系行星的空间探测最早始于金星，而不是火星。一方面金星离地球最近，另一方面金星表面为很厚的云层所包围，从地球上难以窥其真貌，必须借助近距离空间探测。从1960年代起，苏联和美国即相继开始对金星的空间探测，首次成功的是1962年美国发射的“水手2号”；而在这之前，苏联发射的“金星1号”探测器以失败而告终。迄今为止发往金星或途经金星的探测器已超过40个，获得了大量有关金星各方面特征的宝贵资料。

图2.66　云层密布的金星

对于另一个地内行星——水星的探测却远比金星复杂，尽管它离地球不算太远。为了理解这个问题，首先要说明什么是“引力助推”。

就目前的空间技术水平而言，要想“直飞”水星，并最终绕水星运行，是有很大困难的。因为尽管这样的飞行时间最短，但到达水星附近时探测器的速度会太快，结果是难以通过减速进入绕水星轨道，只能在水星附近掠过，如1974—1975年间，美国发射的“水手10号”飞船曾3次飞掠水星便属于这种情况。相反的情况是，如果直赴土星或更远的天体，现有飞行器的动力又嫌不足。为此，科学家巧妙地为这类飞行设计了一种“迂回”的路径，期间飞行器会经过一个或几个行星的附近，并借助这些行星，获得或释放其轨道运动的能量，使飞行器适度加速或减速，同时改变运动轨道的方向，最终实现按既定的计划到达目标行星。这种飞行技术称为引力助推。

当然，根据能量守恒定律，飞行器与行星相遇并得以加速或减速时，行星也会损失或增加轨道运动能量。例如，“旅行者2号”在飞越木星时，通过木星的引力助推作用，运动速度增加了16公里/秒。同时，从理论上说木星的公转速度也会变慢，不过这种变慢实在是微乎其微，其累积效果是每1万亿年只慢30厘米。当然，在利用引力助推技术时，需要精确控制好飞行器的运动轨道，避免与行星或其卫星发生碰撞。

除了能克服技术上的困难外，这种行星际飞行方案的另一个好处是，只要经过精心的设计，便可以利用同一个探测器，在不同的时间段内实施对多个目标天体的近距离探测。行星际飞行的成本是很高的，动辄数亿甚至数十亿美元，因而利用一个飞行器探测多个太阳系天体的方案显然会受到人们的青睐。

最早实施这种引力助推技术的是 1977 年 8 月 20 日美国发射的"旅行者 2 号"飞船。它的目标天体是土星以及更远的几颗行星，但是运载火箭的动力只够把它送到木星。为此，这艘飞船采用了接近木星(1979 年 7 月 9 日)，并随后再接近土星(1981 年 8 月 20 日)和天王星(1986 年 1 月 24 日)的运行轨道，利用这几颗行星的引力助推作用，依次探测土星、天王星和海王星。1989 年 8 月 24 日，"旅行者 2 号"经过整整 12 年的长途跋涉，如期到达海王星，目前它早已越出了冥王星的轨道范围，正向遥远的太空飞去。不过，为得出这样一条巧妙的轨道，除了需要精心设计外，几颗目标行星还必须处于恰当的位置上，而这样的机会 179 年才有一次。

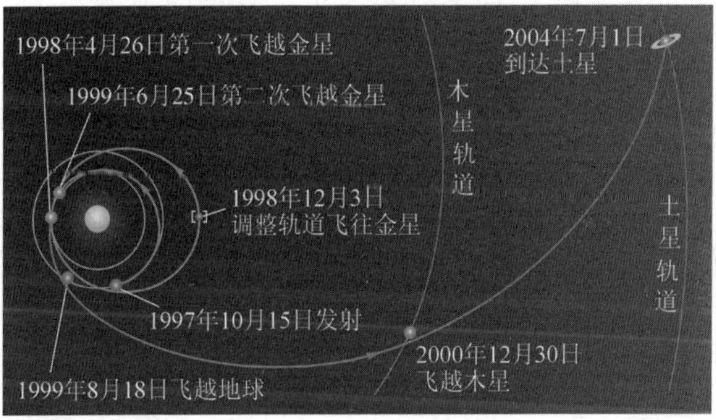

图 2.67 "卡西尼一惠更斯号"的飞行路线

"旅行者 2 号"，以及比它迟半个月发射但先期到达木星和土星的"旅行者 1 号"，都在对木星和土星的探测中做出了一系列重要的发现，如木星环、这两颗巨行星大量的新卫星、木卫一上的火山等。"旅行者 2 号"则在更远的旅途中，发现了天王星和海王星的许多新卫星，观测到海卫一上有冰火山，并拍摄到海王星有 5 条环和一个大黑斑等。

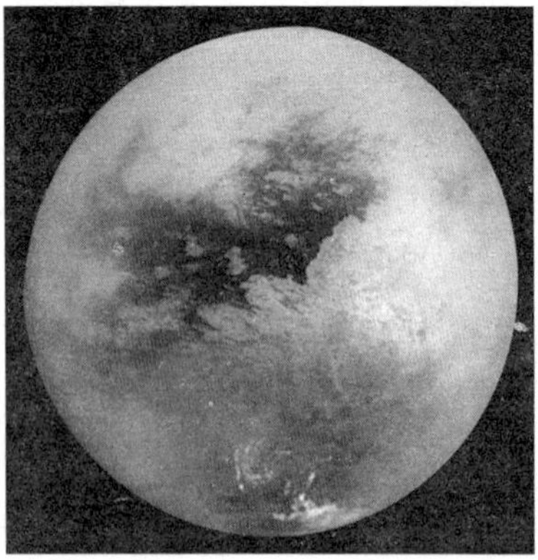

图 2.68 “卡西尼—惠更斯号”拍摄的土卫六

1997 年发射的“卡西尼—惠更斯号”探测器，是利用引力助推技术的又一典范。该计划的目标是探测土星和土卫六，由美国宇航局、欧洲空间局和意大利航天局三家合作，对计划提供技术支持的有美国和 17 个欧洲国家，涉及约 260 名科学家，耗资高达 34 亿美元。

1997 年 10 月 15 日，“卡西尼—惠更斯号”顺利发射升空。经 6 年 8 个月的长时间旅行，于 2004 年 7 月 1 日进入绕土星运动轨道，共飞行了 35.2 亿公里。它先是环绕太阳转了两圈，期间于 1998 年 4 月 26 日和 1999 年 6 月 25 日两次掠过金星，获得金星的引力助推。嗣后，在 1999 年 8 月 18 日飞越地球和 2000 年 12 月 30 日飞越木星时，又先后获得助推，这样就取得了足以到达土星的能量。该项计划要求对飞船轨道作精确的控制，既不能与途经的行星发生碰撞，或者靠得过近以至被行星俘获，也不能离行星太远使获得的能量不足以到达目的地。

2004 年 12 月 25 日上午 11 时 24 分(北京时间)，“惠更斯号”子探测器与“卡西尼号”母船成功分离，孤身踏上去土卫六的 400 万公里旅程。2005 年 1 月 14 日 16 时 13 分，“惠更斯号”进入土卫六的大气层。下降过程历时约 2 个半小时，最终以 20 多公里/时的速度到达土卫六的表面；18 时 40 分，在土卫六上实现软着陆。“卡西尼—惠更斯号”探测器完全遵循设计的轨道和时间表，经过漫长的旅程而最终到达土星，为探测土星和太阳系内唯一有大气的卫星——土卫六做出了重要的发现。例如，在“惠更斯号”拍下的首批照片上，显示出土卫六表面有着复杂的地形和弯曲的河道，并形成了一种类似地球上三角洲的结构。河流中的液体可

图 2.69 “惠更斯号”登陆处的第一张照片

能是液态的甲烷或某种碳氢化合物。这是第一次发现在太阳系内除地球外的天体上有液体在流动,因而令科学家兴奋不已。目前,“惠更斯号”早已停止了工作,而“卡西尼号”在绕土星运行的过程中除观察土星外,更利用十余次接近土卫六的机会继续保持对这颗卫星进行探测,最近还发现土卫六上在下着甲烷雨。

水星位于地球轨道之内,为利用引力助推探测水星而设计的飞行器运行轨道又有所不同。2004 年 8 月 3 日,美国发射了“信使号”水星探测器。如果它以直飞的方式到达水星,再通过减速进入环水星轨道,时间上仅需 3 个月左右,但这样做需要消耗更多的燃料和更大的火箭,成本也太高,近期难以实现。因而该项计划精心设计了借助地球、金星和水星的引力助推来使探测器飞行速度逐步降到足够慢,然后进入围绕水星的运动轨道。根据设定的飞行时间表,“信使号”于 2006 年 10 月和 2007 年 6 月两次飞过金星,借助金星引力调整飞行轨道,向水星靠拢。接下来又于 2008 年的 1 月和 10 月,以及 2009 年 9 月共三次飞过水星,进一步减速,最终于 2011 年 3 月进入环绕水星的目标轨道。整个过程将绕太阳飞行 15 圈,历时逾 6 年半。人类为了探测这个并不算太远的行星,可谓是用心良苦,并且需要极大的耐心,科学家坚忍不拔的科学精神由此可见一斑。

图 2.70 水星

与小天体密近相会

可以毫不夸张地说,今天人类对太阳系的空间探索已经遍及太阳系内的各类天体,包括彗星和小行星这样的小天体,其中对彗星探索的深度已不逊于行星和一些特定的卫星。

鉴于对研究太阳系起源和地球上生命起源的重要性,早在 1980 年代,彗星便已成为空间探测的重要目标。真正意义上的彗星空间探测始于 1985—1986 年哈雷彗星回归地球附近之际,当时美国、苏联、日本及欧洲诸国一共发射了 6 个空间探测器,合力对这颗大名鼎鼎的彗星进行近距离探测。其中,最为成功的当推欧洲空间局于 1985 年 7

月2日发射的"乔托号"彗星探测器。"乔托号"经过长达8个多月的长途飞行后,于次年3月与哈雷彗星会合,最近时距彗核仅为500公里。在整个探测过程中,"乔托号"向地球发回了2 000多幅极其珍贵的彗发和彗核的照片,并测定了彗核的大小、密度和自转速度。

美国在1998年10月24日发射了"深空1号"彗星探测器,并于2001年9月25日到达波莱利彗星,对彗星做了近距离探测;在飞行过程中的1999年7月28日,它曾近距离越过9 969号小行星并进行了探测。令人遗憾的是2002年7月3日发射的"彗核旅行号"探测器升空后不久即失去了联系,价值6 000万美元的设备就此一去不归,音信全无。

值得一提的是1999年美国发射的"星尘号"彗星探测器,它在绕太阳运转了2圈多,并在飞近地球时借助地球的引力助推作用进行加速后,最终于2004年1月2日成功到达它的探测目标怀尔德2号彗星,最接近时距彗核之近达到创纪录的150～240公里。在这样的距离上,彗星所散发出的尘粒对探测器会造成很大的威胁。为此,人们特地给"星尘号"装上了专用的防护罩。

比以往彗星探测更胜出一筹的是,"星尘号"在逼近彗星时伸出一个形状如大型网球拍的气溶胶尘粒收集器,以捕捉彗发物质,并获得成功。之后,探测器便踏上返回地球的旅程。在返程中,"星尘号"陆续发回了72张高清晰度彗核照片。这些照片显示,怀尔德2号彗星的表面变化多端,起伏很大,有些悬崖几乎深及彗星内部的一半,且布满了平顶的山地、大大小小的洼地和峡谷等地形,复杂程度出乎意料,完全不像是一个大脏雪球。

图2.71 "罗塞塔号"释放登陆器艺术图

“星尘号”携带了彗星物质以及在赴彗星途中按预定计划捕获到的星际尘埃样品，安全、准时地返回地球，这是继月球物质样品后，第二次把地球外太阳系天体的物质送回地球。对 50 多颗尘粒的初步化验表明，其中居然没有 2 粒是完全一样的，足见彗星的成分远不是原先认为的那么简单。鉴于研究“星尘号”样品的工作量极大，项目科学家曾呼吁全世界有兴趣的志愿者利用自己的联网计算机，参与样品中星际尘粒的搜索。

欧洲空间局于 2004 年 3 月 2 日成功发射了“罗塞塔号”彗星探测器，它将于 2014 年 1 月到达 67P/C－G 彗星附近，成为该彗星的人造卫星，对其作近距离考察。这时彗星距地球约 5 亿公里，距太阳约 6.9 亿公里。同年 11 月释放“菲莱号”登陆舱，着陆彗星表面，并用钻头深入彗核内部，以采集不同深度的物质样品。届时，“罗塞塔号”将成为第一个登陆彗星的人造探测器。

67P/C－G 彗星是在 1960 年代由两位苏联天文学家丘留莫夫(K. I. Churyumov)和格拉西缅科(S. Gerasimenko)发现的。轨道分析后的结果表明，这颗彗星在大约 150 年前才因木星的引力摄动成为短周期彗星。因此，这是一颗能很好保存了太阳系原始物质的彗星，于是被选为“罗塞塔号”的探测目标，而这项计划总共需历时近 12 年。

为了奔赴 67P/C－G 彗星，人们为“罗塞塔号”设计了一条相当复杂的运行轨道。2005 年 3 月，“罗塞塔号”首次飞越地球，借助地球的引力助推奔向火星。2007 年 2 月，探测器在 200 公里左右的距离上掠过火星，并对火星进行科学考察。同年 11 月和 2008 年 11 月探测器又会两次近距离越过地球，然后直奔目标彗星。根据计划，“罗塞塔号”还将于 2008 年 9 月 5 日和 2010 年 7 月 10 日，分别在距离 1 700 和 3 000 公里处掠过小行星 Steins 和 Lutetia。届时“罗塞塔号”会传回有关这两颗小行星的质量和密度等数据，以能更精确地判断它们的组成，估计其表面温度，并探索在小行星的周围是否会有气体或尘埃存在。

子探测器“菲莱号”在登陆 67P/C－G 彗星后，会在彗核表面钻一个深度超过 20 厘米的孔，提取表面下层的物质。所提取的物质会被加热到 800℃而成为气体，经色谱仪分析并确定其物质组成后，有关资料先送到绕彗星运转的“罗塞塔号”，再由“罗塞塔号”发回地球。在环绕彗核飞行的近 2 年时间内，“罗塞塔号”将监测彗星在接近太阳过程中，彗核物质的升华和形成彗发、彗尾的细节。整个计划预计在 2015

图 2.72　NEAR 拍得的爱神星表面地形

年 12 月结束。

相比之下，小行星的空间探测有点显得不如探索彗星那么激动人心。不过，事实上人们从来没有忽视对小行星实施近距离研究的关注。早在 1989 年 10 月 18 日发射的“伽利略号”木星探测器的飞行计划中，就已安排了顺路访问 2 颗小行星，并得以成功实施。1991 年 10 月 29 日，“伽利略号”在距离 1 600 公里处飞越 951 号小行星加斯普拉(Gaspra)，首次实现了对小行星的空间探测。1993 年 8 月 28 日，“伽利略号”又在飞临 243 号小行星艾达(Ida)时拍下了它的清晰照片，并发现这颗小行星居然有一颗很小的卫星。

1996 年 2 月 17 日，美国发射了耗资 2.23 亿美元的“近地小行星交会”(NEAR)探测器，最终目标是在 433 号小行星爱神星(Eros)上登陆。这颗小行星外形犹如马铃薯，长 33 公里，宽 13 公里；年龄 45.3 亿年，与地球年龄相近，因而对它的仔细探测有助于为研究包括地球在内的太阳系天体的形成过程提供有用的线索。在飞行途中，NEAR 于 1997 年 6 月 27 日与 253 号小行星 Mathide“擦肩”而过，并进行了观测。2000 年 2 月 14 日，NEAR 进入绕爱神星运动的轨道，成为有史以来第一个环绕小行星运转的人造飞行器。2001 年 2 月 12 日，NEAR 成功登陆爱神星，此时探测器距地球 3.1 亿公里。在探测器最后下降的过程中，共拍摄了 69 幅高清晰度的爱神星地形照片。这些照片显示出许多令人感兴趣的地形特征，如很少有新形成的陨击坑，岩石似乎已经瓦解，存在大量的卵石，一些松散的颗粒在从斜坡上滑下等。

毫无疑问，人类对太阳系的认识还有很长的路要走，这个过程也许永无止境，而太阳系天体的近距离空间探测无疑将会对此做出最为重要的贡献。

2.8　地球运动与历法变迁

地球的结构和运动

最早提出地球为球形这一重要概念的时代也许可追溯至公元前

5—6 世纪，不过当时希腊毕达哥拉斯(Pythagoras)学派的哲学家只是从球形最为完美的观念出发而得出这种看法，并没有科学根据。500多年后，亚里士多德注意到了月食时遮去月球的地影是一个圆，第一次以科学的观点论证了地球是一个球体。

在地球上，有高山、平原、大河、深海等复杂的地形结构。在测地学上，地球的大小和形状用大地水准面来表征。假想在地球陆地部分挖出无数条极细的、呈网状分布的深沟，并让海水自然流入其中，那么由这一水系表面所构成的曲面便称为大地水准面。

通常说地球是一个半径约 6 400 公里的球体，这是对地球形状最粗略的描述。比较严格的说法是，地球是一个扁的旋转椭球体，赤道是一个圆，半径约为 6 378 公里；两极方向略扁一些，极向半径比赤道半径大约短 21 公里。地球的这种形状是由地球诞生初期的状态所决定的，其中一个重要因素是地球有自转。一个有自转的物体，只要不是理想的刚体，那么经过一段时间后，必然会成为扁的旋转椭球体。更严格地说，地球赤道也不是正圆，而是一个椭圆，地球是一个三轴椭球体。不仅如此，精确的测量表明，地球的南北半球并不对称，南极向外凸出约 10 米，北极向内凹进约 30 米。

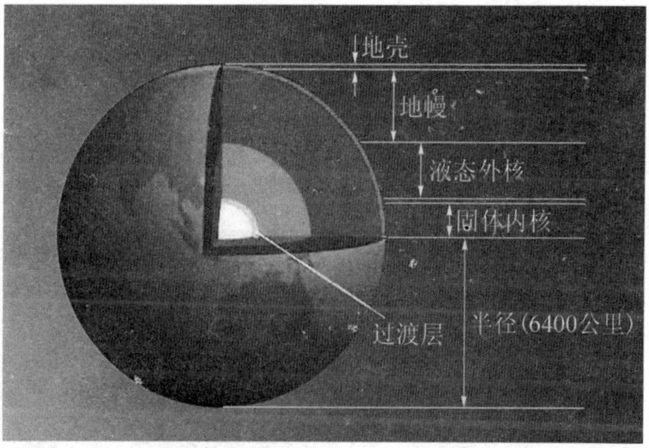

图 2.73　地球内部的径向结构

固体地球的径向结构可以分为地壳、地幔和地核 3 部分，并有两个间断面：位于地表以下平均深约 30 多公里处的称为莫霍面，而深度为 2 900 公里处的是谷登堡—维舍特间断面。莫霍面以上部分就是地壳，其厚度在大陆部分为数十公里，在大洋底部只有几公里。位于两个间断面之间的是地幔，厚度约有 2 800 公里，根据所含矿物成分的不同又可分为上地幔和下地幔。地核的半径约为 3 480 公里,其中外核是一种液态圈层,厚度为 2 200 公里,而固态内核的半径约为 1 280 公里。迄今为止,有关几公里以下的地球深层结构,都是通过对地震波传播规律的研究间接推测出来的。例如,地震波中的横波一旦在某个地方消失,那么该处的物质很可能呈液态,因为横波不能通过液体传播。地球内部的温度随深度而不断上升,地表以下 100 公里处的温度为 1 300℃,300 公里深处为2 000℃,而地心的温度则高达 5 500～6 000℃。

地球周围有一层厚厚的空气,这就是大气层,其中空气的密度随着距地面高度的增大而降低。尽管大气层没有截然分明的边界,不过一般认为它的厚度在 1 000 公里左右。大气层最下部 8～18 公里高度带中的大气对流运动很显著,称为对流层,赤道地区的对流层最厚,两极上空的对流层最薄。在对流层中,温度随高度的增加而迅速下降。对流层以上到约 50 公里高度处是平流层,大气运动主要表现为平流运动。在平流层中大气温度变化不大,随高度的增加只是略有上升,故又称同温层,而对地面环境有重要影响的臭氧层则位于平流层的顶部。离地面 50～85 公里的一层称为中间层,大气的温度随高度的增加而下降,最高的地方降为－80℃。再往高处就是电离层,这是大气诸层中最厚的一层。从温度变化来说,85 公里以上称为热层,温度随高度的增加而上升,在高度 500 公里处可达 1 100℃左右。

从地核深处到高层大气,地球表现为一种圈层结构,其中最外面的是大气圈。地幔上部有一个厚度约为 200 公里的软流圈,其中的固

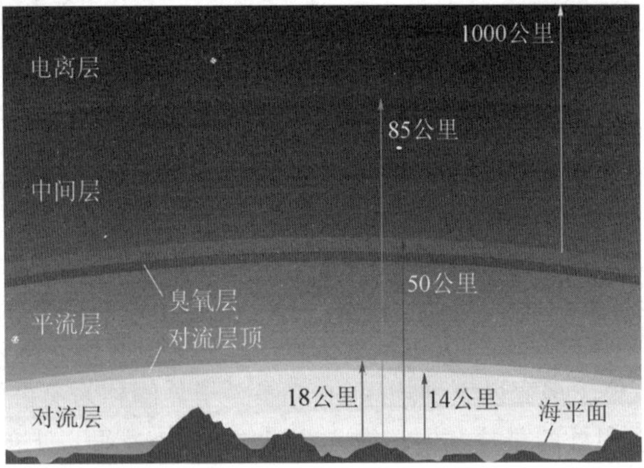

图 2.74　地球大气

态物质中混有少量液态物质。软流圈以上的地幔连同地壳合称为岩石圈，厚度约100公里。地球表面上由海洋水和陆地水系组成的系统称为水圈，其中海水占总量的97.3%，水圈的形成已有30亿年的历史。地球上的各种生态形式，包括动物、植物、微生物等，也构成了一个连续的圈层，这就是生物圈。

自哥白尼时代起，人们就已认识到地球运动有自转和公转两种形式，但如果深入探讨的话实际情况要比这复杂得多。

地球和月球彼此之间有引力作用，这两个天体构成了所谓地月系统。通常说月球绕地球公转，实际上地球和月球是在作互绕运动，即地球和月球都绕着地月系统的公共质心作轨道运动，它们永远处于系统公共质心两侧方向恰好相反的两个位置上。这个公共质心绕着太阳公转，运动轨道为一椭圆，而地球的公转运动轨道严格说来并不是椭圆，但与之差异甚小。地球的质量比月球大得多，地月系统的质心实际上位于地球的内部，地球绕地月系统质心的运动轨道要比月球绕地球公转运动的轨道小得多。在专业天文研究中，有时必须考虑这种比较复杂运动状态的影响。

太阳位于银河系之内，太阳携带着太阳系全体成员在一个近圆轨道上绕银河系中心运动，轨道平面基本上与银道面相一致，地球也必

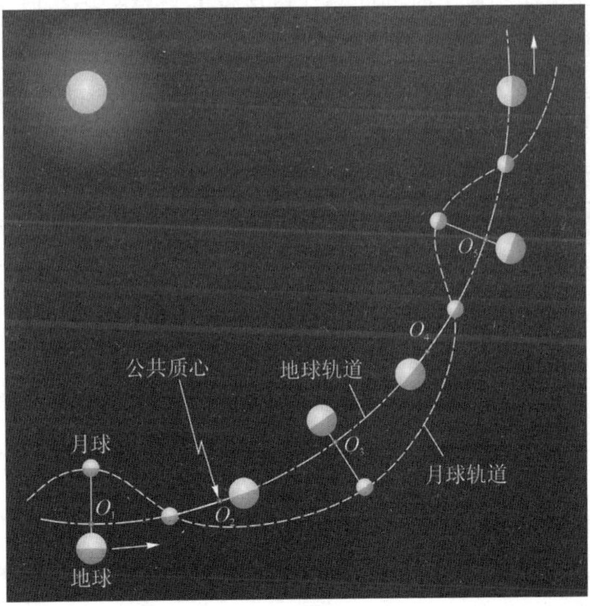

图 2.75　地月系统质心的运动

然会参与这种运动。不仅如此，如果进一步考虑到银河系在宇宙空间中的运动，地球的实际运动状况就更复杂了。不过，鉴于运动的相对性，通常只需讨论地球的绕轴自转和绕太阳公转这两种主要运动形式，只是在一些特定的计算中，才需要进一步顾及太阳在银河系内的运动，甚至银河系整体运动的影响。

时间定义的复杂性

时间有两层含意：一是给出某一瞬刻在时光流程中的位置，如“现在的时间是公元 2007 年 1 月 30 日下午 3 时 15 分 30 秒”，这是时刻的概念；二是量度两个瞬刻之间的时间长度，即时间间隔，如“这篇文章从开始动手写到完成共花了 1 小时 20 分钟”。第一层含意的本质仅在于规定或选定一个量度时间流程的起始点，相对来说所涉及的问题比较简单。第二层含意涉及到人类在地球环境中的日常生活和社会活动，情况较为复杂。当然，这两层含意也不是完全可以割裂开来的，它们之间显然有着密切的联系。

地球自转是造成昼夜交替的原因，自转一周所经历的时间就是 1 天(日)。另一方面，地球绕太阳公转一周是为 1 年，而地球自转轴与黄道面斜交 66.5°角是造成 1 年内四季变化的主要原因。由此可见，地球的运动规律构成了时间间隔计量单位的自然基础。但是，在实际应用上，问题就没有这么简单了。

任何运动都是相对的，地球的运动亦不例外。转动周期的确定需要有一个参考标准，参考标准不同，转动周期也就不同。以太阳为参考标准所确定的地球自转周期称为太阳日，相应的时间系统称为太阳时；以恒星为参考标准所确定的地球自转周期称为恒星日，相应的时间系统称为恒星时。由于地球一面自转一面又绕太阳公转，太阳日长于恒星日，两者相差约 3 分 56.6 秒。天文学上把地球绕太阳的公转周期称为回归年，1 回归年＝365.242 2 太阳日＝366.242 2 恒星日。这就是说，在 1 年时间内，以太阳为参考标准地球转了 365.242 2 圈，而以恒星为参考标准则多转了 1 圈，这多出来的 1 圈就是地球周年公转运动的反映。

严格说来，地球上每一天的长度(日长)并不是恒定不变的，而是有着微小的变化，不过这种微量的变化对人们的生活毫无影响，任何人都感觉不到。造成日长变化的原因是地球自转速度的不均匀性，为了说明这个问题，需要从时间的定义谈起。

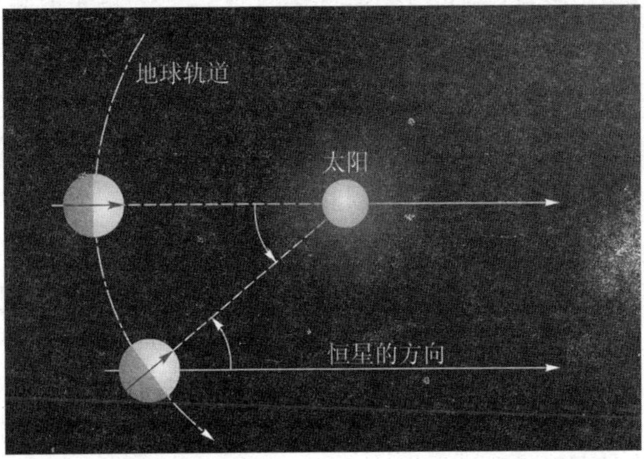

图 2.76　太阳日和恒星日

在日常生活中，为了使用上的方便，把 1 天等分为 24 小时，1 小时等分为 60 分钟，1 分钟再等分为 60 秒。以决定昼夜变化规律的地球自转周期作为最基本的时间计量依据，这一方面是因为符合人类生活和工作的需要，另一方面在于长期以来人们认为地球自转是非常均匀的，相当于一台质量极好的时钟，可以用来计量时间的流程。在天文学上，这种以地球自转为基准的时间计量系统称为世界时，并为世界各国所采用。

20 世纪以来，随着技术的进步和观测精度的提高，人们发现并确认地球自转速度是不均匀的。这一重要结论动摇了以地球自转作为时间计量基准的传统观念，从而对世界时的地位提出了挑战。

地球自转速度的变化包含了 3 种成分，即长期变慢、周期变化和不规则变化。地球自转的长期减慢，使日长在每 100 年内大约增长1～2 毫秒(1 秒＝1 000 毫秒)，在 6 亿多年前，地球上的 1 年大约有 424 天。地球公转周期(1 年的长度)是非常稳定的，因此当时的地球自转速度要比现在快得多。造成地球自转长期减慢的主要原因可能是月球对地球的潮汐摩擦作用，以及还有地球自身结构上的一些因素。地球自转速度的周期性变化又有多种成分，如季节性的周年变化、半年变化，以及一些更短周期的变化。不规则变化是指地球有时会转得快一些，有时会转得慢一些，不过每年的相对变化通常不超过亿分之五。

鉴于地球自转速度存在上述变化，用世界时系统来计量时间就显得不够精确，严格说来是不够均匀。为此，1958 年国际天文学联合会决定，从 1960 年起采用历书时来取代世界时。所谓历书时是以地球公转运动周期(回归年)为基准，定义回归年长度的1/31 556 925.974 7

为1秒,称为历书秒,而86 400历书秒为1天。在世界时系统中,1秒的定义是太阳日的1/86 400。1967年国际计量委员会进一步决定,以更均匀的原子时来代替历书时。在原子时系统中,1秒的长度定义为一种特定的铯原子跃迁所产生的电磁波辐射振荡周期的9 192 361 770倍,称为国际单位制秒。

现在,新的问题又来了——尽管历书时或原子时系统的一天长度,要比世界时系统中一天的长度更为恒定,但人的生活规律却必须纳入世界时系统,这是因为决定昼夜变化规律的是世界时,而不是历书时或原子时。要是不顾及这一点,经过一段时期后,历书时或原子时系统总的时间长度就会与世界时系统中同样秒数的时间长度相差1秒,两种时间系统中的时刻就会不同步,而这种差异的长期累积是不容许的。为了解决这一矛盾,国际计量局又统一规定,自1972年起,在每年年底或年中,必要时需对世界时增加或减去1秒,以平衡因地球自转不均匀性所造成的日长变化,这1秒称为闰秒。闰秒由原子钟算出,如果与原子时系统比较,世界时时刻相对落后,则需要添加闰秒,以保证两种时间系统中时刻之间的同步,差异不得超过1秒。例如,1979年12月27日,英国皇家格林尼治天文台曾宣布,1980年将迟到1秒,或者说1979年的最后1分钟有61秒,而不是通常的60秒!

1972年以来,到1999年之前,世界时已添加了22次闰秒。然而,观测表明,长期以来一直呈减慢趋势的地球自转速度自1999年起开始略有加快,因而到2005年世界时连续7年没有添加闰秒,最近一次添加闰秒的是在2005年底。

仅仅规定了年和日对日常生活和工作(如发工资)还是不够方便,于是人们又引入了“月”的概念,这就是月球绕地球公转运动的周期。同样,这里也有参考标准的问题。以太阳为参考标准所确定的月球绕地球的公转周期称为朔望月,1朔望月=29.560 3日,这是月球圆缺变化(月相)的周期;以恒星为参考标准所确定的月球公转周期称为恒星月,1恒星月=27.321 6日,恒星月是月球绕地球公转的实际运动周期。

历法的变迁

人们早就开始制订各种历法,并随着对地球和月球运动规律认识上的提高而不断地加以完善。历法制订的基础就是时间,主要目的是恰当地选择一些时间计量单位,如年、月、日等,并做到既能符合基本自然规律,又能方便人类的工作和生活。

历法制订的复杂性在于,以地球和月球的公转周期所定义的年和月都不是日的整倍数,不能简单地用来安排人类的日常生活和社会活动。四季变化的规律取决于回归年的长度 365.242 2 日,月相变化的规律取决于朔望月长度 29.560 3 日,这些是无法变动的。但是,日子总得一天一天过,不可能隔 365.242 2 天换一个年份,或者每 29.560 3 天换一个月。如何合理地解决好这一矛盾,便是编制一部好的历法的关键。历法中的年和月称为历年和历月,它们都是日的整数倍,但可以不是常数。这就是说,不同历年中的月数或日数可以略有不同,不同历月中的日数也可以不完全相同,但长时期内历年的平均长度必须等于回归年,而历月的长度要尽可能接近朔望月。

古今中外历法种类繁多,仅就中国而言,自包括黄帝历在内的古六历起,直至采用公历,学者们提出的历法将近有 100 种,其中实际使用过的也约有 60 种之多。不过,这些众多的历法大体上可分为阴历、阳历和阴阳历 3 大类。

阴历又称太阴历,它以月球绕地球的公转周期为基础来制订历法规则。制订阴历的基本原则是:每一历月的长度都接近朔望月,历月的平均长度应该等于朔望月,历年的平均长度尽可能接近回归年的长度。

根据上述原则,阴历中历年和历月设置的规则是:1 个历年含 12 个历月;历月中的大月 30 日,小月 29 日,大月和小月尽可能交替安置;在 360 个历月(30 个历年)中,大月占 191 个,小月占 169 个;设置闰年,平年 354 日,含 6 个大月,6 个小月;闰年 355 日,含 7 个大月和 5 个小月,其中 12 月末增加 1 天,从而使历月的平均长度尽可能接近朔望月。阴历的优点是,历月中的日期能与月相较好地保持一致。但是,它的一个严重缺点在于阴历历年的长度只有 354～355 日,与回归年的长度相差 11～12 天,因而与四季变化的规律不符,不适用于农业生产,也会对日常生活带来很大的不便。例如,阴历某年的第一天(岁首)在隆冬季节,那么按照阴历历法,经过 15～16 年后,作为历年的岁首就会移到盛夏季节,这是因为每经过 15～16 年,阴历历年的总长度会比同样年数回归年的总长度短约 180 天,也就是相差约 6 个月。这种寒暑交替规律与月份不保持一致,并随年而变化所带来的不便显然难以为人们所接受,因而纯粹的阴历,如伊斯兰教历和希腊历,现在已经很少有人应用了。

阳历又称太阳历，它以地球绕太阳的公转周期为基础来制订历法规则，其基本原则是：每一历年的长度都非常接近回归年的长度，历年的平均长度等于回归年。

阳历有着一个漫长的演变过程，这个过程与人们对地球公转规律在认识上的提高有关。最初的阳历起源于古埃及，这就是埃及历，当时已知道1回归年为365.25日，并规定每过3年设1个有366天的闰年。现代公历的鼻祖是罗马历，但早期的罗马历十分混乱。公元前47年，罗马皇帝儒略·恺撒着手改革历法，诞生"儒略历"。在儒略历中以春分点作为岁首，安置在3月21日，并明确规定闰年是能被4整除的年份。儒略历历年平均长度为365.25日，比回归年长了11分14秒，在沿用了1 500多年后，这一差异累计已达10天，春分点前移到了历年的3月11日，问题变得非常严重，改历迫在眉睫。

公元1582年，罗马教皇格里高里八世以法令形式实施改历，使春分点回复到3月21日，并对闰年设置的规则做了重要改进，规定公元纪年数能被4整除的年份为闰年(其中公元纪年数能被100整除、但不能被400整除的年份除外)，其余各年均为平年，在400个历年中共有97个闰年。这就是"格里高里历"，即通常说的公历，后来逐渐为绝大多数国家所采用。公历历年的平均长度为365.242 5日，与回归年仅相差25.92秒，可算是一种比较合理的历法，要经过3 333历年两者才会相差1天，可见已足够精确。中国在辛亥革命(1912年)后即采用公历，1949年起采用公元纪年。

所谓"纪元"，是指从哪一年开始起算年份数。不同国家、不同年代有不同的纪元法，如中国的"康熙五十年"等，通常自新皇帝登基之年起算纪年。公元纪年法的确定与欧洲的宗教意识有关。公元532年，僧侣学者乔西尼(J. C. Jossigny)提出，纪元应定为从"基督诞生"之年起算，他认为基督是在距当时532年之前诞生的，因而下一年应该计为公元533年。这一观点后来为人们普遍认同，因此公元纪年法是从公元533年起始用，而不是从公元1年即开始实行。实际上，$532=28\times19=7\times4\times19$，其中7是1星期的日数，4是阳历置闰的周期年数，而19是阴阳历置闰的周期数。28年称为"太阳周"，每隔28年阳历各月份的日期数和星期数相同(凡越过世纪年可能差1天)；19年称为"太阴周"，每隔19年阳历各月的日期有相同的月相(也可能相差1天)。所以，乔西尼采用532这个数字既具有宗教意义，又符合天象规律，但未必与真实"基督诞生"的年份有关。另外，比公元1年更早的定为公元前 1 年、公元前 2 年……，其间没有公元 0 年。

由于阳历历年的长度(365 或 366 日)很接近回归年的长度，与安排农业生产和人类生活的要求相一致，因而被广泛地采用。但是，阳历也有一个明显的缺陷，那就是历月中的日期数与月相完全没有关系，而且每个月的情况又各不相同，大月、小月完全是古代独裁统治者人为规定的，与月球的运动无关，也无法从阳历历月中的日期来判断月相的大小。不过，与优点相比，这个缺陷显然就不那么重要了。

农历的置闰规则

阴历的制订完全依据月球绕地球的运动周期(朔望月)，历年没有天文意义；阳历所依据的是地球绕太阳的运动周期(回归年)，历月没有天文意义。所谓“阴阳历”则是兼顾了阴历和阳历的特点，如中国的农历就是一种阴阳历。农历历法制订的基本规则是：以朔望月为历月长度的基础，历月中的每一日期都有月相上的意义，历月的平均长度等于朔望月；同时，设置闰年和 24 节气，使历年的平均长度等于回归年。

农历设置历月的原则是，历月的长度分为大月 30 日，小月 29 日，大、小月的安排严格取决于月相。规定每个月的初一必定是朔日(月球上未被太阳光照到的一面正对地球时所在的那一天)，相邻两个朔日间隔为 29 天时安排小月，为 30 天时安排大月。鉴于有了这一原则，以及朔望月的长度为 29.530 6 天，农历中可能出现连续 2 个月为大月或连续 2 个月为小月。

农历历年设置的要点是：平年 12 个月，历年长 354～355 天；闰年 13 个月，历年长 384 或 385 天，增加的一个月称为闰月；19 个历年中设置 7 个闰年，称为“十九年七闰法”。这样一来，19 个历年的总长度和 19 个回归年的长度近乎相等，仅相差 2 时 9 分 36 秒。

在中国的农历中，闰年以及闰年中闰月的设置规则颇为复杂，为此首先要对节气加以说明。24 节气是中国农历的特点，不少人误认为节气是阴历的内容，实质上节气属于阳历的范畴。例如，北半球 1 年中白天最长、正午太阳最高的那天为夏至，白天最短、正午太阳最低的那天为冬至，昼夜平分的 2 天为春分和秋分；包括其他节气在内的 24 个节气在一年内均匀分布。以上是民用上的定义，节气的含义是 1 天。在天文学中，定义太阳到达离天赤道(地球赤道平面与天球的交线)最远并位于天赤道之上的瞬间为夏至，到达离天赤道最远并位于

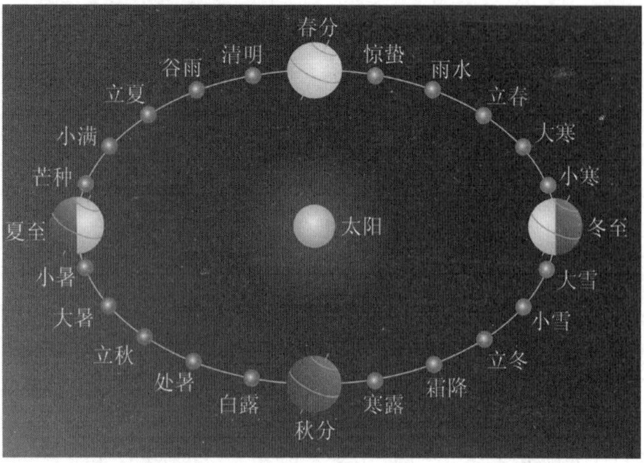

图 2.77　24 节气位置示意图

天赤道之下的瞬间为冬至，2 次经过天赤道的瞬间为春分和秋分。同样，包括其他节气在内的 24 个节气在一年内均匀分布。因此，天文学上节气的含义是某个瞬间。显然，节气依据地球公转周期回归年而定，本质上属于阳历，节气轮转符合气候变化的规律。中国的农历设置 24 节气，具有阳历的性质，因而农历属于阴阳历，而不是阴历。在西方，同样有春分、夏至、秋分和冬至的称呼，因为它们具有天文学意义，但无所谓节气，更没有 24 节气。

同一节气在阳历中的日期是大致固定的，不同年份中最多前后相差 1 天，起因于回归年不是日的整数倍以及闰年增加 1 天。例如，冬至总是在每年的 12 月 22 日或 23 日。相反，同一节气在阴历中的日期变化很大，不同年份前后可以相差达 1 个月。例如，1955 年和 1956 年的清明都在公历 4 月 5 日，但相应的农历日期分别为乙未年三月十三和丙申年二月十五，几乎相差 1 个月，其他节气的情况也是如此。

节气又可分为“节气”和“中气”两大类，并交替安置。属于“节气”的是小寒、立春……直至大雪；属于“中气”的有冬至、大寒……直至小雪。目前 24 节气在阳历一年中的配置方式是，按地球公转轨道路径长均分为 24 等份，而两个节气之间的时间长度(称为节气长度)是不等的。根据开普勒行星运动第二定律——地球公转运动的面积速度不变，冬至前后地球位于近日点附近，轨道运动速度快，节气长度不足 15 天；夏至前后地球靠近远日点，轨道运动速度慢，节气长度超过 15 天。

农历闰年有 13 个月，其中如何插入闰月是有严格规定的。农历历月长29～30日，平均约29.5日，一般会含有2个节气，或者说1个节气1个中气。另一方面，24节气的总长度约为365.25日，连续2个节气的平均长度约为30.5日，比农历历月的平均日数约多1天。因此，农历每个历月中节气和中气所在的日期必然比上一个月推迟1～2天。长此累积，每经过32～33个农历历月后，一定会有一个月只有节气(在月中)而没有中气，这个月便定为闰月。农历每经过32～33个月就插入一个闰月，19年中插入7个闰月，从而保证农历历年的平均长度接近回归年的长度。闰月前为几月，该闰月便称为闰几月，如五月后的闰月称为闰五月，依此类推。所以，农历闰月必定只有1个节气，而且一定不是中气，其他历月都有2个节气，个别月份甚至可以有3个节气。

农历的最大缺陷是不同年份历年的长度相差太大，可达30～31天，这就会造成生活或工作安排上的某些不便。最明显的影响就是在不同年份中春节(农历正月初一)的阳历日期可变动1个月左右，这就会给学校学期课程的设置带来一定的麻烦。其他的农历节日，如中秋节、端午节等，情况也是如此。

日常生活中的几个问题

1. 农历不见“闰春节”

在农历中，冬季两个节气的平均长度约为29.74天，这比朔望月长度29.56天长不了多少，节气逐月向后移动得很慢，所以冬季设置闰月的可能性很小。夏季的情况则恰恰相反，再加上冬季期间节气逐月后移的累积作用，农历三、四、五、六、七月后的闰月设置较多。

具体来说，在公元1821年至2020年这200年中，共有农历闰月74个，其中闰正月、闰十一月、闰十二月一次也没有。闰五月最多，达17次，其次是闰三、四、六、七月，分别为9、15、10、8次。另外有闰二月6次，闰八月6次，闰九月2次，闰十月1次。既然没有闰正月，因而也就不会出现“闰春节”了。

2. “一年两头春”

这句话中的“春”是指24节气中的“立春”，通常在公历的2月4日或5日。农历岁首(春节)的公历日期是不固定的，变化在1月20日至2月20日之间。因此，如果农历春节出现在公历2月4日(或5日)之前，而该农历年又是含有13个月的闰年，历年长384～385天，比相邻两次立春之间的时间间隔(阳历历年长度)365～366天要长

18～20 天。这种情况下，农历的历年中就会含有 2 次立春，一次必在农历年初，另一次必在农历年末，即所谓“一年两头春”，该农历历年便含有 25 个节气。相反，如果农历春节出现在立春日之后不久，而该农历年又是平年，长 354～355 天，比阳历年短 11～12 天，那么这个农历年中就没有立春，仅含 23 个节气。

由此可见，“一年两头春”，或者“年内无春”之说，实际上起因于地球运动的规律和农历的置闰规则，与人类社会生活中的任何事件毫无关系。

3. 农历闰年与气候、人生凶吉风马牛不相及

农历历年的安排与地球的自转、公转以及月球的公转有着规律性的联系。农历闰年有 13 个历月，闰年的出现和其中闰月的安置有严格的人为法则，而与天气、社会活动或个人的未来没有任何关系。农历设置闰年基本上有 19 年一轮回的规律，但人们并没有发现与 19 年有关的大范围天气变化或太阳活动周期。因此，民间流传的所谓闰月那年天气特别热，或者闰年会有凶兆、不宜婚嫁等说法，都只是星象学杜撰的内容，毫无科学根据，完全不可相信。

4. 生肖与人的性格或命运无关

中国以 12 种动物对应连续 12 个农历年，从鼠开始，到猪结束，凡在某农历年中出生的人便以该年所对应的动物作为自己的生肖。如某人于猪年出生，他的生肖便属猪，永不改变。从统计上讲，对应不同生肖的人数必占总人口数的 1/12 左右。以中国为例，有十几亿人口，同一生肖的人数超过 1 亿，这 1 亿多人有相同或相近的性格是完全不可能的，而把生肖和人的祸福或命运联系在一起就更为荒谬了。

最近民间流传猪年(主要时间段在公历 2007 年内)为生孩子的吉利之时，于是年轻人纷纷给自己孩子安排“计划生育”。这种自以为得计的做法其实后果相当严重，不仅会引起一系列社会问题，而且实际上对个人也非常不利。试想，如某年孩子出生率较常年奇高，则出现的第一个麻烦便是产房床位紧张，并可能影响到对产妇的照顾。随之，称心的月嫂或住家保姆难找，要不然就是薪酬支出上涨。接下来，3 年之后幼儿园人满为患。之后便是入小学、考高中、升大学，以及最后的就业等，所有相应年份的各类竞争都要比其他年份人为加剧。迷信邪说的危害由此可见一斑，重要的是对任何所谓“潮流”切切不可缺失科学的理念，而用“宁可信其有，不可信其无”的观念来为自己的盲从开脱，到头来吃苦头的还是自己和自己的孩子。

5. 虚龄和实龄可差 3 岁

在中国,表述人的年龄通常有虚龄(虚岁)和实龄(实岁)两种说法。虚龄的计算以婴儿出生即为 1 岁,嗣后,凡过农历岁首(春节)就加 1 岁,依此类推。虚龄与人的生肖相一致,所对应的是农历年,而不是公历年。另一方面,实龄的计算是以婴儿出生后满公历 1 年增加 1 岁,依此类推,实龄与生肖无关。在一般情况下,一年中过了生日虚龄比实龄大 1 岁,在生日前虚龄比实龄大 2 岁。

然而,对于少数人来说,虚龄有可能比实龄大 3 岁。例如,某人出生于 1973 年 2 月 2 日(哪怕是深夜 23 时 59 分),此时虚龄即为 1 岁。该公历年中的春节为 2 月 3 日,于是孩子到 2 月 3 日起始之时虚龄便为 2 岁,尽管实际上只过了不到 1 天。下一年的春节是 1974 年 1 月 23 日,这位孩子到 1974 年 1 月 23 日虚龄即为 3 岁,而他的实龄在 1974 年 2 月 2 日之前仍不足 1 岁。可见在 1974 年 1 月 23 日至 2 月 1 日之间的几天,孩子的虚龄比实龄大了 3 岁。所以,凡是生日接近农历岁末,而下一农历年的岁首又比上一年偏前,那么此人在某些年份中的一段时间内就有可能出现虚龄比实龄大 3 岁的情况。

第 3 章 认识银河系 400 年

银河，早就为古人所熟知。400 年前，伽利略首次把望远镜指向银河，嗣后赫歇尔的开创性工作，使人类的视野从太阳系拓展到银河系。然而，地球位于银河系之中，人们可以比较仔细地观察和探索银河系中的恒星及其他形态的天体，但要认清银河系的全貌却颇为不易。银河系在许多方面可以说是宇宙物质形态的一面镜子，而且与银河系以外的广袤宇宙有着种种的联系。因此，对银河系和银河系天体已经取得和将要取得的研究结果，已不只是用来认识银河系本身以及银河系中的各类天体，而且也是人类认识宇宙的重要组成部分。

3.1 银河系天体的多样化形态

恒星大千世界

夜晚天空中所看到的星星，除了少数几颗是太阳系内的行星外，绝大多数都是和太阳一样能自行发光、发热的远方恒星。晴朗的夜晚，在没有月亮光和灯光污染的地方，正常视力的人可以看到 6 000 多颗星星。不过，因为大约有半数星星位于地平线之下，所以同时能看到的只有 3 000 多颗。如果用望远镜来观察，则可以看到多得多的星星，望远镜口径越大，能看到的星星就越多。就银河系来说，大约包含了 1 000 多亿颗恒星，当然绝大部分都是暗星。

不同的恒星有着不同的质量、半径、光度和表面温度，这些参数反映了恒星最基本的物理性质，对此天文学家已经有了较为充分的认识。

恒星的质量很大，以物理学中常用的质量单位，如克、公斤、吨来表示便显得很不方便，甚至使人不得要领。因此，在天文学中恒星的质量通常以太阳质量为单位来度量。恒星质量大小各异，其范围大约在百分之几太阳质量到 120 倍太阳质量之间，有的甚至更大。不过，大多数恒星的质量在 0.1～10 倍太阳质量范围内。由此可见，太阳是一颗中等质量的恒星。

恒星质量是恒星的一个极为重要的物理参数，恒星的演化历程主要取决于它的质量。但是，恒星质量的准确测定却相当困难。最基本、也是最可靠的测定恒星质量的方法，是利用某种双星的距离和轨道运动参数。但是，能用于确定恒星质量的这类双星为数甚少，所以这种方法的应用范围十分有限。1920 年代，英国物理学家和天文学家爱丁顿(A. S. Eddington)开创了关于恒星结构的研究，更从理论上导出了恒星质量和光度之间的关系——质光关系。根据他的研究，恒星的光度与恒星质量的 3.5 次方成正比。现在知道，大部分恒星都遵循相当确定的质光关系，不过对不同光度范围的恒星来说，质光关系中一些参数的数值有所不同。尽管由质光关系来确定恒星的质量其结果不是太准确，但对于涉及大量恒星性质的统计研究却十分有用。

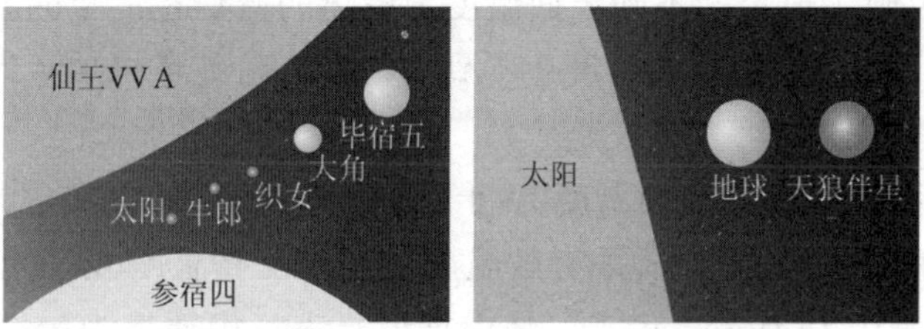

图 3.1 左图为太阳与恒星大小的比较，右图为太阳与地球和白矮星天狼伴星的比较

恒星半径的差别极大，最小的如中子星，半径只有 10 公里左右，白矮星的半径与地球差不多；另一方面，最大的超巨星的半径可达太阳半径的 1 000 倍以上，甚至比木星的轨道半径还大，超过中子星半径的 1 亿倍。但恒星的质量最大仅相差 10^4 量级，因此不同恒星的密度相差非常悬殊，中子星的密度高达 10^{16} 克/厘米^3，而超巨星的密度则只有 10^{-11} 克/厘米^3。

恒星半径是另一个重要的参数，因为如果同时知道恒星的质量和半径，就可以确定恒星的表面重力和密度，这对研究恒星的结构和演化十分重要。另外，如果知道恒星的光度，就可以计算恒星大气的有效温度，并能进而用于确定恒星的距离。恒星离开地球非常遥远，再大的恒星在大口径、高倍率望远镜中看来也只是一个光点，这就给恒星半径的测定带来很大的困难。测定恒星半径通常有两条途径，一是通过干涉测量的方法测出它的角半径，也就是恒星实际半径对地球的张角，然后再由恒星的距离推知它的线半径。另一种办法用于通过分光观测探知的食双星——根据这类双星光度变化的规律和轨道运动速度可以直接推算出恒星的线半径，显然这种方法可应用的对象十分有限。

恒星光度是指恒星表面的实际发光本领或发光强度，需要通过所观测到的恒星亮度和距离，或者通过其他途径来加以推算。鉴于观测亮度所涉及的波段不同，光度又有可见光光度、红外光度、射电光度、X射线光度以至总光度之分。不同恒星的光度可以相差很大，如蓝超巨星在可见光波段的光度可达太阳光度的几万倍，而白矮星的光度则只有太阳光度的几万分之一。

所谓恒星温度，通常是指直接能通过观测来推算出的恒星表面温度，而不是恒星中心的温度，恒星中心的温度只能借助理论分析来加以估算。恒星的表面温度与恒星的颜色有关，或者说恒星的不同颜色即反映了恒星的不同表面温度。最热的蓝白色恒星的温度高达40 000℃，而红色恒星的温度还不到3 000℃，暗红色褐矮星的表面温度比这还要低。

实际上，即使是表面温度，由于研究工作的需要，天文学上对恒星温度还有着不同的定义，如有效温度、色温度、亮温度，以及动力学温度等。其中，动力学温度 T_K，是根据恒星大气中质量为 m 的质点的平均动能 $m\bar{v}^2/2=3KT_K$ 来定义的温度，这里 $\bar{v}$ 是质点运动的平均速度，而 $K=1.38\times10^{-23}$ 焦/开为波耳兹曼常数。

形式多样的恒星集团

银河系中大约有总数高达1 000多亿颗的恒星，而这些恒星并非只是“一盘散沙”，有相当多的恒星往往以双星、或者以多颗恒星构成的聚星的形式出现。在很长时间内，曾认为双星占恒星总数的50%以上；但最近的研究表明，把很多暗星考虑进去后，银河系的恒星中约有1/3是双星。此外，还有为数众多的更大的恒星集团——星团，因而恒星世界的“群居”现象相当普遍。

双星是最小的恒星集团。在双星系统中，两颗恒星靠得比较近，因相互间的引力作用彼此作互绕运动，又称为物理双星，以区别于看上去靠得很近、实际空间位置相距甚远、因而两者并无物理联系的所谓光学双星或视双星。双星的两个成员通称为双星的子星，其中质量较大的一颗是主星，另一颗则称伴星。

双星又可细分为不同的类别。例如，借助望远镜或人眼可以直接分辨出两颗子星的目视双星；通过干涉测量方法探测到的干涉双星；

由掩星(如月掩星)现象观测,经分析而得知的掩食双星;由恒星光谱中谱线位移的规律而探知的分光双星;因两子星靠得很近而彼此发生掩食天象,由此造成总亮度呈现规律性变化的食双星;由连续光谱能量分布特征而判定的光谱双星;以及通过天体测量方法发现自行轨迹为曲线,并可用存在暗伴星来加以解释的天体测量双星等。另一方面,如果双星中两颗子星靠得很近,以至一颗子星会影响到另一颗子星的演化经历,甚至两颗子星间能发生物质交流,便称为密近双星。双星,尤其是其中的密近双星,对研究恒星演化具有特别重要的意义。

由 3 颗以上彼此有物理联系的恒星所组成的多重恒星系统称为聚星,又可以按成员星的个数进一步分为三合星、四合星等。

通常把成员星数超过 10 个以上的恒星集团称为星团。星团可以根据它们的一些物理特征,如外形、结构、年龄、化学元素组成、团的空间分布以及运动学状态等性质,分为疏散星团、球状星团以及后期确认的超星团等几大类。

疏散星团的外形较不规则,成员星数比较少,从几十个到上千个,质量通常不超过 5×10^3 太阳质量。成员星在团内的分布比较松散,直径大部分在 2～6 秒差距范围内,且多数略呈扁状。因为疏散星团高度集中于银道面附近,故曾称银河星团。它们的重元素(除氢和氦以外的其他所有元素的统称)含量相对比较高,年龄一般不超过 10 亿年,最年轻的只有几百万年。在运动学特征上,疏散星团绕银河系中心的转动速度比较大,但不同星团之间的速度差异不明显,运动轨道平面与银道面的交角很小。银河系内已发现的疏散星团超过 1 600 个,有人估计总数可能约有 4 万个。

图 3.2　著名的疏散星团——昴星团

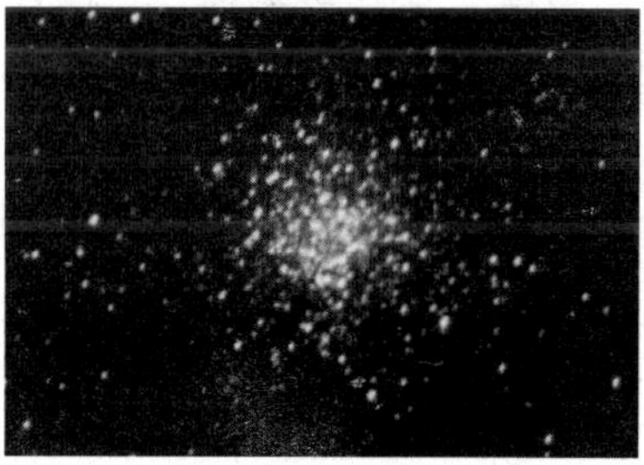

图 3.3　武仙座球状星团

球状星团的外形较规则,包含的星数少则几千,多可达几百万,质量范围为 3×10^4 至 3×10^6 太阳质量。成员星在团内呈球对称分布,密度很高,近团中心部分往往无法分辨出单颗恒星,直径大多在 40～

150 秒差距之间。银河系中的球状星团离散分布于一个近似球形的空间范围中，而并不像疏散星团那样集中在银道面附近。这类星团的重元素含量很少，年龄一般约为 100 亿年甚至更老。球状星团绕银心的转动速度小，但团与团之间的速度差异很大，运动轨道平面可以与银道面交任意角。银河系内球状星团的数目要比疏散星团少得多，已发现的有 150 多个，它们的总数不会比这个数字大很多。

图 3.4　银河系中的超星团 Wd1

超星团又可以称为大质量年轻星团，这里年轻是相比球状星团所言，故早期曾称为年轻球状星团，而质量大则是指相对疏散星团而说。越来越多的观测表明，在各类星系中，存在着主要性质介于疏散星团和球状星团之间的这种超星团，它们的一部分性质接近疏散星团，另一部分性质又类似球状星团。超星团的年龄一般为几百万年，最年老的也只有几亿年，类似于疏散星团。质量通常大于 3×10^4 太阳质量，最大可达 10^7 太阳质量；半径最大可达 20 秒差距或更大些，这些特征以及团的光度范围都与球状星团相仿。不同星系中超星团的个数相差悬殊，有的一个也没有，有的则含有几十个、甚至超过 100 个。在银河系中，目前至少已发现有一个超星团。有人认为超星团是球状星团的前身天体，经长期演化后最终会变成球状星团，不过对此还没有取得共识。

还有一类年轻的恒星集团称为星协，它们的结构比疏散星团更为松散，但尺度可以比疏散星团大得多，最大甚至可达 200 秒差距。星协和星团的一个最重要区别在于，星团可以长期稳定存在，称为引力束缚系统，而星协是一些不稳定的非束缚恒星系统，各种观测证据表明它们的年龄不超过 3×10^7 年，在银河系潮汐力的作用下，星协会比较快地瓦解而不复存在。

浅谈星族和子系

银河系中的恒星，除了集聚成各类集团外，在更大的范围内又可以按它们的年龄、化学组成、空间分布和运动状态等特征，划分为若干类由大量天体构成的“集合体”——星族。与双星、聚星和各类星团不同的是，星族只是对大批有某些相同或相近性质恒星的分类式统称，同类星族的恒星并不构成恒星集团，同族恒星之间也不存在如恒星集团成员之间那种较为密切的引力相互作用。

早在1927年，德国天文学家布鲁根克特(P. ten Bruggencate)已经提出了关于星族的概念。1944年，德国天文学家巴德(W. Baade)在进一步对观测资料分析的基础上重新明确了星族的概念。巴德认为，银河系和其他一些同类星系中的恒星可以分为星族Ⅰ和星族Ⅱ两大类。两类星族天体的主要差别在于它们的年龄、重元素含量、空间分布和运动特性。星族Ⅰ恒星的年龄较轻，重元素含量较多，集中分布在银道面附近，但在银河系的中心区域则很少有这类恒星；它们绕银心转动的速度比较大，但不同恒星转动速度的差异较小。在天文学中，通常用速度弥散度σ来表征一批恒星在运动速度上的差异的大小。如果设恒星的总数为n，第i颗恒星的运动速度为v_i，则全部恒星的平均速度为$\bar{v}=(\sum v_i)/n$，而这n颗恒星的速度弥散度可定义为$\sigma=\sqrt{(v_i-\bar{v})^2/(n-1)}$。关于速度弥散度的概念也可以用于气体中的分子、微粒以及其他类别的天体，如星团、星系等。

星族Ⅱ恒星的年龄较老，重元素含量很少，大致分布在一个球形或扁球形空间范围内，主要集中在银河系的核心部分；它们绕银心的转动速度比较小，但速度弥散度大。

属于星族Ⅰ天体的有组成旋臂的恒星及星际尘埃和气体、疏散星团、长周期造父变星、超巨星、大部分主序星等，其中包括太阳。属于星族Ⅱ的有银河系核心部分的恒星、短周期造父变星、球状星团等。从总体上看，银盘中主要是星族Ⅰ天体，而核球和银晕内主要是星族Ⅱ天体。

星族概念的提出，对银河系结构、恒星组分和演化的研究具有重要意义。随着观测资料的积累和精化，1957年在梵蒂冈召开的星族讨论会上，人们又进一步把银河系中的天体细分为5个不同的星族，分别称为极端星族Ⅰ、中介星族Ⅰ、盘星族、中介星族Ⅱ和极端星族Ⅱ。这些星族构成了某种系列，它们的空间分布、运动状态、年龄以及化学组成等方面的特征是逐步变化的。极端星族Ⅰ的年龄有的短到$3\times10^7\sim5\times10^7$年或更短，而极端星族Ⅱ中球状星团的年龄在$10^{10}$年左右，与银河系的年龄相近。

1925年，英国天文学家林德伯拉德(B. Lindblad)首先引入子系的概念，以说明所观测到的恒星运动特征。他认为银河系内的恒星不是一个大杂烩，而是由许多子系叠合在一起的，每一子系中的恒星有着自己的共性分布特征、运动规律和物理特性。在太阳附近，表现为各个子系的恒星具有不同的绕银轴的转动速度，转动速度越大的恒星，恒星间的速度弥散度越小。现在，通常把银河系恒星归类为3类子系，即扁平子系、球状子系和中介子系。扁平子系恒星向银道面高度集中，绕银轴转动速度大，但恒星的速度弥散度小；球状子系恒星大致呈球状分布，大部分集中在银河系核球附近，绕银轴转动速度比扁平子系约小100公里/秒，但恒星的速度弥散度大；中介子系的运动特征则介于上述两者之间。每个子系中的恒星又可以按其物理性质进一步细分为若干个不同的次系，如扁平子系中有O型星次系、疏散星团次系等，球状子系中的天琴RR型变星次系、球状星团次系等。

实际上，星族和子系是两种互相有联系的概念，只是前者着重于按物理性质把恒星进行分类，而后者则主要按运动特征来区分恒星的类别。与星族划分相类似的是，同一子系(以及次系)中的恒星并不具有构成某种恒星集团的概念。另外，有关星族和子系的概念也适用于除银河系外的其他星系。

令人头痛的星际介质

在银河系内，除了恒星和各类恒星集团外，还存在着另一类物质形态，那就是由气体和尘埃构成的星际弥漫物质，它们的总质量约占除暗晕外银河系质量的3%～5%。星际物质充满了银河系内恒星之间的星际空间，所以又称为星际介质。它们在银河系中的分布是很不均匀的，高度集中在银道面附近，离开银道面越远星际介质的相对含量越少，密度也越低，在旋臂部分星际介质所占的比例最高，可达到10%～15%。另一方面，有相当一部分星际介质集聚成密度相对较高的星际气体尘埃云，即弥漫星云，简称星云。

星际介质的密度非常低，平均密度仅约为10^{-24}克/厘米^3，或者说每立方厘米1个氢原子；其中星云的密度为每立方厘米几十个到几千个原子或离子，而云际连续介质的物质密度只有每立方厘米0.1个粒子。作为比较，地球表面的大气密度为5.8×10^{-4}克/厘米^3，由此足见星际介质的密度之低。

星际介质包括星际气体和星际尘埃两种成分，不过它们往往是混杂在一起的，其中星际气体约占星际介质总质量的90%，而星际尘埃则是离散分布在星际气体中的固态质点，质量约占10%。星际气体的物质形态可以是各种元素的原子、分子、电子和离子，其主要成分是氢。组成星际尘埃的物质可能有水、氨、甲烷等的冰结物，二氧化硅、三氧化二铁等矿物质，以及石墨晶体等。

1930年，瑞士天文学家特南普勒(R. J. Trümpler)对银河系中的疏散星团作了系统的研究，包括测定星团的大小、距离、亮度等，其中距离的测定没有考虑星际介质对远方恒星亮度的影响。他发现，由星团的观测角直径和距离推算出来的星团的线直径，随着星团到太阳距离的增大而增大。好像太阳恰好位于一种非常奇妙的位置上——太阳附近的疏散星团最小，离太阳越远星团越大，这个结论无疑令人难以置信。特南普勒对这一现象提出了一种非常合理的解释：不同疏散星团的线直径大小是差不多的，只是因为在星际空间存在星际介质，它们使远方星团的观测亮度变暗，这种效应称为星际消光，而没有考虑星际消光影响所定出的星团距离就必然比星团的实际距离偏远，于是利用距离推算出来的线直径就会偏大；而且，星团离太阳的距离越远，星际消光的影响就越大，对星团直径估算结果的偏大程度也越显著。

事实上，早在18世纪，威廉·赫歇尔就已猜测在恒星际空间很可能充满了会使恒星观测亮度减弱的介质，1874年斯特鲁维还定量地估计了星际介质对恒星亮度影响。但在特南普勒之前，人们通常认为在星际空间中，除了有暗星云的地方外，其余区域几乎是完全透明的。特南普勒的工作明确证实了星际介质的普遍存在，对确定银河系结构的研究有着重要的作用。

那么，星际介质对星光主要有哪些影响呢？恒星星光在穿过星际介质时会遇到介质中的气体和尘埃，结果是固体微粒会对星光产生直接的遮光作用，尘埃微粒会产生散射作用，而气体中的原子、离子、分子或金属微粒则对星光有吸收作用，这就是星际介质的遮光、散射和吸收效应。进一步的观测研究表明，遮光造成的消光作用只占总消光量中的一小部分，而吸收只是在恒星光谱中出现一些吸收线，对恒星亮度的影响甚微；天体亮度的星际消光效应主要来自尺度约为$10^{-5} \sim 10^{-4}$厘米微粒的散射作用。

星际消光不仅使远方天体的亮度减小，而且还会改变天体的表观颜色，使星光看上去比无消光影响时显得偏红，称为选择消光，又称星际红化。产生红化效应的原因是,星际介质中的微粒散射作用对不同波长光线减弱的程度是不同的,相比而言对短波光的消光要比对长波严重,结果是不管恒星原来有什么颜色,通过星际介质后星光能谱分布(恒星发光强度按辐射波长的分布)的峰值总是向长波(红)端移动。道路上的交通信号灯以红灯示意车辆停止,其道理就是在大雾天红灯可以在较远的地方被驾驶员所看到,从而能减少交通事故的发生。

除了特南普勒的工作外,还有一些观测事实也可以用来证实星际消光物质的存在。例如,远的恒星比具有相同光谱特征的近距恒星偏红;银道面附近观测到的河外星系为数甚少,形成所谓"隐带",而随着离银道面距离(银面距)的增加,星系的密度也增大,这表明从大尺度上讲银河系内消光物质的分布对称于银道面,且随着银面距的增大而减少。还有,在许多侧向星系的对称面附近直接观测到了消光物质,这可以作为银河系存在消光物质的旁证。实际上不仅银河系,在许多河外星系中也同样存在星际介质,以及由此引起的星际消光问题。

图 3.5　侧向星系 NGC3628,星际介质带清晰可见

恒星以及其他远距离天体的测光和光谱观测,在不同程度上都要受到星际消光的影响。一方面,越是靠近银道面的天体,星际消光的影响越严重;另一方面,天体的距离越远,星际消光也越厉害。任何关于天体光度距离的测定结果都必须作消光改正,而光度距离又是目前测定恒星和其他天体距离的主要方法。只有对恒星所受到的消光效应作了恰当的改正之后,才能知道它们真实的空间分布,从而进一步了解银河系的结构。当然,通过对星际消光的研究,可以探索产生消光的物质在星际空间中的分布情况,以及它们的组成和物理状态等性质。

不难想象,星际介质是弥散分布于星际空间的物质,在不同方向和不同距离上,它们的密度和成分是不同的,甚至可以差别很大。即使是位置比较确认的星际云,它们的外形并不规则,结构错综复杂,更无法确知其边界。这些因素使得星际消光成为天文学研究中最难解决的问题之一。

绚丽多姿的星云

星云是星际介质的密集区。与恒星相比,星云的亮度较为暗弱,外形比较模糊而又不规则,绝大多数星云必须用望远镜观测,才能窥其真貌。

星云并不只限于弥漫星云,行星状星云和超新星遗迹同样属于星云之列。因此,从分类学上来看,银河系中的星云共有 3 大类。

图 3.6 猎户星云

就表观性质而言,弥漫星云可以分为亮星云和暗星云,而从发光机制来说其中的亮星云又包括发射星云和反射星云两类。发射星云因附近高光度恒星的辐射激发而发光,星云中间通常有一个或几个高温恒星。这些恒星有着丰富的紫外辐射,使星云中的气体激发,从而产生光致电离而形成星云光谱中的发射线,所以称为发射星云。反射星云的形状同发射星云一样也很不规则,其中也有发光的恒星,但它们的温度不够高,没有足够的紫外辐射能使星云中的气体产生荧光发射,只是云中尘埃微粒反射恒星星光而被观测到,因而它们的光谱中就没有发射线。有些星云同时具有发射星云和反射星云的光谱特征,称为混合星云。平均来说,发射星云中气体含量相对地较为丰富,而反射星云中的尘埃含量较高。

图 3.7 马头暗星云

暗星云曾一度被认为是银河系中没有恒星或星数特别少的区域,但后来证实这种恒星缺损的现象是由位于恒星前方的不发光星际弥漫物质造成的。这些暗星云减弱了远方的星光,使许多恒星不能被观测到,但能在远方明亮恒星背景的反衬下显现出它的轮廓而被看到。暗星云就是不发光的弥漫星云，与亮星云没有本质上的差别，都是由星际弥漫物质构成的，只是暗星云所含的尘埃量通常比较大。

恒星在演化到晚期阶段之前通常没有发生显著的物质损失，这就是说，在一生中的大部分时间内，恒星大致保持了恒星形成时所具有的质量。到了演化晚期红巨星阶段的末期，情况就不同了。随着红巨星包层向外膨胀，恒星外层大气会抛出大量的物质，每秒高达 10^{21}～10^{22}克，这意味着整个包层物质可以在几千年内抛射完毕。分离出去的物质继续向外膨胀，体积变得很大，这就形成了所谓“行星状星云”。之所以取这一名称，是因为这类星云在望远镜中看来表现为边缘比较明晰的小圆面，很像太阳系中的行星。因此相对来说，在 3 类星云中行星状星云的外形算是比较规则的。

在行星状星云的形成过程中，星云中心的恒星因自引力的作用很快向内坍缩，同时光度和温度迅速上升，而星云便在高光度中心星的照射下受激发光。所以，从发光机制上来说，行星状星云可归属于发射星云。行星状星云的平均寿命约为 3 万年，而中心星最后会演化为白矮星，不过这一过程要比行星状星云的寿命长得多。据估计，在银河系的一生(10^{10}年)中，会有 10^9～10^{10}颗恒星经历行星状星云的阶段，因此这类星云应该是一种较为普遍存在的天体。不仅银河系，在一些河外星系中也观测到了许多行星状星云，如在仙女星系和大小麦哲伦星云中就已发现有好几百个。

另一类星云是超新星遗迹，它们是超新星爆发后的遗留物。大质量恒星在演化到晚期时会发生超新星爆发，其结果是使恒星结构发生根本性的变化，或者会使恒星炸得支离破碎，甚至化为一片“灰烬”，这

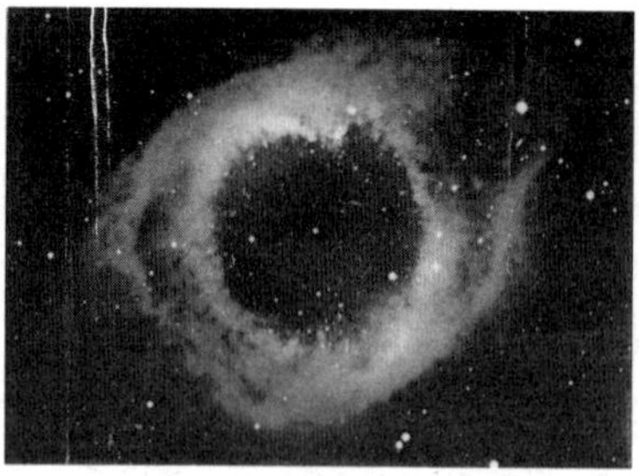

图 3.8 行星状星云

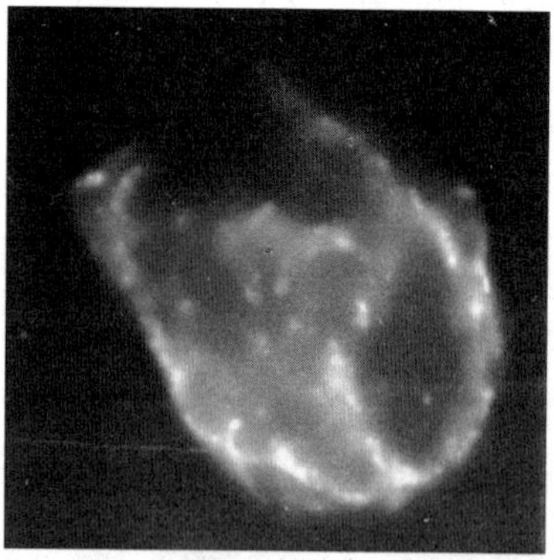

图 3.9 河外星系大麦云中的超新星遗迹

就是超新星遗迹。超新星爆发时,恒星外层向周围空间迅猛地抛出大量的物质,抛出物在膨胀过程中与星际物质相互作用,并为观测者所看到。在超新星遗迹的中央有的可以观测到中心星,如蟹状星云,而有的则找不到中心恒星,如天鹅座网状星云。除了银河系,在一些近距河外星系中也观测到了超新星遗迹。

大多数超新星遗迹具有丝状结构或壳层结构,它们向外膨胀的速度最高可达每秒数千公里,最慢的只有每秒几十公里。根据物质的膨胀速度,并从理论上假设这些物质同时因爆炸由一点向外膨胀,不难推算出超新星爆发所发生的时间和位置。例如,蟹状星云是 1054 年超新星爆发事件的产物,并由中国史书上的记载予以确证。又如天鹅座网状星云可能起源于 2 万年前的一次超新星爆发,古人很可能看到过这一事件。

现代天文学认为,一些存在于星际空间的弥漫星云很可能是恒星或恒星群的诞生地,在这类星云中观测到有刚生成的年轻恒星和内埋星团便充分说明了这一点。因此,各类星云的观测和研究,对于探讨恒星的形成和演化过程具有十分重要的意义。

3.2 洞察恒星奥秘的赫罗图

星等和星等系统

不同发光物体会有不同的亮度和颜色,这些亮度和颜色反映了发光物质有着不同的物理性质,但很少有人会把亮度和颜色联系在一起考虑。只要仔细观察,不难发现黑暗天穹上的恒星(以及其他天体)也有不同的亮度和颜色,而由亮度和颜色就可以分析恒星的物理化学性质。因此,天文学家对恒星亮度和颜色以及它们之间关系的探究远远超出了一般性的观念。

天体亮度的测定是天文观测的一项重要内容。所谓亮度,从定性上说就是指所观测到的天体的明暗程度,而从定量上说它的严格定义是天体发出的光线在通过观测点、且与光线垂直的平面上所形成的照度,或说单位时间、单位面积上接受到的天体辐射能。在天文学中,通常用星等来表示天体的亮度。早在两千多年前,喜帕恰斯以及后来的托勒密,就已把肉眼能看得见的星星分为 6 等,以最亮的 20 颗星定为 1 等星,最暗的为 6 等星,规定星等的数值越大亮度越小。后来,经过约翰·赫歇尔的工作,天文学上明确约定 1 等星和 6 等星的亮度之比为100倍，因而星等相差1等的两个天体，亮度之比约为2.5倍。根据这样的约定，星等的概念还可以推广到比1等星更亮和比6等星更暗的天体。例如，太阳的目视星等为－26.7等，全天最明亮的恒星天狼星的目视星等为－1.6等，用5米口径望远镜和照相底片可拍得的最暗恒星大约为＋23.5等甚至更暗。

天体的亮度(星等)是通过望远镜、并配以各种辐射探测器来测定的，天文学上称为天体测光。测光工作所用的探测器可以是人眼、照相底片、光电接收设备、CCD相机(原理类似于数码相机)等。不同探测器对不同波段的辐射有着不同的响应灵敏度，因此对应不同探测器就有着各种星等并构成星等系统，它们取决于采用何种探测器，以及接收来自天体哪一个波段的辐射。由人眼测定的星等称为目视星等，测量的波段范围为0.38～0.70微米。按照美国哈佛大学天文台的规定，目视星等为1等的天体在地面上的照度约等于8.3×10^{-9}勒克斯。用普通照相底片测得的星等称为照相星等，星等测定的范围为0.36～0.54微米。为了把目视星等和照相星等联系起来，规定目视星等介于5.5到6.5等之间A0型星的平均照相星等和目视星等相等。由对黄光敏感的正色照相底片，配以黄色滤光片所测得的星等称为仿视星等。由于仿视星等与目视星等有大致相同的敏感波段，而测定精度要比凭肉眼得出的目视星等高得多，所以它实际上已经取代了目视星等。最后，利用不同光电探测器所测得的星等可称为光电星等。

1953年，美国天文学家约翰逊(H. L. Johnson)和摩根(W. W. Morgen)提出了一种包括0.30～0.70微米波段范围的光电测光系统，即所谓*UBV*系统。这一系统已成为目前国际通用的标准系统，其中U为紫外星等，B是蓝星等，V是黄星等。这些星等所涉及的平均波长及波段半宽分别为:(0.36,0.04)、(0.44,0.10)和(0.55,0.08)微米。

恒星在不同波段(颜色)有着不同的星等(亮度)，它们从一个方面反映了恒星内在的物理特性，因而在天文学研究中有着非常重要的作用。人们为此做了大量的观测，如早在1978年，就已发表了有5万多颗恒星*UBV*测光数据的星表以为有关的研究工作所用。也正因为如此，后来*UBV*星等系统又进一步拓展到更长的波段，如R、I(红外波段)星等。

量度恒星到达地球的全部辐射的星等称为热星等，它表征了天体在整个电磁波段内的辐射总量。理论上说，如果有一种辐射探测器对所有波长的辐射都一样敏感(如温差电偶)，就可以测得天体的热星等。不过实际上天体的热星等通常不能直接通过观测来加以确定，只能由多波段测光的星等，并结合理论模型来加以推算。

通过测光观测所得到的恒星亮度(星等)并不能反映恒星实际发光本领或辐射强度(即光度)的大小，亮度还同恒星的距离有关——同样光度的恒星，距离越远亮度越小，或者说星等越大。由直接测得的恒星亮度来定义的星等称为视星等。为了比较不同天体的实际发光强度，天文学上引入了绝对星等的概念。所谓绝对星等，是指设想把任何恒星(或其他天体)都放在10秒差距远地方时所测得的视星等。如果以 m 和 M 分别表示一颗恒星的视星等和绝对星等，而 r 是以秒差距为单位的恒星距离，则恒星绝对星等和视星等之间(未考虑星际消光影响)的关系为 $M=m+5-5\lg r$；而 $m-M=5\lg r-5$ 称为距离模数，因为差数 $m-M$ 与恒星距离 r 直接有关。

对应不同的星等(颜色)系统，就有不同的视星等和绝对星等系统，如视目视星等，绝对目视星等，绝对照相星等。太阳的视目视星等为－26.7等，相应的绝对星等为＋4.8等。

不仅是单颗恒星，对于像星团(以及星系)那样的天体系统来说，同样可以用星等来表述它的总亮度，称为星团的累积星等，也就是把星团中全部成员星的亮度累计起来，然后再折算成相应的星等，而各别成员星的星等是不能直接累计的。与单颗恒星的情况一样，星团可以有各种颜色(波段)的累积星等，以及还有累积视星等和累积绝对星等，后者所对应的便是星团的总光度。

恒星按光谱和光度分类

取得天体的光谱是天文观测的另一项重要内容。就恒星而言，它们的光谱一般表现为在连续谱背景上分布着一些离散的吸收线，少数恒星还会有发射线。对不同的恒星来说，它们的光谱在连续谱的能量分布、谱线的数目和强度以及主要谱线所对应的化学元素等方面表现出有很大的差异。决定恒星光谱形态的因素是多方面的，如恒星大气物质的物理性质、化学成分和运动状态，以及星光在到达观测者途中的吸收等。光谱中一般都有吸收线存在，这表明恒星大气的外层温度较低，对温度较高内层部分的辐射产生选择吸收。光谱中的发射线一般是由离恒星本体比较远的稀薄气体(称为星周气体)产生的，不过星周气体的延伸范围不大，通常无法同恒星本体区分开来，所以观测到的光谱实际上已是恒星本体光谱和星周气体光谱的某种混合。

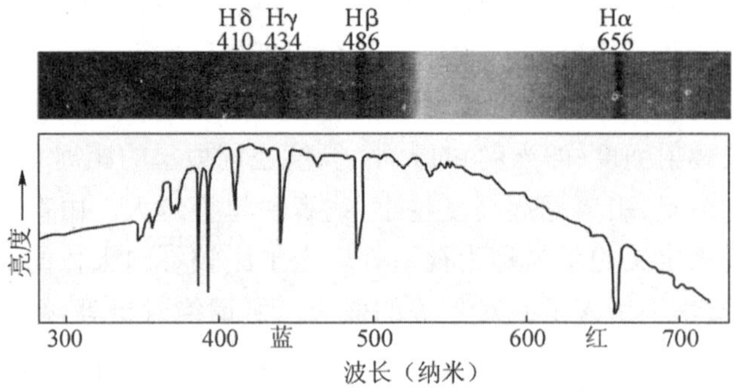

图 3.10　恒星的光谱

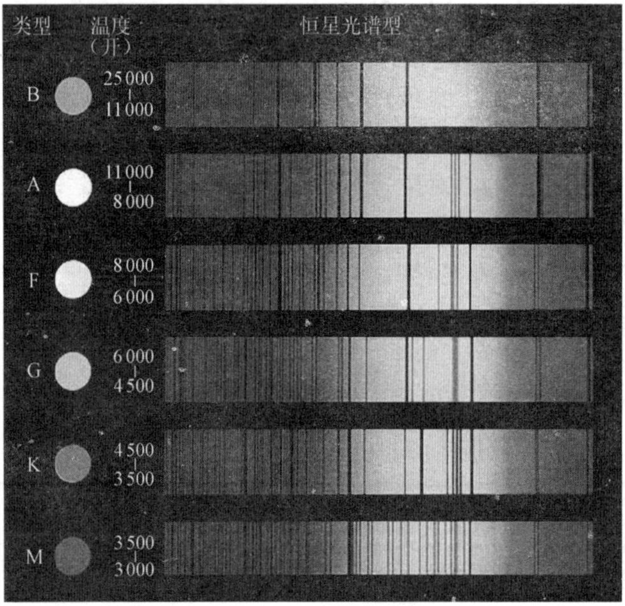

图 3.11　不同光谱型(B—M 型)恒星的光谱

恒星光谱虽然形态各异，然而天文学家早就发现它们可以按一些判据分为若干种光谱型，而同一类型恒星的光谱则相差很少。目前通常采用的是经过一些修正和补充的哈佛分类法。美国哈佛大学天文台于 19 世纪末提出的光谱分类系统，主要判据是光谱中谱线的相对强度和形状，同时也考虑到连续谱的能量分布。在哈佛光谱系统，恒星的光谱型用不同拉丁字母表示，并组成如下主序列：

O—B—A—F—G—K—M

在上述序列中，自左至右各类光谱型之间是逐渐过渡的。每一光谱型又分为 10 个次型，用拉丁字母后的阿拉伯数字0～9 来表示，如 O5、B8、G2 等。不过，并非每一光谱型都有全部 10 个次型，因为次型由谱线相对强度所确定，而有些次型是缺项的。哈佛分类序列是一个连续的序列，它实际上反映了一个最重要的物理性质，即恒星表面平均温度的变化。最热的 O 型星的温度高达 40 000 开，最冷的 M 型星则只有 3 000 开。在这一系统中，太阳属 G2 型星。此外，另有 S 和 R、N 型恒星，构成主序列的两个分支，它们可能反映了恒星物质在化学组成上的差别。

根据恒星的光谱型可以直接得出恒星的一些基本物理特征，而无需知道恒星光谱的具体形态。如 B 型星为蓝白色，氢线强，中性氦线明显，无电离氦线，但有电离碳、氮、氧和二次电离硅线，表面温度为 11 000～30 000 开；F 型为黄白色星，氢线强，但比 A 型星弱，电离钙线明显增强且变宽，同时出现许多金属元素谱线，表面温度为 6 000～7 200 开。

从现有的观测资料来看，99%的恒星属于 B、A、F、G、K、M 型，而 O、R、N、S 型的恒星非常少。历史上曾误认为恒星是从 O 型星逐步演化为 M 型星，因而把 O、B、A 型恒星称为早型星，K、M 型称为晚型星，而 F、G 型称为中型星（这一名称用得很少），这种不正确的术语一直沿用至今。另外，还有少数恒星的光谱不能归入上述哈佛序列，称为特殊型恒星。

哈佛系统是以恒星表面温度为主要判据的一元分类法。实测和研究表明，同样颜色（温度）的恒星在光度上可以相差很大，而同样光度恒星的颜色也会有很大的差异，这说明只用温度还不能充分反映恒星的物理性质。为此，1940 年代美国天文学家摩根和基南（P. C. Keenar）提出了以温度和光度为判据的二元分类法，称为 MK 系统，其中温度（光谱型）沿用哈佛系统的字母符号，而把恒星按光度分为 7 级，用罗马数字表示。这 7 级是Ⅰ—超巨星，Ⅱ—亮巨星，Ⅲ—巨星，Ⅳ—亚巨星，Ⅴ—主序星（矮星），Ⅵ—亚矮星，Ⅶ—白矮星。超巨星又可细分为：Ⅰa—最亮的超巨星，Ⅰab—亮超巨星，Ⅰb—亮度较低的超巨星。在摩根—基南（MK）系统中，太阳的光谱型为 G2Ⅴ。

恒星的光谱分析在天体物理学中占有最重要的地位，光谱观测资料可以用来确定恒星的温度、大小、质量、密度、视向速度、自转、脉动、距离以及化学组成等。实际上，迄今为止关于恒星物理化学性质的认识，绝大部分都来自对恒星光谱的分析。光谱分类实质上是对恒星物

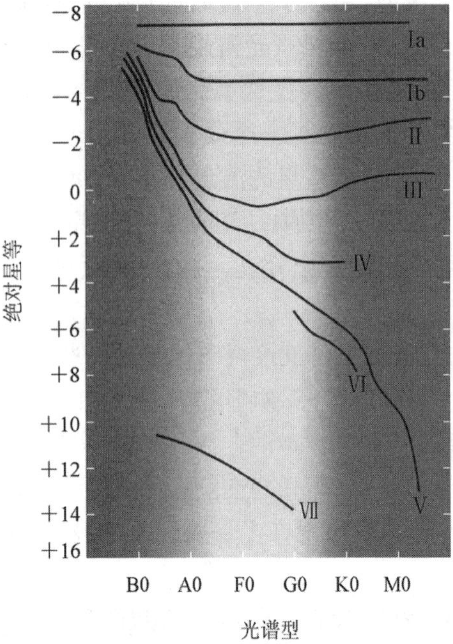

图 3.12　不同光度级恒星在 HR 图上的位置

理特性的估计,如果一颗星的光谱能纳入光谱型序列,那么马上可以推知它的一般物理特性而不必对它的光谱作详细的测量。

天体颜色的数字化表述

在日常生活中,总是用诸如红、黄、蓝等来描述物体的颜色,如血液是红色的,大海是蓝色的,如更进一步细化还可以有深红、淡黄、浅蓝等。通常说,太阳光中含有红橙黄绿青蓝紫 7 色,但实际上用三棱镜能把太阳光分解为 7 色只是一种很粗略的描述,不同颜色之间是连续过渡变化的,期间并没有明确存在的分界线。那么,有没有办法对不同的颜色用不同的数字来做定量化的细致表述呢?回答是肯定的,这就是天文学上常用的“色指数”。

所谓色指数,是指同一天体在任意两个波段内的星等之差,并规定以短波段星等减去长波段星等来计算天体的色指数,色指数的单位就是星等的单位。不同恒星可能表现出有很不相同的颜色,这是因恒星在不同波段有着不同的辐射强度而引起的,如长波段(光谱的红端)辐射较强的恒星呈现红色,短波段(光谱的蓝端)辐射较强的恒星呈现蓝色。因此,天体的颜色就同色指数密切相关。当色指数 $B-V$ 是一个较大的正值时,说明蓝波段光度与目视光度相比显得比较弱,恒星呈红色,如恒星猎户 α 的 $B-V=+1.84$。相反,蓝星的 $B-V$ 为负值,如仙王 β 的 $B-V=-0.22$。

最常用的色指数是照相星等 m_p 与目视星等 m_v 之差 m_p-m_v。在 UBV 三色测光系统中可得出两个色指数 $U-B$ 和 $B-V$。对专业天文工作来说,为了天体物理研究的需要,还会用到其他一些形式的色指数,如 $V-R$ 等。

不同光谱型的恒星有不同的颜色,以及相应的不同表面温度。因此,恒星色指数的数值不仅是恒星颜色的定量表述,而且也决定了恒星表面温度的大小。例如,$B-V=-0.2$ 的恒星,表面温度可高达 18 800开,而当 $B-V=1.4$ 时,恒星的表面温度仅为 3 480 开。太阳是一颗橙黄色恒星,它的 $B-V$ 色指数为 0.65,表面温度约为 5 780 开。

由于星际空间消光物质的存在,恒星星光通过星际空间时会因选择性散射效应而产生星际红化。红化使地球上观测到的恒星的颜色,比没有星际介质存在时同一颗恒星的实际颜色偏红。不仅如此,恒星的距离越远,星光到达地球所经历的路程越长,所穿过的星际介质越多,星际红化效应越严重。另一方面,星际介质在银道面附近密度最高,并随银面距的增大密度渐而稀少,因此位于银道面附近的恒星,所受到的红化效应最为严重。在许多天文研究工作中,必须仔细考虑远方天体、特别是银道面附近天体的红化效应。

利用色指数,恒星受星际红化影响的程度同样可以用数字来表述,这是因为红化使恒星的颜色发生变化,也就意味着使恒星的色指数发生改变。一颗恒星所固有的色指数称为恒星的内禀色指数,而地球上所观测到的、受星际红化影响的色指数称为恒星的观测色指数,两者之差便是这颗恒星的星际红化的数字表述。利用星际红化,可以推知恒星的消光量,并对观测到的恒星视星等加以改正。这一点对于测定天体的光度距离非常重要,因为在计算任何天体的光度距离时,对所用到的天体视星等必须进行星际消光改正。

既然实测得出的恒星色指数总是会受到星际红化的影响,又如何得知恒星的内禀色指数呢?一种办法是通过观测近距离的恒星,特别是那些远离银道面的近距离星,这类恒星的视星等受星际消光的影响很小,因而它们的色指数受星际红化的影响也很小,在观测精度的范围内甚至可以忽略不计,它们的观测色指数也就是内禀色指数了,而由此得到的结果便可以用作同样光谱次型的远距离恒星的内禀色指数。

从一幅图悟出恒星的奥秘

千万不要认为只有烦琐的数字和复杂的公式，才是科学家们开展研究工作的基础和工具，有时候一幅经过精心考虑后制作的图，同样会启发科学家做出极为重要的发现，天文学中的赫罗图便可算是一个最典型的例子。

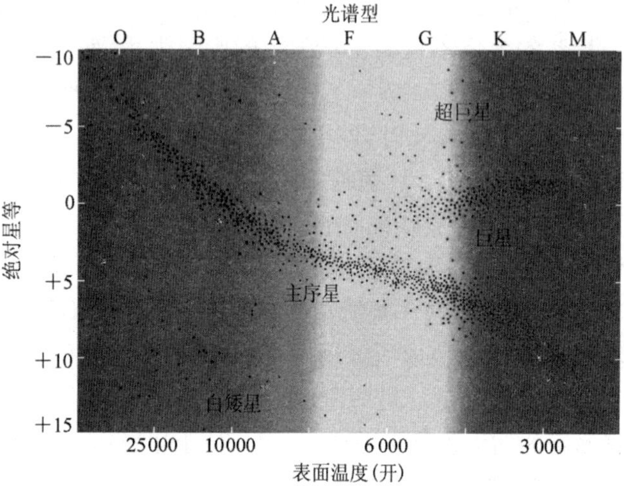

图 3.13　恒星的 HR 图

以恒星的光谱型为横坐标，光度为纵坐标所绘制的图称为光谱—光度图，它是由丹麦天文学家赫茨普龙(E. Hertzsprung)和美国天文学家罗素(H. N. Russell)在 20 世纪初各自独立创制的，所以又称为赫罗图或 HR 图。由于光谱型与恒星表面温度和色指数(颜色)相关，因此赫罗图也可以用恒星的表面温度或色指数作为横坐标，而纵坐标又可以不用光度而改用表征恒星光度大小的绝对星等。

从 1905 年起，赫茨普龙开始对大量的恒星按哈佛光谱序列进行分类，期间他发现在恒星的光谱和光度之间似乎存在某种微妙的关系。赫茨普龙注意到，温度最高的 O 型星的光度总是非常大，但对于温度很低的 M 型红色恒星来说，情况却完全不是这样简单。M 型星的光度表现为明显的两极分化——有的 M 型星光度极大，而有的则光度极小。于是，他尝试以光谱型为横坐标，以光度为纵坐标，把所有的恒星都标在同一幅图上，来考察恒星光谱和光度之间的关系。

但是，在赫茨普龙所考虑的样本中，有许多恒星并不知道它们的距离，因而无法得出它们的光度或绝对星等，也就不可能描绘这些恒星的光谱一光度图。为此，他很聪明地想到利用星团中的恒星。由于星团的尺度（一般只有几秒差距或更大些）与星团到地球的距离（通常超过几百秒差距）相比是很小的，于是可以合理地认为星团内的全部成员星到地球有着大致相同的距离，因而它们在亮度上的差异就相应于光度上的差异——尽管不知道恒星实际光度的大小。1911 年，赫茨普龙以与光谱型对应的温度（颜色）为横坐标、以亮度为纵坐标，把星团成员星标在一幅图上，这样的图还不是严格意义上的光谱一光度图，称为颜色一星等图（CM 图）。

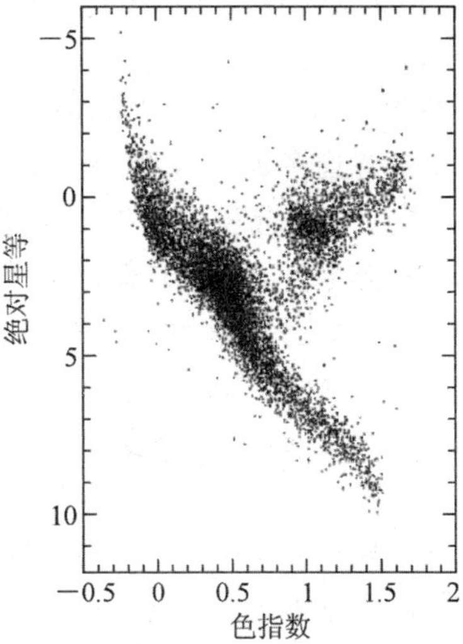

图 3.14 11125 颗恒星的 HR 图

罗素在 1913 年所做的工作与赫茨普龙略有不同，他作图时所利用的是已知距离、因而也就知道绝对星等（光度）的全部恒星，从而得到了真正意义上的光谱一光度图。

在赫茨普龙和罗素的光谱一光度图（或 CM 图）上，绝大多数恒星都位于图中从左上角到右下角的对角线区域内，这个区域称为主星序或主序（又称矮星序）。沿着主序，恒星的表面温度随着光度的减小而降低。光度范围约为 20 个星等，或者说光度约相差 1 亿倍，而温度则从 30 000 开以上降到 3 000 开左右。光度大的是 O、B 型星，一直延续到低光度的 M 型星。

赫罗图反映了不同恒星的光度和表面温度之间所存在的关系。正因为如此，图中恒星的分布是不均匀的。恒星的物理性质归根结底决定于恒星的质量和化学成分，而化学成分的不同可以是原始化学成分的不同，也可以是恒星处在不同的演化阶段，因而赫罗图中恒星的分布的状况就可以用来研究恒星的形成和演化。

从总体上看，恒星在赫罗图中的分布表现为若干个序列。除了最密集的主序外，另一个比较密集的序列接近图的右上角，大致呈水平走向，其中的恒星都是一些巨星，所以称为巨星序。此外，还有不少星分散在图中巨星序的上部，称为超巨星序，因为这类恒星数相对较少，它的范围就不太确定，这一点与主序和巨星序不同。在主序下面与主序大致平行的是亚矮星序，其中恒星的绝对星等比同光谱型的主序星平均约低 2.5 等。图的底部有一个特殊的分支，称为白矮星序，其中恒星的光谱多属于 A 型，光度很小，绝对星等的范围为＋10 到 15 等。

为什么在赫罗图中有的位置(如主序)上恒星密度很高，而在另外一些地方恒星的密度较低，甚至非常稀疏？恒星的组成成分是有差异的，而且它们的年龄也各不相同。因此，目前所观测到的恒星赫罗图，是不同质量、不同化学成分恒星经历了不同演化时间后的现有状态。恒星在演化过程中，光度和颜色都会发生变化，在赫罗图中便表现为恒星在图上的位置会随着演化的进展而移动，处于不同演化阶段的恒星便出现在赫罗图中的不同位置上。演化过程比较慢的阶段，恒星在赫罗图上位置的变动就小；反之，在快速演化期间，恒星在赫罗图上位置的移动就很快。因此，赫罗图上恒星大量密集的地方，必然对应着恒星演化得很慢的阶段，也就是恒星物理化学状态相当稳定的阶段。例如，在主序上密集了大量的恒星，说明恒星一生中的大部分时间应该处于主序阶段。因此，由实测得到的赫罗图为恒星演化理论提供了极好的观测约束，任何恒星演化理论必须能合理解释恒星在赫罗图上的分布。可以毫不夸张地说，赫罗图对天文学的重大作用，相当于元素周期表的发现对推进化学研究的贡献。

由于恒星距离、视星等以及光谱型(色指数)的确定都是有误差的，这给恒星在赫罗图上的位置带来了颇大的不确定性。恒星在赫罗图上的位置要受到化学成分及演化年龄的影响，在这一方面，星团的赫罗图有着它特有的重要性。同一星团内的恒星可以认为有着相同的化学成分和年龄，而且星团成员星的距离基本相同，这样，星团距离的不确定性只会导致绝对星等零点的不确定，使整个图上下移动，而不会影响图中星点的相对位置以及主序的形状，这一特点使得星团赫罗图在天体物理研究中有着特别重要的地位。例如，除了用于研究星团和星团内恒星的演化规律外，还可以利用星团赫罗图确定星团的距离和年龄等重要参数。

3.3 恒星如何走完它的一生

变星的真相

天空中恒星的光度并不总是恒定不变的，有些恒星的光度会随时间而发生变化，这就是变星，其观测效应是恒星的亮度会发生变化。变星的光变特性，包括亮度变化的幅度和规律性，可以有很大的差异。

按恒星光度变化的规律性，可以把变星分为规则变星(即周期变星)、半规则变星和不规则变星 3 类。顾名思义，规则变星就是亮度变化很有规律的恒星，这类变星的亮度由最高降到最低，然后再回复到最高所经历的时间——光变周期非常明确，而且在每个光变周期内恒星亮度变化的规律性相当稳定。有的变星光变周期可长达几百天、甚至 1 千天以上，又称为长周期变星。亮度变化很不规则，光变周期极不明显的变星称为不规则变星。介于上述两类变星之间，半规则变星表现出有某种光变周期，但它们光变周期的长度以及亮度变化的情况很不规则。

根据产生光变的原因，又可以把变星分为脉动变星、爆发变星和几何变星 3 大类。

因恒星本体不断地在作周期性的膨胀、收缩，其形式犹如脉搏的跳动——脉动，从而使恒星的亮度以及颜色和光谱型发生周期性的变化：膨胀时恒星亮度变大，收缩时亮度变小；这类变星称为脉动变星，典型的如造父变星。脉动变星的光变周期短至 1 小时以下，长可达几百天甚至 10 年以上；光变幅度大的到 10 个星等，小的只有千分之几星等。

这类变星的脉动特性可以通过对恒星视向速度的监测来确认。观测到的脉动变星的视向速度包含了两种成分，即恒星本体在观测者视线方向上的运动速度，以及因变星脉动而引起的观测视向速度的变化，后者叠加在前者之上。当恒星处于膨胀阶段时，恒星表面朝着观测者运动，视向速度减小；相反，当恒星处于收缩阶段时，恒星表面远离观测者运动，视向速度增大。脉动变星观测视向速度的变化周期，也就是它的光变周期。

爆发变星是恒星亮度在短时间内突然剧烈增强的一类变星的统称，其中又包括了超新星(灾变变星)、新星(激变变星)和耀星等。爆发变星中光变幅度最剧烈的是超新星，亮度在短时间内可增亮 17 个星等以上(亮度增大几千万至上亿倍)，以至一颗原本很不起眼、甚至肉眼看不见的暗星，在几天时间内突然增亮为一颗耀眼的亮星，最大亮度有的甚至超过金星，成为天空中最明亮的星星，甚至在大白天用肉眼都可以看到，如 1054 年观测到的蟹状星云超新星。在大的星系中，平均每 250～300 年有可能出现一颗超新星。银河系内最近一次观测到超新星是在1604年，位于蛇夫座，开普勒对它进行了长达17个月的观测，故又称为开普勒超新星。随着超新星巡天工作的有效开展，在许多河外星系中不断发现有超新星爆发。

新星爆发时，恒星的亮度可以在几天时间内增亮9个星等以上，然后在几个月到几年内回复到爆发前的状态，不过期间恒星的亮度会出现少量的起伏。新星的平均光变幅度约为11个星等，即亮度可增大几万倍。新星出现的机会比超新星多得多，在某些旋涡星系中最为频发，如银河系内每年可以观测到约50个新星。在许多不太远的河外星系中也观测到了新星爆发，有的星系平均每2年才能观测到1颗。有些新星会在首次爆发后，经过几年或几十年时间再次、甚至多次爆发，这就是再发新星，其中以第一次爆发时的光变幅度最大。

耀星是另一类爆发变星，它们的亮度在平时基本上保持不变，但会无规则地在几分钟、甚至几秒钟内突然增亮，称为耀亮或耀变，经过十几分钟后又逐渐回复到原有状态。耀星的光变幅度一般为1个星等以下到几个星等，个别的会增亮10个星等以上。由于耀星的光变幅度一般远低于新星，距离一远就不容易观测到了。太阳附近耀星的活动性质与太阳耀斑相类似，而在一些星团内已发现数以百计的耀星，可见这类变星的存在是一种较为普遍的现象。

脉动变星和爆发变星的亮度变化，是由恒星自身物理性质发生变化而引起的，因而又合称为物理变星，或内禀变星。另一类与之不同的

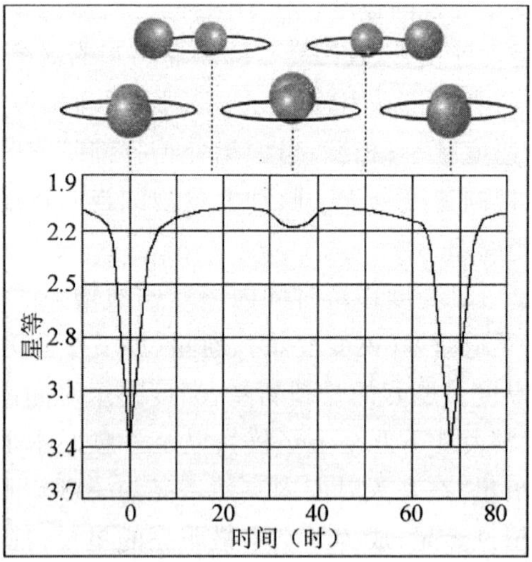

图3.15 食双星大陵五（英仙β）两子星运动的示意图及其光变曲线

变星是几何变星,它们的观测亮度的变化并非起因于恒星物理性质变化所引起的光度的变化,而是由于某种几何上的观测效应造成的。例如,当双星两颗子星的运动轨道与观测者视线方向位于(或者接近)同一平面时,两颗子星在互绕运动过程中便会出现相互交食的现象,结果使双星的总亮度发生规律性的变化,这就是食变星,也称食双星。这类变星的光度变化非常有规则,由于子星间的交食,光变曲线通常会出现 2 次下降,其中大的子星掩去小的子星时恒星总光度显著减小,是为光变曲线上的主极小,而当小的子星遮着大子星的一部分时恒星总光度的减小较不明显,表现为光变曲线上的次极小。

除了食变星外,因恒星光度非各向同性的单星自转引起观测亮度会发生变化的一类变星,以及椭球双星等,也不属于内禀变星。

质量决定恒星的一生

恒星是怎样形成的?它们又如何度过其一生?这是天文学家需要解决的最基本问题之一。早在 17 世纪后期,牛顿从他的万有引力定律出发,曾猜测恒星是由弥漫物质在内部引力作用下收缩而形成的,但是他并没有对此作进一步的探讨。在 18 世纪,康德和拉普拉斯分别就星云收缩形成恒星的思想作了较为系统的阐述,前者倾向于哲学上的思辨,而后者则做了经典力学的简单推理。

到了 19 世纪,尽管在恒星形成理论方面没有太大的进展,但天文观测表明,星际空间中存在大量弥漫星云。不过,当时还没有观测到恒星在星云中形成的直接证据。在 20 世纪,人们进一步发现弥漫星云中常有一些温度很高、光度很大的非常年轻的恒星,而且它们往往成团出现。根据这些恒星的年龄,可以判断它们不可能来自其他地方,只能在这些星云中产生,这类星云显然就是恒星的诞生地。

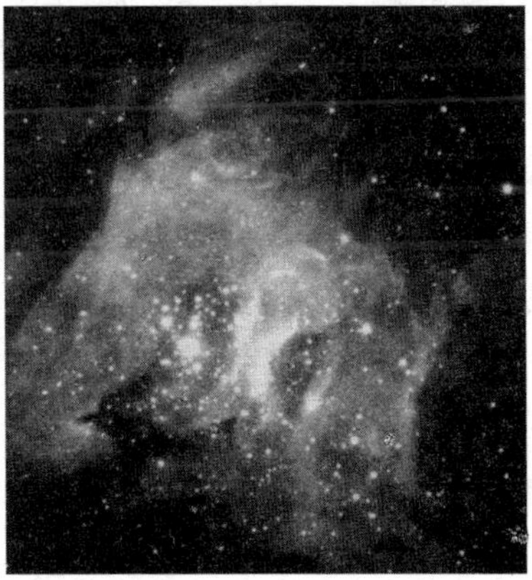

图 3.16 位于船底座的恒星形成区

1901 年,英国天文学家金斯的理论研究表明,气体星云要能收缩形成恒星,在大小、质量、密度、温度等方面必须满足一定的条件,其中质量的下限称为金斯质量。只有当气体云的质量达到或超过金斯质量时,引力才能阻止气体本身的热扩散运动,使气体云收缩,这就是金斯判据。一旦满足金斯判据,密度小、体积大、温度低的星云,就会经过收缩生成密度大、体积小、温度高的恒星,密度增大 10^{16} 倍,体积缩小到百万分之一,温度至少提高 7 万倍。1969 年,美国天文学家拉森(R. B. Larson)率先计算了 1 个太阳质量气体云收缩形成恒星的过程。这一过程经历了两个行为很不相同的阶段:星云坍缩为原恒星,以及原恒星进一步收缩为恒星。

第一阶段是物质自由下落的快收缩阶段,期间引力起支配作用。对于形成一颗太阳质量恒星的星云来说,这一阶段需要经历约 100 万年时间。最初,气体热运动形成的向外压力远远抵挡不住向内作用的引力,物质会很快地朝星云中心坍缩、聚集,中心密度迅速增高。由于外部物质的密度极低,因引力能转化为动能而产生的热辐射可以近乎畅通无阻地向外逸出,而内部温度很少有提高。当中心密度增大到 10^{-13} 克/厘米^3 时,这一区域就逐渐变得不透明了,内部的热量越来越不容易逸散,于是温度便明显上升。当核区温度上升到 2 000 开时,氢分子开始分解成氢原子,并吸收大量的热量,同时促使中心区域坍缩为一个体积更小、密度更大的新的内核——原恒星。

快坍缩阶段结束之际,原恒星便开始下一阶段的缓慢收缩过程。当全部分子态氢都离解完后,收缩使原恒星温度持续、稳定上升,而物质所受到的向内引力与向外的辐射压力近乎相等。因收缩增加的热量一部分辐射到原恒星外部,一部分使内部物质的温度上升。当核区温度升高到 700 万开或更高时,核区开始出现氢聚变为氦的热核反应,而由此产生的热量足以与向外辐射所逸出的热量相当,慢收缩过程结束,原恒星演变为一颗真正的恒星——主序星。

从原恒星云开始坍缩到生成主序星,期间所经历的时间与恒星的质量有关。根据美国天文学家艾本(I. Iben)的理论计算,如设太阳质量为 $M_{\odot}$,则对于 1 $M_{\odot}$ 恒星这一过程约为 5 千万年(其中从星云演变为原恒星的阶段约为 100 万年),0.5 $M_{\odot}$ 的恒星为 1.5 亿年,3 $M_{\odot}$ 的恒星为 250 万年,而 15 $M_{\odot}$ 的恒星则仅需 6 万年。

氢聚变为氦的热核反应的出现,标志着一颗恒星的诞生,并随之进入它的演化阶段。实际上,这类热核反应仅适用于恒星演化的第一阶段,即主序星阶段,这是恒星一生中经历时间最长的阶段。随着热核反应的进行,恒星核区氢元素的含量逐渐减少,而氦元素的含量不断增加。一旦氦的含量达到恒星总质量的 12%左右时,恒星内部结构会发生明显的变化，主序星阶段便就此结束。恒星主序星阶段的长短同样取决于恒星的质量——尽管质量越大的恒星氢的含量越多，但氢的消耗也越快，因而主序星阶段就越短。大质量蓝白色恒星这一阶段只有几百万到几千万年，如 $5\,M_{\odot}$ 的恒星仅为 5 000 多万年；另一方面，小质量红星的主序阶段则长达几千亿至几万亿年。太阳的主序阶段约为 100 亿年。

恒星在主序星阶段后的演化进程仍然由质量决定，即质量越大演化越快。当核区的氢含量减少到 1%～2%时，演化进程加快，恒星从整体上开始收缩，核区温度进一步升高，从而在氢燃料大为减少的条件下恒星的能量释放率保持基本不变。这一过程到核区氢燃料耗尽为止，而恒星也不再继续收缩。这时，氢的热核反应便在核区周围的一个薄层中进行，称为氢的壳层燃烧。在这一过程中，壳层渐而向外区燃烧开去，内区的氦则愈积愈多，同时星体的外层因受到加热而迅速、急剧膨胀，表面温度则随之下降。这时，从外部看去，恒星变得又红又大，这就是红巨星，总光度比主序星阶段大大地增高。与之同时，鉴于核区尚未出现有氦参与的核反应，也没有能量可以向外辐射以抵御向内的引力，恒星便再行收缩，并促使温度进一步提高。

与主序阶段相比，恒星的红巨星阶段要短得多，而且质量越大这一阶段越短，如太阳的红巨星阶段约为 10 亿年，而 $5\,M_{\odot}$ 的恒星只有 300 万年。在这之后，恒星演化过程就更为复杂了。当核区温度上升到 1 亿开、密度达到 10^5 克/厘米^3 时，核区开始出现氦聚变为碳的新一轮核反应，称为氦燃烧。之后，演化进程越来越复杂：一方面氢燃烧壳层在不断地向外层推进，另一方面核区随着氦燃料的耗尽而再度收缩，并使温度进而提高，同时会出现第二个核反应薄层——氦燃烧壳层，而这个壳层又会像氢燃烧壳层那样向外推进。对于某些大质量恒星来说，核区还可能出现由碳转变为更重元素的下一轮核反应，恒星变得更不稳定。从外部来看，它可能成为一颗脉动变星，而离开脉动阶段之后恒星便进入它的垂暮之年了。

到红巨星阶段后，恒星进入了它一生中的老年阶段，天文学上称为恒星演化的晚期。作为演化过程的最终归宿，因质量的不同，恒星最终可以演化为 3 种不同类型的天体，即白矮星、中子星和黑洞。

质量小于 $0.072\,M_{\odot}$（相当于木星质量的 75 倍）的原恒星，收缩时核区的温度不可能达到点燃氢燃烧所需要的 700 万开，因此不能生成主序星。但是，它们有可能发生由氘或锂聚变为氦的核反应，发生这

图 3.17　猎户四边形聚星天区中发现100多颗低质量星，其中大部分是褐矮星

两种反应所需的温度分别为100万开和300万开，并能生成暗红色的褐矮星。之所以取名为褐矮星，是为了区别于红色的主序星——红矮星，因为主序星又称矮星。如果原星云的质量小于木星质量的13倍，那么在引力坍缩过程中因核区的温度不够高，任何核反应都不会出现，原星云最终生成的将是一些游荡在星际空间中的行星级星体。

由上面的讨论可以充分看出，恒星从形成起到嗣后一生中的各个演化阶段，直至最终的归宿，无论是所经历的时间，还是表现出的物理性质，主要取决于它们的质量。此外，原星云物质的化学组成对恒星演化亦有一定程度的影响。因此，在现代恒星演化研究中，原星云的质量和化学组成是两个必须考虑的因素。

白矮星的观测证实

恒星演化到红巨星阶段的理论工作已经相当完善，具体表现在能对赫罗图上恒星的分布以及不同位置上恒星的各种物理特性做出合理的解释。因此，恒星演化理论的成功之处，被公认为是现代天体物理学的最大成就之一。但是，对于在红巨星阶段之后将会发生一些什么情况，可以说人们还没有完全弄清楚，原因在于这时恒星内部的结构变得相当复杂，而且越变越复杂。在恒星核区内的氦耗尽后，中央是一个不活泼的碳－氧核。核的外围是一圈氦燃烧壳层，壳层外是已经历了氢燃烧、但还没有发生氦燃烧的氦带。氦带的外边是氢燃烧壳层，再往外的最外层仍然是形成恒星时的原始物质。对于大质量恒星来说，情况比这更为复杂。不过，尽管恒星的内部结构和成分已发生了复杂而又巨大的变化，但从外部所能观测到的只是它们在亮度、大小和颜色上的变化，仅此而已。

到红巨星阶段之后，恒星便处于一种不稳定状态，而且越来越不稳定。最终，它会因某种原因发生一次（或数次）极其猛烈的爆炸，把外层物质以很高的速度向外抛出，其结果是使恒星的外部物质与内部相脱离。如果抛射物质后，剩余部分星体的质量小于1.44 $M_{\odot}$，则恒星演化为白矮星。演化过程的具体情况是，红巨星因爆炸而抛出外层物质之时，剩余的恒星物质在引力作用下向内挤压并不断收缩，压力之大使原子中的电子与原子核相脱离，恒星内部成为一片漂浮着原子核的电子“海洋”。随着星体的收缩，这种电子气体的密度不断增高，直至它的压力能阻挡进一步的引力收缩，结果是恒星达到一种新的平衡态，一颗白矮星就生成了。

通常认为，行星状星云就是在中等初始质量（不超过 6 $M_{\odot}$）恒星生成白矮星的过程中，由分离出去的红巨星包层物质向外扩张而形成的。这类星云在生成之初，光度可高达太阳光度的 1 000 倍。但是，随着星云的膨胀，星云物质的密度很快降低，而光度则下降得更为迅速，星云便很快消失在星际空间之中。据估计，行星状星云的平均寿命仅为 3 万年左右。作为比较，恒星从不稳定的中间状态过渡到稳定的白矮星需要几万到几十万年时间。因此，当中心星演化成白矮星之际，与中心星差不多同时形成的行星状星云早已影踪全无了。

白矮星是一种蓝白色的低光度恒星，表面温度很高，直径仅为前身恒星的几十分之一到百分之一，与地球大小差不多，可谓是恒星世界中的“侏儒”，于是被冠名为白矮星。不过，白矮星的质量与太阳相近，所以它们的物质密度非常大，可达 0.1～10 吨/厘米^3，是一种高度致密的天体。对于白矮星来说，内部已不再有热核反应，因而随着余热的逐渐释放，表面温度和光度会不断降低，慢慢地变为红矮星以至黑矮星，那时就更难观测到了。

天狼星（大犬 α）的伴星是历史上最早发现的白矮星。早在 1844 年已经有人注意到，这颗全天最明亮的恒星在天空中的自行运动轨迹，并不像通常所知道那样是一条直线，而是表现出奇怪的波形曲线。1844 年，贝塞尔对此给出了一个合理的解释：天狼星并非单星，而是双星系统，它有一颗质量并不太小的、尚未观测到的暗伴星。天狼星和它的伴星天狼 B 都要绕着双星系统的质心运转，于是从地球上观测到的天狼星的自行轨迹便呈现为波形曲线。1862 年，美国天文学家克拉克（A. G. Clark）无意间用他新制成并尚处于调试阶段的 45 厘米折射望远镜，观测到了这颗 8.44 等的暗伴星。后来知道，天狼 B

图 3.18 天狼星和它的伴星（左下方的小星）

的质量与太阳差不多，约是主星质量的一半，直径为1.2万公里，而密度高达3.8吨/厘米^3，是一颗典型的白矮星。天狼伴星与主星的平均距离约20天文单位，公转周期约为50年，该系统到地球的距离为8.65光年。

目前，在银河系内观测到的白矮星已超过1 000颗。有人从观测资料估计，白矮星的数目应占恒星总数的3%左右，而理论上的推算结果是这一比例约可达10%。不过，因为白矮星光度非常低，距离一远观测就很困难。

图3.19　钱德拉塞卡(1910—1995)

白矮星质量的上限1.44 $M_\odot$，是印度裔美国天体物理学家钱德拉塞卡(S. Chandrasekhar)在研究恒星内部结构时提出的，并得到后人的证实，故称为钱德拉塞卡极限。由于他在包括白矮星稳定性和黑洞等天体物理领域理论研究上的重要贡献，钱德拉塞卡于1983年获得诺贝尔物理学奖。据称，上述极限的证明是1930年7月他在从印度赴英国学习的轮船上推导出来的，当年钱德拉塞卡只是一个20岁的年轻小伙子。

在几万到几十万年这段就天文学尺度来说只是相当短的时间内，演化晚期的恒星——红巨星进而变为白矮星，直径减小为原来的几千分之一，密度增大了100亿倍以上，恒星的结构和物理化学性质发生了巨大的变化，这个过程无疑可算是恒星世界中一场颇具规模的灾变。然而，这类中小质量恒星演化晚期发生的灾变事件的规模，与生成中子星的大质量恒星的超新星爆发相比，只能称之为小巫见之于大巫矣。

天文学史上的首个诺贝尔奖

人们对白矮星的认识是先有观测事实——发现天狼B的密度大得出奇，之后随着原子结构理论和相对论的创立，才对这类恒星的物理特性做出正确的解释。中子星的情况与之恰恰相反：先有理论上的预言，然后才为观测所证实。

1932年，英国物理学家查德威克(J. Chadwick)发现了中子。同年，苏联物理学家朗道(L. D. Lendau)从理论上提出，宇宙中有可能存在基本上由中子组成，因而物质密度极高的恒星，这可算是有关中子星的最早预言。1934 年,德国天文学家巴德和瑞士天文学家兹维基(F. Zwicky)指出,超新星是恒星向中子星演化过程中出现的一种天象,这一过程的最终结果是形成由大批中子密集在一起的中子星,正式提出了关于中子星的假设。1939 年,美国科学家奥本海默(J. R. Oppenheimer)等人通过详细的计算,建立了第一个中子星模型。根据科学家的预言,中子星的直径只有几十公里,可质量却比太阳还要大。这类天体的物质密度远高于白矮星,竟然达到 10 亿吨/厘米^3 之巨!这一数字实在令人匪夷所思:要想搬走区区 1 厘米^3 的中子星物质,必须动用 1 万艘 10 万吨级的超大型巨轮。难怪在之后的几十年时间内鲜见有人对此认真关注,大多数人视之为只是一种异想天开的物理游戏。有人甚至进行了挖苦式的发问:究竟有多少个天使能在中子星上跳舞?如果说 300 多年前有人拒绝使用伽利略的望远镜仅仅是出于无知,或是因为对亚里士多德的盲目崇拜,那么 1930 年代人们对中子星科学预言的普遍性冷淡实在是事出有因,它的性质确实令人无法接受。然而,20 多年后脉冲星的发现,无可辩驳地证实了关于中子星的正确预言。

1967 年,英国剑桥大学开展了一项射电观测计划,以研究太阳风的运动和结构,同时还用于计算射电源的大小。负责该项计划的是天文学家休依什(A. Hewish),助手是他 24 岁的研究生贝尔(J. Bell)小姐。贝尔承担的工作极其枯燥,每天需对长达 30 米的记录纸带作细致的人工分析。在不到 1 个月的时间内,细心的贝尔发现了一个奇怪的闪烁射电源,而且它的闪烁极有规律,相当于每隔 1.337 秒准确地发出一个周期性射电脉冲。1968 年初,休依什和贝尔在对长达 5 000 米记录纸带做了详尽的考虑和分析后断定,这是一种前所未知的新型天体。这类天体的射电辐射沿着它的磁轴(南北磁极的连线)发出,且具有很强的方向性;它的自转速度极高,自转轴与磁轴并不一致。对贝尔所发现的那个射电源来说,自转周期就是 1.337 秒,于是来自射电源的辐射每隔 1.337 秒会扫过地球一次而被观测到。又因为辐射扫过地球的时间十分短暂,其观测效果便表现为接收到一种周期性出现的、很窄的射电脉冲,因而被命名为脉冲星。

图 3.20 休依什(1924—)

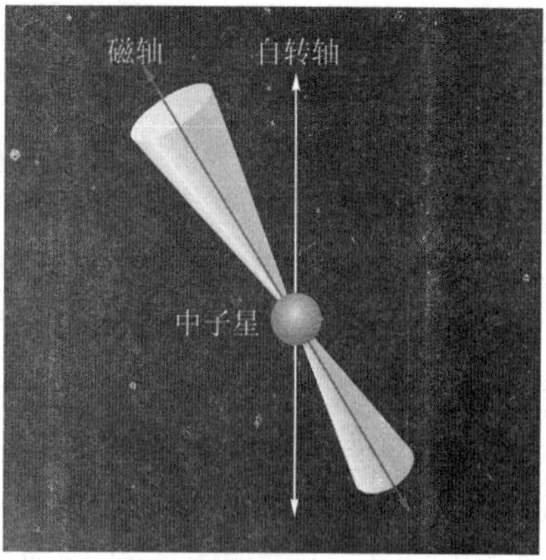

图 3.21　用于解释脉冲星的灯塔模型示意图

脉冲星的自转速度实在太快了，即使是物质密度高达 10 吨/厘米^3 的白矮星，如果以这样的速度自转，在强大的离心力作用下也会很快“粉身碎骨”。不久，脉冲星的真相便大白于天下，它们就是 30 多年前苏联和美国一些科学家所预言的有强磁场的中子星。鉴于这一重大发现，1974 年瑞典皇家科学院破天荒地第一次把诺贝尔物理学奖授予了天文学家休依什。遗憾的是，为之付出辛勤劳动的贝尔女士却没能分享这一荣誉。不过，人们并没有忘记她的贡献。在名为《脉冲星》一书的扉页上明确记载了她的功绩：“献给乔丝琳·贝尔。没有她的聪明和百折不挠的工作，我们便分享不到研究脉冲星的幸运。”

那么，中子星又是怎样形成的呢？这个问题涉及到大质量恒星的晚期演化。

大质量恒星核区的氢燃烧进行得很快，只能维持几千万年甚至更短的时间，然后核区便进入氦燃烧阶段。尽管这时星体的内部结构与中小质量恒星的红巨星阶段相类似，但体积比巨星更大，成为一颗超巨星，而物质损失比主序阶段更为严重，甚至内部的核心区会逐渐裸露出来。

大质量恒星到演化晚期并不像小质量恒星那样，结束于核区出现氦聚变为碳的核反应(即氦燃烧)，而是可以继续通过一次又一次的进一步收缩和升温过程，达到非常高的温度，在很短的时间内，依次发生碳燃烧、氖燃烧、氧燃烧、硅燃烧等核反应，最后终止于生成铁，核能也就消耗殆尽。后面这些过程进行得非常迅速，产生的总能量远不及氦燃烧，更不能与氢燃烧相比。

在核能耗尽之后，如果剩余部分星体的质量大于 1.44 $M_\odot$，但不超过 2 $M_\odot$ 至 3 $M_\odot$ 时，演化的最后结局便是诞生一颗中子星。这一过程的具体情况是，铁元素生成后进一步的核反应不但不放出热量，反而要吸收热量，结果是恒星核区迅速冷却。于是，维持与引力相抗衡的压力几乎消失，核区物质向内快速坍缩。这种引力坍缩所产生的向内作用力极大，连电子气体的压力也不足以阻止物质的继续坍缩，结果是向内的引力能把电子"压入"原子核,并与质子相结合而生成中子。中子不带电荷,它们可以摆脱核的束缚而形成简并中子气体。随着坍缩的进行,中子气体的压力因密度的增高而增大,并最终增大到能阻止引力坍缩的继续进行,从而达到一种新的平衡态。这时,除了外壳部分,恒星核区的物质主要是大量密集在一起的中子,电子和质子仅占 1%～2%,故而称为中子星。

中子星形成后,恒星核区已不可能进一步压缩,然而外部的物质还在继续快速下落,于是会发生反弹,由蓄积起来的引力势能转化而来的大量能量被释放出来,星体的外层物质被快速、急剧地向外抛出,其观测现象便是一次超新星爆发。超新星爆发是了却大质量恒星一生的灾变事件,这场灾变使恒星结构发生根本性的变化,甚至可以化为一片"灰烬",剩下的只是它的"骸骨"——超新星遗迹,以及位于遗迹中心的中子星。著名的蟹状星云便是公元 1054 年 7 月一颗超新星爆发后的遗迹,中国史书《宋会要》对此有详细的记录,在长达 23 天的时间内它如金星一般亮,白天都能看到。1982 年观测到了由这次超新星爆发所生成的中子星,脉冲周期仅为 0.033 秒。目前,蟹状星云中的气体正在以 1500 公里/秒的速度在继续向外膨胀。

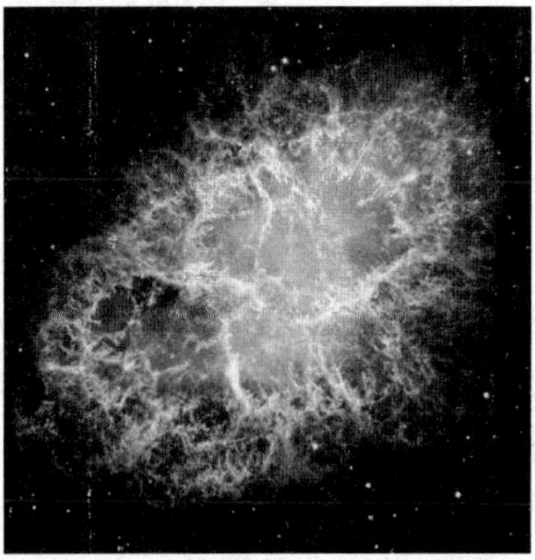

图 3.22　公元 1054 年超新星爆发后形成的遗迹——蟹状星云

超新星爆发所释放的能量极其巨大。一颗直径 30 公里小天体撞击地球能释放出 4×10^{25} 焦的能量,威力相当于 3 600 万亿吨 TNT 炸药,其影响远远超过尤卡坦事件。太阳每秒钟释放出 3.7×10^{26} 焦能量,如设想在太阳表面覆盖上一层厚 12 米的冰壳,那么这层冰壳在 1 分钟内便会被太阳的热量气化殆尽。一次新星爆发释放的能量约为 $10^{38}\sim10^{39}$ 焦,相当于太阳在 1 万年内所释放的总能量。超新星爆发时所释放的能量比这还高出 100 万倍,两倍于太阳在迄今 50 亿年寿命中释放能量的总和,由此足见这类恒星世界最剧烈灾变事件的威力之巨大!

吞食一切的黑洞

中子星的质量有一个上限,即 $2M_\odot$ 至 $3M_\odot$,称为奥本海默极限。

如果外层物质抛出后，星体的质量超过这个上限，中子气体的压力便不足以阻止引力坍缩的继续进行，这就是说坍缩过程不会以中子星这种平衡态而结束，它会继续坍缩下去。在这个过程中，星体变得越来越小，而物质密度越来越高，最终会达到这样一种临界点：引力之大使包括光子在内的一切粒子都不能向外逸出，而外部世界便观测不到它，于是成为一个黑洞。黑洞可谓是一种无底洞，它只进不出，"贪婪无比"，其引力之强足以吞噬进入其"势力范围"内的一切物质和辐射。黑洞的边界就是外部世界观测者视线所不能及的范围，也称视界，而视界的半径则称为引力半径。1 $M_{\odot}$ 物体的引力半径只有 2.9 公里，这样的黑洞密度为 200 亿吨/厘米^3，高达中子星密度的 20 倍！

1783 年，英国人米歇尔(J. Michell)第一个提出可以存在质量足够大、密度足够高的恒星，其引力之大能使光线都不能逃逸掉。嗣后不久，拉普拉斯也根据牛顿引力理论和光的微粒说，预言在宇宙中可能存在黑洞。他的基本出发点是认为一旦天体的引力足够大，以至天体表面的逃逸速度大于光速，那么天体所发出的光子就会被天体引力拽回来，而外界便无法观测到这个天体。这就是最初关于黑洞的概念，不过当时称之为"暗星"。拉普拉斯甚至具体地指出，"一个密度类似地球、而直径为太阳 250 倍的发光恒星，在其引力的作用下，将不容许它的任何光线到达我们这儿"。在 1796 年出版的《天体力学》一书中，拉普拉斯导出了这种暗星的质量 m 与其半径 r 之间的关系为 $r=2Gm/c^2$，这里 G 是万有引力常数，c 为光速。不过，后来由于在 1801 年光的波动说得以证实，拉普拉斯对他自己的"暗星"之说产生了怀疑。1939 年，奥本海默等人根据广义相对论再次证明，黑洞可以在一定条件下存在。有趣的是，奥本海默得出的黑洞存在的条件，居然与拉普拉斯从经典物理学导出的结果相一致。

1967 年中子星的发现表明，钱德拉塞卡和奥本海默等人关于恒星坍缩的理论是正确的，于是"暗星"很快成为天体物理学家的研究热点。同年，美国物理学家惠勒(J. Wheeler)给这种"暗星"取名为黑洞，这一名称随即被广泛认同并沿用至今。实际上，黑洞并不是黑色的，更不是一个什么空洞，它们是一类实在的天体。通俗地说可以这样给黑洞下定义：这是一类具有封闭视界的天体，外来的物质和辐射能进入它们的视界以内，但视界内的任何物质和辐射都不可能逸出到外部世界。上述禀性使黑洞得到一个不大好听的雅号：太空中最自私的怪物。

从结构上看，球形的视界可算作是黑洞的“表面”，但它并不是黑洞的实体表面，而是一个时空区域的边界。视界犹如单向膜，它把外界与黑洞内部隔离开来，任何辐射都被囚禁在视界内，没有信号能够越出视界到达外部世界，因而外界的观测者永远无法得知黑洞里面在发生些什么，所能观测到的只有黑洞的质量、电荷和角动量。黑洞物质全部集中在位于黑洞中心的所谓奇点处，而奇点与视界之间则是完全空无一物的真空区。奇点的尺度为无限小，可比喻为数学上的“点”，其物质密度为无限大，而一般的物理学定律在奇点处是无效的，这有点类似于分母为零的分数在数学上无法处理的情况。

至少到目前为止黑洞是看不见的，或者说无法直接观测到，但这并不等于说没有办法探测到它们的存在。在银河系中，至少约有三分之一的恒星以双星的形式出现。如果在双星的两颗子星中，一颗是普通恒星，另一颗是看不到的“暗星”，那么在一定条件下通过对可以直接观测到的那颗恒星的观测，便能探测到另一颗不可见伴星的存在，并计算出伴星的质量。要是伴星的质量超过中子星的上限，那么这个伴星很可能就是一个黑洞。不过，通常人们对此采用了一种更为谨慎的说法——黑洞候选天体。

在密近双星系统中，如果两颗子星中有一颗是普通恒星，而另一颗是黑洞，那么自恒星发出的、由质子和电子流构成的恒星风在经过黑洞附近时，会被黑洞的强引力场所俘获而进入绕黑洞旋转的运动轨道。长此以往在黑洞的周围便会形成一个气体盘，因为这个盘是由引力吸引而积累起来的，故称为吸积盘。吸积盘中的气体越是靠近黑洞转得越快，于是不同部分气体便会相互发生摩擦，结果使气体以盘旋的方式向黑洞内落，并被黑洞所“吞食”。在这一过程中气体会因摩擦而升温，温度最终可高达200万开甚至更高，于是就会发出X射线。一旦探测到密近双星会发出X射线，而不可见伴星的质量又明显超过中子星质量的上限，那么它就可能是黑洞了，而这样的双星又称为X射线双星。著名的黑洞候选天体——X射线源天鹅X－1，就是通过这条途径来判定的，而它的伴侣是一颗不难观测到的蓝超巨星，编

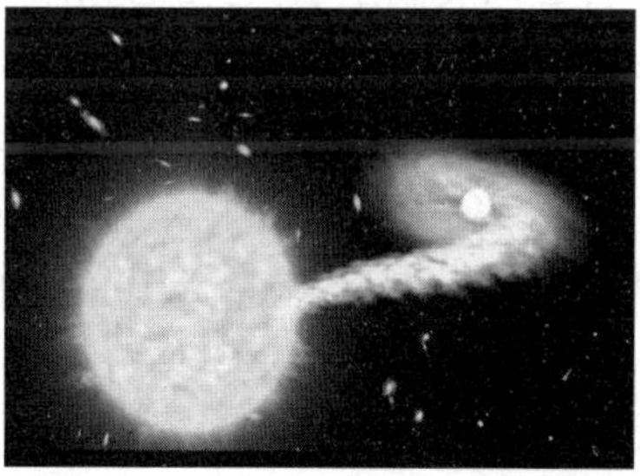

图3.23 密近双星中黑洞吸积物质的示意图，左边蓝超巨星的物质被右边黑洞吸积并形成吸积盘

号名为 HDE226868。不仅如此,天鹅 X－1 的 X 射线强度还会在不到千分之一秒的时间段内突然增大十几倍,这意味着光线通过它所需的时间必定小于千分之一秒,即不到 300 公里。否则的话,因天体不同部位发出的辐射到达地球时间的不同,从地球上就不可能观测到如此快速而又清晰的光变了。在天文学上,天体的光变时间尺度常用来判断天体“个子”的大小,而上述推论亦可作为天鹅 X－1 可能是黑洞的一项佐证。

1970 年代,英国著名物理学家霍金(S. W. Hawking)等人根据量子力学理论,对黑洞的性质进行了更为细致的研究,结果发现黑洞表现出会通过一种比较复杂的物理过程向外稳定地发射粒子,称为黑洞蒸发。考虑到这种蒸发效应,黑洞就不能再认为是绝对“黑”的了。霍金还证明了黑洞是有温度的,温度的高低与黑洞质量成反比,黑洞质量越大温度越低,蒸发越是微弱,而小质量黑洞温度高,蒸发过程可以非常强烈。霍金在 1975 年就已发现,如果只考虑黑洞本身,那么它们居然有可能完全蒸发掉。对于一个太阳质量的黑洞,这个过程可能需要长达 10^{66} 年;但是,对质量与小行星相当的一个小黑洞来说,它可以在 10^{-22} 秒内瞬即蒸发殆尽。

3.4 银河系的来龙去脉

多成分的复杂结构

自 1785 年威廉·赫歇尔建立了第一个银河系模型以来,随着观测手段的多样化和观测资料的不断积累,人们对银河系的结构和相关性质已经取得较为完整的共识。根据近代天文观测研究,银河系是一个普通的旋涡星系,它的总体结构大体上可以分为 4 大部分,即银盘、核球、银晕和暗晕,其中银盘又由厚盘和薄盘两种成分组成。除暗晕部分外,银河系的总质量约为 $1.4\times10^{11}\ M_{\odot}$,其中以恒星形式出现的约占 90%,由气体和尘埃组成的弥漫星际物质占 10%左右。银河系从诞生至今,年龄已超过 100 亿年。

银河系中的恒星主要分布在一个扁平、凸透镜状的空间范围内,这就是银盘,星际物质主要也位于这一范围内。银盘以轴对称形式分布在核球的周围,对称轴称为银轴。同时,银盘又呈平面对称结构,对称平面就是银道面。银盘的直径约为 8.2 万光年,太阳到银河系中心的距离(银心距)约为 2.6 万光年,到银道面的距离(银面距)仅为 20～

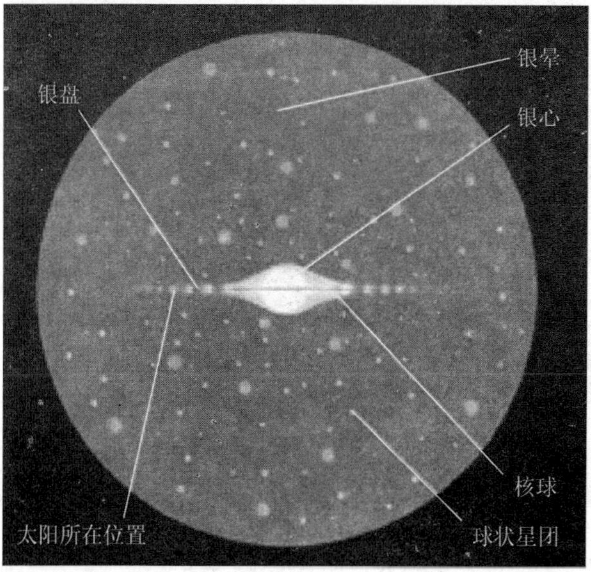

图 3.24　银河系结构的侧视(示意)图

30 光年。银盘的厚度是不均匀的,中间厚而边缘较薄,接近核球的地方银盘厚度约为 6 500 光年。在太阳所处的位置附近,银盘的厚度在 3 300 光年左右。除了暗晕外,银河系质量的 85%～90%都集中在银盘内。

银河系的旋涡结构表现为在银盘中存在若干条旋臂,那里集中了大量的气体、尘埃和年轻恒星。目前已确认的旋臂有英仙臂、猎户臂、人马臂和 3 千秒差距臂,后者又称为膨胀臂,因为它到银心距离的初始测定值约为 3 千秒差距,并正以大约 50 公里/秒的速度远离银心向外运动。太阳位于猎户臂的内侧,所以猎户臂有时又称为本地旋臂,有人还把它昵称为"我们的旋臂"。旋臂的实际形状是很复杂的,有的地方会分叉,形成所谓支臂。上面的几条旋臂都是银河系中的主旋臂,以它们的观测位置所在的星座而得其名。此外,在靠近核球的地方,银河系可能还存在尺度上比主旋臂小得多的内旋臂。

厚盘的概念最早由英国天文学家吉尔莫(G. Gilmore)和莱特(N. Reid)于 1983 年提出。他们利用约 12 500 颗恒星密度分布的观测资料发现,在银面距 1 千秒差距范围以内,银河系在垂直银道面方向上的恒星数密度的分布,可以用一个服从指数律的成分来描述,标高约为 300 秒差距, 这就是薄盘。天文学上常用标高来表征恒星(或其他天体)的数密度随银面距的变化规律,它的定义是当某一高度处

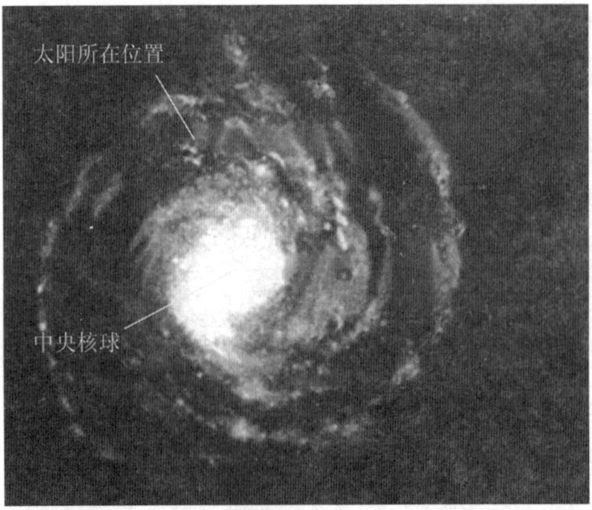

图 3.25　银河系结构的俯视(示意)图

恒星的数密度减小到银道面上数密度的 1/e,则该处的高度便称为标高,这里 e=2.718 28…为自然对数底。

在离银道面较远、银面距 1～5 千秒差距范围内的恒星则主要属于第二个指数成分,标高约为 1 450 秒差距,称为厚盘。从两个盘的不同标高可以看出,薄盘恒星更向银道面集中,而厚盘恒星的分布较为弥散。与薄盘恒星相比,厚盘恒星的年龄比较老,重元素含量比较低。就空间分布来说,厚盘恒星和薄盘恒星实际上是混合在一起的,共同组成经典意义上的银盘,其中以薄盘恒星居多。在银道面附近的太阳邻域内,厚盘恒星仅占恒星总数的 2%。目前,厚盘的存在已为天文学家所公认。有人认为,薄盘恒星还可以进一步细分为两种成分,即由年龄相对较轻的恒星构成的年轻薄盘,以及较年老恒星组成的年老薄盘。如果更考虑星际弥漫气体主要分布在银道面附近,并形成盘状结构,则又存在气体盘。由此可见,银河系主体部分的盘状结构是相当复杂的。

核球是位于银河系中心部分的恒星分布密集区,而且越靠近中心恒星的密度越高。它的外形大致呈扁的旋转椭球体状,长轴为 1.3 万～1.6 万光年,厚约 1.3 万光年。核球物质的质量估计约占除暗晕外银河系质量的 5%。在核球中,主要是一些年老的恒星和恒星集团,这与银盘恒星的物理性质很不相同。因此,在银河系中核球不能看作是银盘的中央部分,也不能视为银盘和银晕天体的简单叠加。

越接近银河系中心,核球恒星的密集程度越高,星际物质的密度

图 3.26　美丽的银河系中心

也很高,因而在靠近银心的天区,除了某些方向上星际消光并不严重外,对绝大部分天区光学观测便无能为力,必须仰仗射电或红外等其他波段的观测。在银河系中心方向观测到一个结构颇为复杂的强射电源人马 A,它至少含 5 个子源。在射电辐射最强的 2 个子源中,有一个子源的直径为 33 光年,该子源中有一个直径接近 5 光年的亮核,这就是银核,而天空中银核所在的位置便位于人马座的银河系中心方向。除了射电辐射外,银核还发出很强的红外和 X 射线辐射。银核的质量约为几百万太阳质量,现在普遍认为那里有一个超大质量黑洞。最新的研究表明,这个黑洞的直径仅约为 1 天文单位;不过它并没有处于剧烈活动期。所以,至少就目前来看,银河系是一个正常星系,而不属于活动星系。

包围着银盘的是一个由稀疏分布的恒星和星际物质组成的区域,这就是银晕。银晕所涉及的天区大体上呈球状或扁球状,直径在 10 万光年左右,空间范围要比银盘大得多。不过,因为银晕天体的分布很稀疏,或者说平均物质密度非常低,所以它的质量大约只及银盘质量的 10%。位于银晕中的天体主要是老年恒星和球状星团,此外还有很少量的气体。

在银晕之外很可能有一个空间范围更大的物质分布区,这就是暗晕,又称银冕。一般认为,银河系暗晕的组成成分是目前尚无法明确观测到的暗物质,只是借助一些间接的观测证据才得知有这类物质的存在。暗晕的直径可能是银晕的 10 倍,尽管其中的物质密度更低,但范围很大,因而它的总质量可能高达银河系其他部分质量总和的 10 倍左右。

恒星运动的规律性

任何通过实测所得到的恒星运动,必然包含了观测者自身的运动。在地球上所观测到的恒星运动中,扣除了地球自转和公转的影响后,所得到的便是从太阳上观测到的恒星运动。这种运动又包含了两种成分,即恒星的本动和由太阳运动引起的视差动。因此,经地球运动改正后,恒星的观测运动,包括视向速度和自行,便是恒星本动和太阳视差动的合成。恒星的空间运动必须通过测定它们的视向速度和自行才能推算出来,缺一不可。但是,只有视向速度是线速度,而自行只是恒星在天球上的运动角速度,因此为了得到与自行相应的切向线速度,还必须取得恒星的距离。由此可见,为了研究银河系中恒星的运动规律,天文学家必须在观测上下大功夫。

那么,什么又是恒星的本动,它们是参照什么坐标系来定义的呢?数学上的坐标系,在天文学中必须通过某些具体的天体来体现。对于恒星本动来说,往往选用太阳附近一些亮星的平均运动作为量度恒星运动的参考系,称为本地静止标准。因此,在这个意义上说,一颗恒星的本动就是该恒星相对本地静止标准的运动,而太阳相对本地静止标准的运动则称为平均太阳运动。威廉·赫歇尔首次测得的太阳以约20公里/秒的速度,朝着织女星附近的方向运动,就是太阳相对附近恒星、即在本地静止标准中的运动,而不是太阳绕银河系中心的运动。显然,恒星本动或者平均太阳运动都是一种相对运动。

银河系内所有的天体,包括恒星和星际介质等,都绕着银河系中心运动。只要设法测出本地静止标准绕银河系中心的运动,就可以进而推算出太阳和恒星绕银河系中心(称为银河静止标准)的运动速度,这类运动才是天体在银河系中的实际运动。太阳大约以220公里/秒的速度绕银河系中心转动,需要2亿多年才能转一整圈,自诞生以来太阳已经绕银河系中心转了20几圈。当然,任何运动都是相对的,严格说来天体相对银河静止标准的运动也不能称为天体在宇宙空间中的绝对运动,因为整个银河系又是在运动的。所以,恒星的实际空间运动情况可以说非常复杂。不过,在探究银河系天体的运动状态时,通常只需要考虑它们在银河系内的运动状况就足够了。这就像在讨论太阳系天体的运动,包括设计人造飞行器的运动路径,或者预报日全食等重要天象时,根本无需考虑太阳携带着整个太阳系在银河系中的高速运动。

在太阳附近,不同恒星的本动在速度的大小和方向上是杂乱无章的，情况犹如微粒在水面上呈现的布朗运动。如果用严格的数学语言来说，那就是恒星本动的分布是随机的。尽管如此，对于大量的恒星来说，它们的本动还是会表现出有某种内在的统计规律。最早研究这种规律性的是荷兰天文学家卡普坦，他在1904年试图利用2 400颗近距离恒星的自行观测资料来确定太阳运动的方向，结果意外地发现这些恒星的本动在各个不同方向上的分布是不同的。为了说明这一观测事实，他提出了二星流假设：太阳邻区内的恒星是两个星群的混合体，它们相对太阳各有不同的平均运动，卡普坦把这种有不同运动特征的星群称为星流；上述两个星流的总体运动方向恰好相反，一个方向朝向银河系中心，另一个方向背离银河系中心，而每一颗恒星只参与其中一个星流的整体运动。

图 3.27　史瓦西（1873—1916）

1907年，德国天文学家史瓦西（K. Schwarzschild）率先用统计学研究恒星的本动分布。他经过仔细分析后认为，卡普坦所提出的星流只是一种表面现象，两个星流中的恒星在物理性质（如光谱、光度和化学元素组成等）上并没有明显的差异，因而所谓星流实际上并不存在。为了解释卡普坦所得到的、在不同方向上恒星本动分布不尽相同的观测事实，史瓦西提出，如果建立一个三维的速度坐标系，而把每颗恒星的本动速度用一个相应的点（可称为矢点）标在这个坐标系中，那么大量恒星的矢点便大致分布在一个椭球状的范围内，后人把这样的椭球称为史瓦西速度椭球，而这种统计规律性称为恒星本动的椭球分布。随着观测资料的不断积累和观测精度的提高，史瓦西的结论已为嗣后的各种研究所证实，因而得到天文学界的公认。通常，速度椭球有三条长短不等的主轴，其中的长轴大体上指向银心方向，短轴与银道面相垂直，而第三条轴则大致沿着恒星绕银河系中心转动的方向，因此恒星本动的椭球分布规律与银河系的整体运动性质有关。实际上，速度椭球三条主轴的长短，正是反映了恒星本动在相应方向上的运动速度弥散度的大小。

银河系较差自转

银河系是一个庞大的天体系统，而对于一个天体系统来说，它的转动可以有很复杂的形式。如果这个系统的范围非常非常大，而且内部的物质分布又是均匀的，那么它的转动方式就接近播放中的唱片，称为刚体转动，其基本特征是任何位置上天体的转动角速度都一样，而线速度则与该天体到系统中心的距离成正比。要是系统内的绝大部分物质都集中在系统的中心附近，那么中心之外天体的转动便服从开普勒行星运动三定律，这时天体离开中心越远，它的转动角速度和线速度都越小；太阳系中的行星就是这种情况，因为中心天体（太阳）的质量占了太阳系总质量的99.8%。

银河系内的物质分布与上述两种极端情况都不一样：尽管银河系很大，但物质分布很不均匀，大部分天体集中在银道面附近的银盘中；虽然核球的物质密度最高，但核球物质的质量只占银河系总质量的一小部分。因此，银河系天体的转动形式既不是刚体转动，也不是开普勒运动，情况颇为复杂。这种复杂性表现在两个方面：第一，不同星族或不同子系的恒星，有着很不一样的转动特征；第二，即使对银河系主体——银盘来说，在不同银心距处，盘状子系恒星绕银河系中心的转动角速度也是不一样的，这种转动方式称为银河系的较差转动或较差自转。

早在19世纪后期，有人就已开始研究银河系是否存在整体自转的问题。1887年，俄国天文学家奥托·斯特鲁维（O. B. Струве）通过对恒星自行的分析后得出这样的结果：如果假设整个银河系在作刚体自转，则转动角速度为每世纪0.41″±0.42″，与现在测得的太阳邻域内天体的相应数值（0.55″）相差并不很大。

1924年，美国天文学家斯特伦堡（G. Strömberg）发现了所谓“恒星运动的不对称性”。这就是说从地球上来观测，可以看出恒星运动在方向上的分布与运动速度的大小有关：低速星的运动是随机的，可以出现在任何方向上，而对于速度大于100公里/秒的所谓“高速星”来说，它们的运动方向基本上只出现在银道面附近、银经范围 l 为180°－360°的天区内。为了解释这一观测事实，斯特伦堡提出了如下的假设：河外星系、球状星团和快速星就像是组成了银河系的一个静止不动的框架，它们相对近距离亮星的速度高达200公里/秒以上。但实际上这种表观的快速运动，只是太阳附近的亮星对这种参考架朝着银经 $l=90°$ 方向运动的反映。银河系中心的方向（$l=0°$）正好与这一方向相垂直，因而恒星运动的不对称性，可以解释为太阳邻近恒星绕银心以较高速度在转动的观测表现。

嗣后不久,林德伯拉德进一步发展了有关银河系自转的概念。他提出银河系由分属不同子系的恒星所组成,以说明银河系内不同恒星系统以不同的速度绕着中心运动。太阳附近恒星所属的扁平子系绕中心转动的速度,要比球状星团和快速星所在的球状子系快,因此从地球上来看,后者在以很大的速度相对太阳运动,从而很好地解释了斯特伦堡所发现的恒星运动不对称性。

1927 年,荷兰天文学家奥尔特具体讨论了银河系较差自转对太阳附近恒星的视向速度和自行观测值的影响,提出了著名的奥尔特公式,并通过对恒星视向速度资料的分析证实了银河系存在较差自转。迄今,人们仍然用奥尔特公式中的两个常数——奥尔特常数 A 和 B,来表征银盘天体较差自转的具体情况。不过,为了导出奥尔特常数 A 和 B,必须同时利用恒星视向速度和自行的观测资料。

对于银河系中的盘状子系恒星来说,除了表现出较差自转外,还可能存在大尺度的径向运动,即整体性的扩张或收缩,以及远离银道面或向银道面趋近的系统性运动。但是,由于观测资料的限制,关于这两种运动的结论尚不十分明确。不过,银河系是一个很稳定的天体系统,与自转相比,上述两类运动即使存在也一定是很小的。不然的话,银河系早就应该瓦解了,或者会收缩成另外一种样子。

尚未很好解决的形成和演化问题

银河系是如何形成的,又怎样会演化成目前的状态,这是天体物理研究中的又一个重要问题。任何有关银河系起源和演化的学说,都必须对涉及银河系的结构、运动状态以及银河系天体的物理化学性质等方面的主要观测事实做出合理的解释。例如,这种理论应该能说明银盘(包括厚盘和薄盘)、核球、银晕等结构成分的形成过程和各自的观测特性,不同星族(子系)天体在年龄、元素组分、运动特征和物理性质上的差异等。

物质中某类元素的含量在物质总量中所占的比例称为该类元素的丰度。宇宙中丰度最高的元素是氢,约占 75%;其次是氦,约占 25%;其他元素通称为重元素或"金属元素",它们总的丰度还不到 1%。氢是原初元素,在宇宙早期就已存在,而大部分氦是在大爆炸后 3 分钟内生成的。因此,在原初星际介质和由此生成的第一代恒星中,金属元素的含量极低。另一方面,几乎所有的重元素都是在恒星内部合成,并通过超新星爆发以及星风等途径送入星际介质。大质量恒星很快(只需几百万年时间)便走完了它们的演化历程,并以超新星爆发而终其一生。由于银河系的年龄超过 100 亿年,几百万年至上千万年的过程便可以认为是在瞬息之际发生的。理解了天文学上这种时间尺度的概念,就不难知道星际介质以及由星际介质生成的恒星的重元素丰度,会随着宇宙年龄的增大而增大,这一过程称为"元素增丰"。通常称金属丰度低的恒星为贫金属星,金属丰度高的为富金属星,当然这种划分是相对而言的,期间并无截然的分界。显然,在现在能观测到的恒星中,金属丰度越低年龄越老,贫金属星必然是一些长寿命的小质量恒星,因为早期生成的大质量恒星早已寿终正寝了;新近诞生的恒星金属丰度就高,但它们质量可以有大有小。

1962 年,美国天文学家艾根(O. J. Eggen)、英国天文学家林登贝尔(D. Linden-Bell)和美国天文学家桑德奇(A. R. Sandage),共同提出了一种银河系形成的图像,称为 ELS 理论。根据这种理论,银河系形成于一个大致呈球状的巨大原星系云。这块云有自转,它最初是贫金属的,内部的物质分布比较均匀,由于万有引力的作用,物质处于自由下落状态。在这种引力坍缩过程中,云逐渐变扁,同时自转速度不断增大,大部分贫金属星和球状星团就在这一过程中形成,而目前观测到的这类老年星族 II 天体具有很扁的、与银道面可以交任意角的运动轨道,便是原星系云物质引力坍缩的直接结果。又由于坍缩过程进行得很快,所有球状星团便有着大致相同的年龄。当原星系云的半径收缩到原有半径的十分之一左右时,由于期间不断有超新星爆发出现,云变成富金属态,其主体变为扁平状,成为一个由离心力支撑的盘——银盘。这时,银盘及盘族恒星开始形成,并保持这种状态直到今天。

但是,观测表明老年球状星团的金属丰度各不相同,且差异比较大,这就给 ELS 模型带来了困难——既然坍缩过程进行得很快,短时间内元素增丰的效果就不会很明显,不同球状星团的金属丰度应该相差不大,而这与观测事实有出入。1977 年,美国天文学家西尔勒(L. Searle)等人提出了另一种不同的银河系形成和演化模型:银河系是由几十个较小的星系云并合形成的。这些云块的质量约为 10^8 太阳质量量级,它们各自演化成较小的星系,同时相互碰撞、并合,在一种缓慢的坍缩过程中最终形成银河系。由于不同小星系的元素增丰过程各异,银晕中球状星团的金属丰度也就各不相同了。西尔勒的模型称为慢坍缩模型,以区别于 ELS 的快坍缩模型。

尽管后来的工作表明，恒星系统确实会不断通过相互并合而形成更大的系统，从而有力地支持了西尔勒的模型，但银河系纯粹由大量小星系并合而成的过程却很难解释银盘的形成，除非加上一些很严格但又不现实的条件。还有，尽管银河系核球的起源很不确定，但组成核球的物质很可能是以气体，而不是以恒星的形式进入银河系的。在这一点上，快坍缩模型则显得自然得多。

事实上并合和吸积过程确实存在，如近期的一些研究表明，银河系已经吸积了一些球状星团和晕族恒星；最近的河外星系大麦哲伦云正在朝着银河系旋进，并最终可能会被银河系所吞并，届时它的球状星团便自然成为银河系的成员。所以，银河系的形成和演化过程看来应该是比较复杂的，也许既取决于内部过程（坍缩），又涉及多种外部因素（如吸积和并合等）的影响。正因为如此，天文学家必须力求取得更多、更好的观测资料，并进行多方面的研究，以深入探讨银河系形成和演化过程，并对重要的观测事实做出更合理的解释。

3.5　不断开拓测天之路

异军突起的射电天文

尽管早在17世纪初伽利略已把望远镜用于天文观测，1917年望远镜的口径已做到2.5米，而大口径望远镜的问世为天文学的发展做出了巨大的贡献，但长期以来天文观测手段仅限于可见光波段，或者说只是在对天体进行光学观测。现在知道，不同物理性质的天体有可能在整个电磁波谱的各个波段发出辐射，波长范围为$10^{8}\sim10^{-12}$厘米；这些波段从长波到短波依次为射电、红外、可见光、紫外、X射线和γ射线。不过，对这一事实的逐步认识，以及开展相应的天文观测和研究，则是到了伽利略之后300多年的20世纪。

从历史上看，最早把无线电技术用于天文研究的是美国工程师央斯基（K. G. Jansky）。1931—1932年间，他在研究长途电讯的干扰问题时，偶然发现了来自银河系中心方向的宇宙无线电波（射电波）。1940年，美国人雷伯（G. Reber）用自制的抛物面天线接受设备证实了央斯基的发现。在二次大战中，英国军用雷达曾接收到来自太阳的强射电辐射。大战结束后，一些雷达科技人员开始把有关技术用于对天体的观测，从此揭开了射电天文学的序幕。

就像光学天文观测离不开光学望远镜一样，射电天文学的发展离不开它的观测工具——射电望远镜,即专用于接收天体射电辐射的望远镜。它不同于光学望远镜,所要接收的是天体的射电辐射而不是光讯号,而射电辐射直接用肉眼是看不到的,必须通过无线电接收设备来加以显示或测量。射电望远镜的外形与光学望远镜很不一样,其作用实际上就是无线电讯号接收天线,如央斯基当年所用的是一架长30.5米、高3.66米的旋转天线阵。在天线的后端同样需根据研究工作的要求,安装各种接收设备以进行不同类别的观测,它们可以是射电谱观测,谱线观测,成像观测,或者干涉测量等。

图3.28 直径100米的射电望远镜

目前使用最广泛的是抛物面射电望远镜,亦称抛物面天线,1937年雷伯所建造的便是一台直径9.45米的这类射电望远镜。同光学望远镜的发展情况一样,为了获取更多、更精确的信息,射电望远镜也越做越大。1955年,英国建成了直径76米的全可动抛物面射电望远镜。目前最大的是1960年代美国建造的直径305米的固定球面望远镜,位于波多黎各的一个山谷之中,以及1970年代德国制造的直径100米的可跟踪抛物面射电望远镜,和不久前美国建成的探测面积为110×100米的射电望远镜。建成这样一台比标准足球场还要大的设备已经有很多、很大的技术难度,如果要把射电望远镜做得再大就更麻烦了。目前,人们正在酝酿建造组合式的射电望远镜,总接收面积可达1公里^2,预算投资估计超过10亿美元。为尽可能避免人造无线电讯号源的干扰,项目专家经多方面考虑后提议,这个称为SKA的设备可能安置在澳大利亚或者南非的偏僻地区,计划在2018年建成。届时由数千台天线组成的SKA,将分布在直径3 000公里的范围内。预期SKA的灵敏度是现有最好射电望远镜的50倍,它有可能观测到大爆炸之后诞生的第一批恒星和星系,并将用于探测暗能量、超大质量黑洞并合时产生的

图3.29 位于波多黎各阿雷西博天文台的305米直径射电望远镜

引力波和外星智慧生物。

图3.30　未来的SKA射电望远镜阵列（艺术图）

射电波段所涉及的波长范围很宽，从最短的亚毫米波到长波端的米波甚至更长，如央斯基的天线阵可以接收到波长14.6米的射电讯号。为了对天体的性质取得比较完整的认识，天文观测需要有不同波段的射电望远镜，如米波望远镜、毫米波望远镜、亚毫米波望远镜等。不过从技术上看，波长越短的射电望远镜，其制造的难度越大。

为什么要开展射电天文观测？原来天体不仅发出可见光波，而且有的还会发出射电波（即无线电波）。有些天体的可见光辐射并不强，但射电辐射却很强，这种天体便称为射电源，包括银河系内的射电星和河外射电源（如射电星系）等；有的则相反，可见光辐射强而射电辐射很弱，有的则两种辐射兼有之，具体情况取决于天体的物理性质。因此，开展射电观测有助于对天体各方面性质地全面了解。不仅如此，射电波可以穿透光波无法通过的星际尘埃区，而有些天区如银河系中心方向存在大量的尘埃，射电天文手段就可以探测到用光学方法所不能探测到的天体和天象。例如，关于银河系旋涡结构的图像，最初就是通过射电观测取得的，光学观测很难做到。由于地球大气的影响，只有波长约为1毫米到30米的射电波才能顺利穿透大气层到达地面，因而绝大部分射电天文观测都限于这一波段范围，更短波段的观测工作需要在高山上进行。

就观测精度而言，如果用相隔很远（比如几千公里或更远）的两台或几台射电望远镜，同时观测同一个射电源并进行干涉测量，那么无论是测量精度还是图像的分辨率，在目前是最高的，光学观测尚无法望其项背。这种技术称为甚长基线干涉测量，参与干涉的望远镜之间的距离称为基线——基线越长，测量精度和图像分辨率越高。这一点对于遥远的河外星系来说尤为重要：射电技术可以获得有强射电辐射的河外星系的精细结构图像，而光学望远镜至少目前还难以做到。对于安置在地面上的射电望远镜来说，基线长度不可能超过地球直径（1.28万公里）。为了增加基线的长度，天文学家已实现了地面和卫星上望远镜之间的干涉测量。甚至已有人设想，一旦技术成熟可以把射电望远镜安放在月球上，并同地球上的望远镜进行干涉测量。这

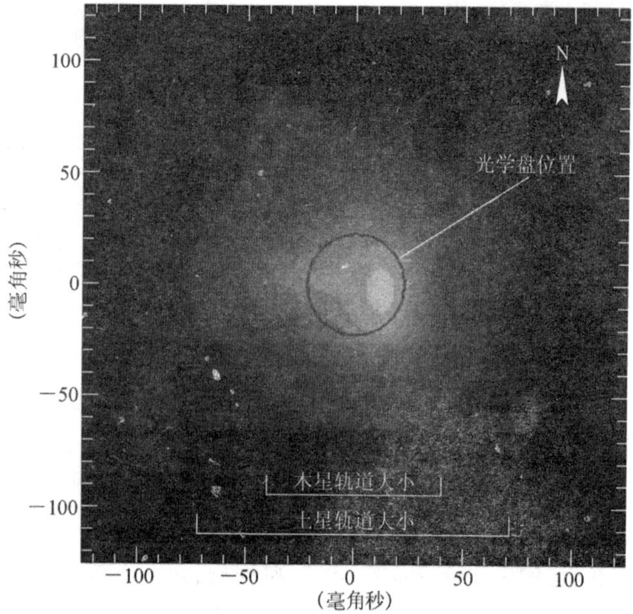

图 3.31 在 7 毫米射电波段观测到的恒星参宿四

时，基线长度可达 38 万公里以上，测量精度和分辨率将会极大地提高。由此可见，射电天文学有着广阔的发展前景。

射电天文学的诞生和发展，为天文学这门古老的学科开拓了全新的探测手段和研究途径。1960 年代天文学上著名的 4 大发现，即类星体、脉冲星、星际分子和微波背景辐射，都是用射电天文方法发现的，其中脉冲星和微波背景辐射的发现分别获得了 1974 年和 1978 年的诺贝尔物理学奖。

何谓大气窗口

空间时代到来之前，绝大部分天文观测都是在地面上进行的，天体的辐射必须穿过大气层后方能到达地面接收设备，因而天文观测必定会受到地球大气的影响。这种影响的表现是多方面的，包括大气折射、大气抖动、大气色散、大气闪烁以及大气消光等。

地球大气层对天体辐射在行进方向上的折射作用称为大气折射。由于地球大气的密度自高而低逐渐增大，来自天体的辐射在穿过大气层时的路径并不是一条直线，而是一条曲线。大气折射的主要效应是使观测到的天体位置沿着垂直方向抬高，或者说天体的观测位置要比它的实际位置高，而且越接近地平线这种影响越厉害，在地平线附近最大可达到30′左右。由于太阳的角直径约为30′,所以在观赏日出时,当看到整个太阳圆面刚好升出地平线之际,实际上太阳圆面的上边缘恰好位于地平线之下。另外,由于地球大气密度分布的复杂性,大气折射也会使天体的方位角发生变化,这就是旁折光。在天体测量、天文大地测量,以及诸如望远镜对天体自动跟踪等一类工作中,必须考虑大气折射效应。

地球大气处于不停的运动之中,这种运动在大尺度上表现为风、对流层运动和平流层运动等。另一方面,在极小尺度上,因为大气微团的快速运动会造成大气的不规则湍动,这种运动会使望远镜中所看到的星像位置不停地作小幅度的快速变动,称为大气抖动或星像抖动。与大气抖动密切相关的便是所谓天文视宁度(旧称宁静度),大气抖动越小,大气的视宁度就越好,天体的成像质量越高,对天文观测越有利。因此,为了选择好的天文台台址,必须充分考虑当地的大气视宁度情况。大气不规则湍动的另一个效应是使天体的观测视亮度出现短时标的明暗变化,称为大气闪烁或星光闪烁,这种闪烁同样会影响到天体的成像质量。

由于大气折射率与辐射的波长有关,大气折射量也就与辐射波长有关,短波段辐射的折射效应比长波段更为显著,这就是大气色散。在大气视宁度良好的条件下,可以观测到星像因大气色散而形成的一条沿垂直方向的小光谱,其中紫端比红端靠近天顶方向。地平高度为60°时,紫红两端的高度差约为3″;越接近地平线,这条小光谱的长度越长。

随着高新技术的发展和观测数据处理方法的改进,上述各种大气效应对天文观测的影响已经可以有效地加以克服,或者可以在一定程度上予以削弱。例如,一种称为斑点干涉测量的技术(也称星像复原技术),可以有效克服大气抖动的影响,使观测结果达到或接近达到望远镜的衍射极限。

因地球大气层带来的最为严重的问题是大气消光。大气消光是指因地球大气的吸收和散射作用,天体各类辐射的强度在经过大气层后会有不同程度的减弱。大气中的分子和原子会吸收来自天体的辐射,一部分辐射能转变为其他形式的能量,望远镜所接收到的辐射强度因此而降低。大气消光的程度不仅与大气成分和大气层的厚度有关,而且还与辐射的波长有关。一般来说,大气对短波辐射的消光作用比对长波辐射大,这种效应也称为选择消光,其结果是使天体的颜色变得偏红。太阳在接近地平线时呈现红橙色就是这个原因,因为这时阳光穿越的大气层路径特别长,阳光变得明显偏红。

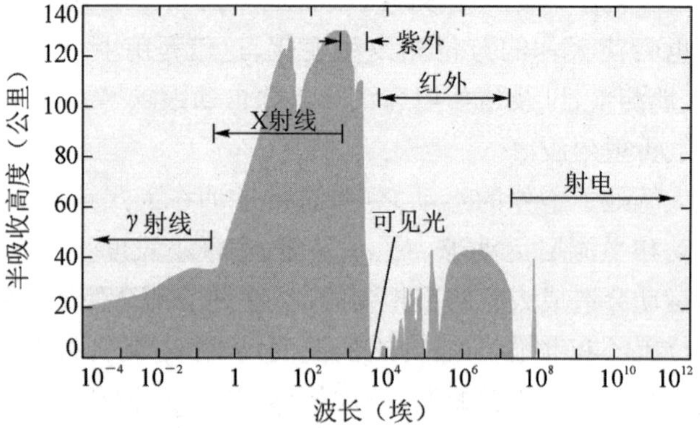

图 3.32 大气窗口示意图

由于地球大气的消光作用,不同波段的辐射并不都能穿透地球大气,只有某些波段的辐射才能到达地面而被接收到,这些波段所处的范围称为大气窗口。有些波段(如 X 射线)的辐射在到达地面之前会被大气全部吸收掉,对于这类辐射,在地面上根本无法进行观测。

大气窗口包括光学窗口、红外窗口和射电窗口。300～700 纳米的可见光波段是光学窗口,光学望远镜可以通过这个窗口观测到不同颜色的天体。红外窗口的情况比较复杂,其中短波段的红外辐射由于水汽分子和二氧化碳的吸收,形成若干吸收带,而在这些吸收带之间的空隙处则存在一些红外窗口。具体来说,17～22 微米是半透明窗口;在 22 微米至 1 毫米之间,由于水汽吸收严重,大气对这一波段的辐射变得完全不透明,不过如果把望远镜放在高山上,则还是可以在这一波段范围内找到一些红外窗口。另一方面,地球大气对 10 兆赫左右到 300 吉赫左右的射电波是透明的,或表现为部分透明,这个波段就是射电窗口。至于对紫外、X 射线和 γ 射线这些短波段辐射来说,大气几乎是完全不透明的。要想从根本上克服地球大气对天文观测的这种影响,最彻底的办法是把天文望远镜和有关的后端设备放到大气层外去,这也就是人们为什么要不惜代价发射各类专用天文卫星,在卫星上进行天文观测的主要原因。

红外天文从地面推向空间

从广义上讲,空间天文应包括在高层大气(借助探空火箭和气球)

和大气层外(利用卫星和其他类型探测器)开展的天文观测和研究,其历史最早可追溯到1940年代。不过,通常把1957年第一颗人造卫星上天作为人类进入空间时代的标志,因而现代空间天文主要是指利用卫星和其他空间飞行器所进行的各类天文观测及相应的研究。从观测波段上分类,空间天文通常指红外天文、紫外天文、X射线天文以及γ射线天文。不过,可见光和射电辐射自然也可以利用空间技术来进行观测。1970年,美国发射了第一颗X射线天文卫星。1972年,美国发射了第一颗紫外天文卫星;同年,欧洲空间局发射了第一颗γ射线天文卫星。1983年,美国、荷兰和英国联合发射了第一颗红外天文卫星。至此,天文学家从外层空间对天体进行各个波段观测的理想终于全面付诸实现,从而形成了多波段天文学,又称全波段天文学。

1800年,威廉·赫歇尔首次用温度计发现了太阳的红外辐射。1869年,英国天文学家帕森斯(W. Parsons,即罗斯勋爵 Lord Rosse)用热电偶测量了月球的红外辐射,而早在1920年代已有人对行星和恒星进行了红外探测。不过在1960年代之前,由于缺乏有效的探测设备,红外天文学的进展非常缓慢。1965年,美国人诺伊吉保尔(G. Neugebauer)建造了一台1.5米口径的红外望远镜,并发现了以红外辐射为主、在光学波段则难以观测到的恒星——红外星,从而揭开了现代红外天文研究的序幕。

就地面观测而言,许多大望远镜经过适当的改装都可以用于红外观测,如1991年建成的Keck望远镜可兼用于光学和红外观测。这类望远镜有可能做到在夜间从事光学观测,而把红外观测安排在有月夜甚至白天进行,从而提高望远镜的利用效率。专用的红外望远镜以英国的UKIRT为最大,口径3.8米;此外还有一些口径2米、3米的地面红外望远镜。世界上好的地面红外望远镜大多安置在夏威夷的莫纳克亚,海拔高4 200米,对红外观测较为有利。不过,地面红外观测主要限于近红外波段(1.0～5微米),中红外(5～30微米)和远红外(30～350微米)辐射则需要在大气层外进行空间观测。

1983年1月23日升空的IRAS卫星是第一颗红外天文卫星,望远镜口径0.6米,观测波段为12、25、60和100微米。该项计划已顺利结束,并取得了极大的成功,共探测到约35万个红外源,其中包括来自一些相互作用星系的非常强的红外辐射,织女星周围的尘埃盘,以及在各个方向上都能观测到的所谓"红外卷云"——一种由热尘埃微粒构成的亮条等。由于红外波段对于探测深埋于气体尘埃云中的

图 3.33　工作中的 IRAS 红外卫星(艺术图)

原恒星或年轻星非常有效,因而IRAS 卫星的观测资料对研究恒星、星系的起源和早期演化具有特别重要的意义,至今仍被天文学家广泛用于相关的研究工作。

IRAS 计划的成功,极大地推动了红外天文的发展。例如,1995 年 11 月 17 日,由欧洲、美国和日本合作研制的红外空间天文台 ISO 成功发射,其主体是一台口径 0.6 米的红外望远镜。与 IRAS 相比,ISO 在各个方面的性能都要更胜一筹,如观测波段更宽(从近红外到远红外),空间分辨率和灵敏度更高等。不过,IRAS 是对可能存在的各类红外源实施普查式的巡天观测,而 ISO 则是对既定的天体进行定点观测,以针对性地探索或解决有关的科学目标。实际上有的空间望远镜亦可兼做一些红外观测,如著名的哈勃空间望远镜。

目前,最为引人注目的空间红外观测设备是耗资 8 亿美元的斯必泽望远镜,其原始名称是 SIRTF(Space Infrared Telescope Facility),成功发射后才更名为斯必泽望远镜,以纪念美国天文学家斯必泽(L. Spitzer),因为他早在 1940 年代中期就已提出了把望远镜放到空间去进行观测的思想。该望远镜于 2003 年 8 月 25 日发射,口径 0.85 米,探测波段范围为 3～180 微米。它实际上并不是一颗天文卫星,因为采用了日心轨道而不是地心轨道,位于地球公转运动前进方向之后绕太阳运动,发射之初距离地球将近 1 千万公里,并以每年约 0.1 天文单位的速率远离地球,计划工作时间 2.5 年以上。斯必泽望远镜是美国宇航局所建立的 4 个“大天

图 3.34　“斯必泽”拍摄到的恒星形成区 RCW49

文台”空间望远镜计划的最后一项，它的一大特点是在极低温条件下工作，彻底避开了地球红外辐射的任何干扰，使宇宙的红外“容貌”纤毫毕现。利用这台望远镜，天文学家能对银河系及其他天体有更多的了解，尤其是那些极年轻的天体以及非常暗的天体。自斯必泽望远镜投入工作之后，重要发现接踵而来，如观测到宇宙大爆炸之后1亿年就已形成的第一代恒星，捕捉到太阳系外行星的首幅图像，拍摄到超新星遗迹和彗星的精细结构及银河系中心区的密集星场，发现河外星系盘的翘曲结构，以及取得显示星系相互碰撞的图像等。

快速发展的空间天文学

在可见光波段开展空间天文观测，并已取得最显著成果的，当推由美国和欧洲联合实施的哈勃空间望远镜(HST)，这是大天文台计划中的第一项。经10余年的设计、研制，HST于1990年4月5日由“发现号”航天飞机成功送入太空。HST的总重量约有11.5吨，望远镜口径2.4米，造价20亿美元，是迄今为止耗资最多的空间天文项目。由于设计和制造上的一些问题，进入工作状态后发现，HST的成像质量远低于原定指标，因而不得不在1993年12月派遣宇航员进行维修。这次史无前例的空间维修任务极为成功，12月28日维修后拍摄的第一幅照片表明，其分辨率甚至超过了原初的设计。在随后的10多年里，HST功勋卓著，取得了大量极有价值的发现。例如，观测到100多亿光年远的星系，证明在一些星系的中央存在超大质量黑洞，拍摄到星系并合的图像，发现比太阳亮1 000万倍的恒星等。HST的成功大大增进了人类对宇宙大小和年龄的认识，从而使天文学家有可能追溯宇宙发展的早期历史。

图3.35　哈勃空间望远镜

射电和红外辐射的波长比可见光长，而在另一端，比可见光波长更短的电磁波则包括了紫外、X射线和γ射线辐射。由于地球大气的吸收非常严重，对这些波段辐射的观测必须在高空进行，其中主要是利用天文卫星。这些短波段辐射的首选观测对象自然是离地球最近的恒星——太阳，然后再扩展到其他天体，包括太阳系内的行星、恒星、星系、星系团以及星际弥漫介质。

紫外波段的范围为 10～400 纳米，介于可见光和 X 射线之间；部分紫外波段辐射的探测可以利用气球和探空火箭，但整个紫外波段必须在卫星上进行观测。紫外探测的第一个对象是太阳，而作为美国“轨道天文台（OAO）”系列卫星中的第三颗，1972 年 8 月 21 日“哥白尼号”卫星发射升空，开始了对非太阳系天体的系统紫外观测。“哥白尼号”携带了一架口径 0.8 米的紫外望远镜，观测波段为 95～350 纳米，正常运行了 9 年。嗣后，一些国家相继发射了不少紫外卫星，早期如 1978 年 1 月 26 日美国和欧洲诸国联合研制的“国际紫外探测者号（IUE）”，近期则有美国在 1999 年 6 月 24 日发射的“远紫外光谱探测者号（FUSE）”等。期间，对天体紫外辐射探测的灵敏度不断提高，已覆盖了整个紫外波段，并取得许多重要的成果，特别是加深了对星际物质成分的认识。

X 射线的波段范围为 0.001～10 纳米，只能在大气层外观测。1970 年 12 月 12 日美国发射了“自由号（Uhuru）”X 射线卫星，在完成对 X 射线源的 3 年系统巡天后，发表了 X 射线源分布图，共汇集 231 个源，其中包括银河系中许多 X 射线双星，第一个黑洞候选天体天鹅 X－1，并探测到许多星系团都是 X 射线源。1978 年 11 月美国研制的“爱因斯坦天文台”（即“高能天文台 2 号”）升空，该探测器因纪念爱因斯坦诞生 100 周年而命名。卫星上首次安装了大型掠射 X 射线望远镜，这是因为 X 射线虽然不能通过折射和反射成像，却能在非常倾斜的掠射角下产生全反射并聚焦、成像。使用这类 X 射线望远镜后获得了河外星系中的单个 X 射线源像，并发现几乎所有已知的类星体都是 X 射线源。

图 3.36　ROSAT 卫星

在上述早期工作成就的鼓舞下，1980 年代以来美国、苏联、德国、荷兰和日本等国相继发射了一系列 X 射线卫星，X 射线天文观测迅速形成热潮。其中，对学科发展起重要推进作用的是 1990 年 6 月 1 日由德国、英国和美国联合发射的“伦琴 X 射线天文卫星（ROSAT）”。ROSAT 卫星工作了 9 年时间，最初的 6 个月是巡天普查，发现的X射线源数超过了“自由号”发现数的1 000倍。随后又对约10万个目标进行了定点观测，并取得了许多重要发现，如探测到彗星的X射线辐射比预期的强100倍，观测到蟹状星云脉冲星的吸积盘和喷流，取得超新星遗迹和星系团X射线辐射的细节图像，分子云的弥漫X射线辐射等。

图3.37 钱德拉卫星

作为大天文台计划的项目之一，经过长达22年的研制期，美国终于在1999年7月23日发射了“钱德拉(Chandra)X射线天文台”，卫星的取名是作为对著名天文学家钱德拉塞卡的纪念，项目耗资15亿美元。“钱德拉”以更高的精度和灵敏度绘制了全天X射线源图，并在太阳、恒星、活动星系、星系团等各类天体的X射线观测上取得了前所未有的重要成果。

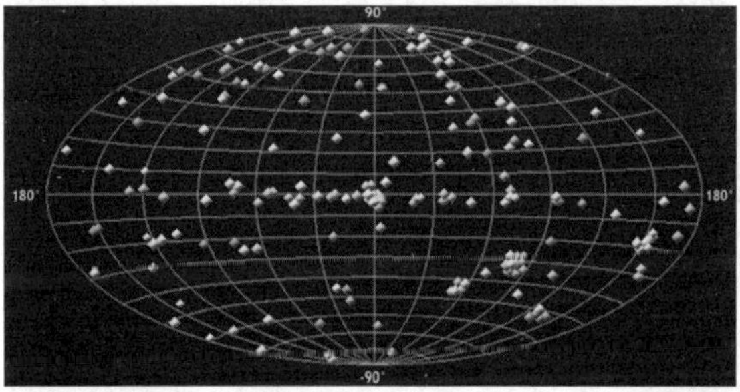

图3.38 “钱德拉”绘制的X射线源天图

对于X射线天文学的发展来说，意大利裔美国天文学家贾柯尼(R. Giacconi)无疑是学科的奠基人，他主持了“自由号”、“爱因斯坦天文台”和掠射望远镜的研制，并早在1976年就已倡议研制更先进的“钱德拉”X射线天文台。由于他的开创性工作，贾柯尼与另外两位科学家共同分享了2002年度的诺贝尔物理学奖。

γ射线的波长短于0.001纳米，是比X射线波段更短的电磁辐射，而由于大气层的吸收，对天体的γ射线观测只能在高空进行。一般来说，天体的温度越高，辐射的波长越短。因此，对天体的γ射线(以及还有X射线)观测，主要用于认识高温天体和宇宙中发生的高能物理过程，并进而深入探讨诸如脉冲星、类星体、活动星系和黑洞这类

图 3.39 贾柯尼(1931—)

天体的物理本质。1972 年 3 月 12 日,欧洲空间局发射了 TD－1A γ 射线卫星,用于观测太阳及银河系内恒星和河外天体的 γ 射线辐射。之后,一些国家又陆续发射了若干专用或兼用的 γ 射线卫星。

对 γ 射线天文学做出重大贡献的首推“康普顿 γ 射线天文台(CGRO)”,这是美国大天文台计划中的第二项,1991 年 4 月 5 日由“亚特兰蒂斯号”航天飞机送入绕地球运动轨道,造价 7.6 亿美元,卫星的取名是用以纪念美国物理学家康普顿(A. H. Compton)。CGRO 把此前对天体 γ 射线的探测范围扩大了 300 倍,主要任务是进行 γ 射线波段上的首次巡天观测。卫星总重约 16 吨,是由航天飞机发射的最重的民用航天器;原计划服役 5 年,后又超期服役了 4 年。1999 年底,卫星上的一个姿控定位陀螺仪发生故障,因无法及时修复,为防止失控后的卫星落入人口稠密区,美国航宇局不得不于 2000 年 9 月 4 日对其实施人工坠毁。

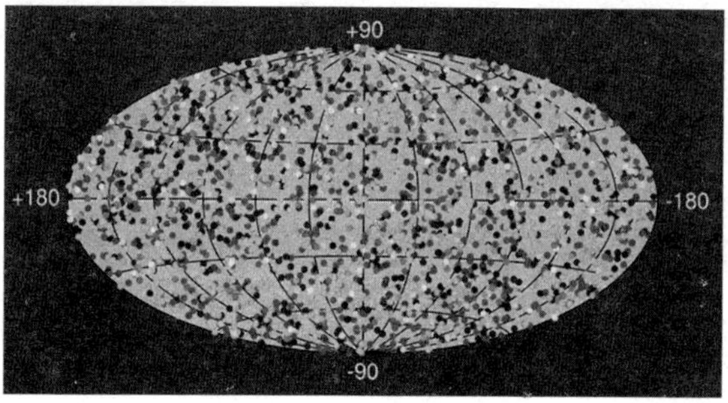

图 3.40 CGRO 得到的全天 γ 暴分布

在 9 年工作期间,CGRO 曾探测到 2 600 起遍及宇宙各处、来自各类天体的 γ 射线爆发事件,人们首次了解到黑洞如何引发 X 射线和 γ 射线的喷发;曾观测到银河系中心出现的反物质粒子云,从而在天文界引起轰动;它还探测到 120 亿年前产生的 γ 射线冲击波。每年约有 100 名天文学家利用“康普顿”的资料进行研究,至今已完成数以千计的论文。

鉴于天体 γ 射线观测的重要性,2004 年 11 月 20 日美国又发射了“雨燕(Swift)号”γ 射线卫星,计划用 2 年时间对大范围天区内约 200

个γ射线暴——天体γ射线辐射在短时间内突然增强的现象——进行详细的观测分析，从而揭开了对宇宙γ射线暴研究的崭新一页。“雨燕号”果然不负众望，在2005年9月4日首次观测到了距地球130亿光年远处一颗恒星发生爆炸的迹象——γ射线暴，这一事件发生在130亿年前，说明作为γ射线暴源的恒星可能在宇宙诞生后最多7亿年就已寿终正寝，变成了一个黑洞。

到目前为止，空间天文观测主要以卫星作为各类望远镜的载体，由此所取得的一系列重要成就，极大地推进了多波段天文学的快速发展。然而，天文学家并没有因此而沾沾自喜、止步不前；相反，他们把目光放得更远，试图寻找能安置天文望远镜的更好的台址，这就是月球。

把望远镜放到月球上去

自阿波罗载人登月计划实施后不久，就已有人开始探讨在月球上开展天文观测(称为月基天文学)的可能性。1980年代后期，有关科学家在美国召开了不同规模的会议，比较详细地讨论了这一问题。从现在来看，随着空间技术的进展，在未来的20～30年内，人类完全有可能再度登上月球并着手在月球上建立工作基地。接下来很可能就是以月球为基地进一步探测太阳系天体和行星际空间，开发、利用月球上的资源，而最终必将会实现人类逐步移居月球、甚至其他的行星。在这些引人注目的设想中，把望远镜和天文台造到月球上去很可能成为首选的项目之一。

空间天文所取得的成功充分说明，在卫星上进行天文观测的环境要比地面天文台优越得多。不过，除了像“斯必泽”这样的探测器外，天文卫星一般离开地面并不太远，因而卫星上的一些设备仍然有可能受到高层大气效应的不利影响。在几百公里的高空，地球大气十分稀薄，但仍然会对卫星的运动产生阻尼作用，其结果是使卫星的运行轨道不断降低。要想使这类天文卫星有效工作比较长的时间，必须要适时对卫星作重新推动。近地卫星的运行速度约为8公里/秒，在这样高的速度下卫星与高空大气微粒相撞时容易受到损坏。在失重环境下，要保证卫星上的望远镜实现对观测目标的高精度指向和跟踪需要很高的技术。此外，由于这类卫星绕地球的运动周期在90分钟左右，观测一批天体所能连续使用的工作时间不可能很长，这就使天文观测受到一定限制。最令人头痛的是，一旦卫星上的仪器出现故障，很难派人去实地进行维修或改进，或者需要花很大的人力、物力代价，如对哈勃空间望远镜就曾派遣宇航员搭乘航天飞机进行了不止一次的维修。要是把天文望远镜放到更高轨道的卫星上去，残余大气的影响自然会大大降低，同时天文观测的环境和效率也将大为改善，然而这时一旦要对卫星上的仪器设备进行维修那就更困难了。

要想从根本上克服上述卫星空间观测的缺陷，就需要为天文望远镜找到一种比卫星更好的观测平台，于是人们想到了地球的近邻——月球。

科学家经过仔细的探讨、论证后发现，把月球作为基地来开展天文观测有着任何卫星观测所不能企及的一些重要优点。第一，月球表面可以为天文望远镜的安置提供一个巨大而极为稳定的观测平台，因此可以采用结构比较简单、造价比较低廉的望远镜的指向和跟踪系统，这是失重状态下的天文卫星所望尘莫及的。第二，月球的表面重力只有地球表面重力的 1/6，从这点上说在月球上建造任何大型建筑物的技术要求会比地球上容易得多。第三，月球上没有空气，自然也没有风，它的表面环境实际上处于超真空状态，天文观测不会受大气因素的不利影响。第四，如果想得更远一点，经过充分开发之后，月球还有可能逐步为人类在月球上工作和生活提供各种必需的原材料和资源。上述因素表明，在月球上安置大型、超大型天文望远镜以至建造天文台都是十分有利的。

从天文观测本身的条件来讲，月球天文台也有着许多有利条件。首先，月球在离地球 30 多万公里之外，它受人类活动的影响和地球本身各种活动的影响远比卫星小得多。其次，月球的自转周期和它绕地球的公转运动周期恰好相等，它始终以同一面对着地球，要是把观测仪器(特别是射电望远镜)放在背向地球的一边，地球和地球上人类活

图 3.41　想象中的月球天文台(后方天空中的是地球)

动对天文观测的影响就近乎完全不存在。还有，月球天空即使在大白天也是全黑的，而它的自转周期长达近一个月，月面望远镜能够观测到视线所及的几乎全部天区，并能对很暗弱的天体进行充分长时间的累积曝光。最后，月球并不太远，电磁波信号往返地球－月球之间一次仅需不到 3 秒钟的时间，天文观测可以很方便地通过遥控的方式自动进行，海量观测数据也很容易从月球传输到地球，天文学家无需亲自登月观测。

可以预料，随着科学技术的发展，人类对月球的开发和利用势在必行。因此，与其他空间天文手段相比，开展月球天文观测的最大优点也许还在于，随着月球基地的不断成熟，天文工作所需要的科技人员和物力支援可以就近提供。同天文卫星相比，在月球上建造大型、复杂的天文观测设备不仅成本低廉、安装简便，而且在需要时，仪器的所有零部件都能由熟练的技术人员实地进行维护、维修和更新，而这类工作对于卫星设备来说则是相当困难的。当然，月球离地球要比近地卫星远 1 000 倍左右，与发射卫星相比，把望远镜送上月球的困难和成本比较大。但是，即使就目前的技术水平来看，在这个问题上首先需要考虑的并不是两者距离的远近，更重要的是飞行器到达目的地所需能量的大小。实际上，到达月球表面所需要的能量只有发射近地卫星的 2 倍左右。而且，随着航天运输技术的不断进步，两者实际费用的差距还在逐步缩小。

任何事物都有它的两面性，开展月基天文学也有着自身的一些困难，许多细节问题有待于进一步的探究。例如，在真空条件下人怎样才能做到有效地工作？如何防止宇宙线和微陨星对人和设备的潜在威胁？怎样克服月球表面昼夜温度剧烈变化的影响？这类问题都是必须仔细研究并加以解决的。毫无疑问，真正实现月球天文观测还需要走很长的路，而月球基地的充分开发和利用更是一项耗资巨大的工程。不过可以有充分的理由相信，人类必将会克服面临的种种困难，朝着这一既定目标前进，并在实现这一目标的过程中，把自身的科学技术水平和对宇宙的认识提到一个崭新的高度。

探测来自天体的引力波

从经典的光学观测发展到现代多波段观测，天文学家已经能够通过探测整个电磁波谱上的天体辐射，来研究天体的性质。那么，有没有可能进一步跳出电磁波的范畴，另辟探测天体奥秘之蹊径呢？

1916 年,爱因斯坦最早从理论上证明,引力是以波的形式向四周辐射的,这就是引力波。正如电磁波会引起接收天线出现某种振荡现象一样,当引力波经过一个物体时,也会使该物体发生形变,或者引起两个物体之间的距离在短时间内发生变化。引力波的能量越大,物体变形或物体间距离的变化也越大,引力波望远镜就是根据这一原理建造的。不过,引力波望远镜的形式完全不同于通常的各类望远镜,本质上说应该把它称为引力波探测器。对于观测天体电磁辐射的望远镜来说,在工作时都必须对准某个目标天体或天区。与之不同的是,引力波探测器并不特意瞄准设定的目标,而是同时监测各个方向来的引力波。因此,一旦收到某种信号,必须对其进行认真细致的分析,才有可能识别引力波波源所处的位置,并设法找到相应的天体。另外,传统望远镜的第一位功能是收集来自天体的辐射,但引力波望远镜并不起到收集引力波的作用,而是通过在引力波作用下发生的共振和变形来探测引力波。

探测天体所发出的引力波是相当困难的,这是因为由引力波通过所引起的上述变化或形变极为微小。如果有两个物体分别处在太阳和地球的位置上,那么当超新星爆发所产生的引力波通过这两个物体时,它们之间距离的变化只相当于一个原子直径的大小。由此可见,探测引力波的设备必须具有极高的灵敏度。

最早尝试进行引力波探测的是美国物理学家韦勃(J. Weber),他在 1960 年代设计了一个很大的铝质圆柱棒(后人称为韦勃棒),用来作为探测引力波的天线——在引力波的作用下棒的长度应该会发生变化,这种机械上的微小变化可以转化为电信号来加以探测。为了证明所收到的信号是真实的引力波信号而不是噪声,韦勃建造了两个棒状天线,安置在相距 1 000 公里的两个地方。1969 年,韦勃宣称他探

图 3.42 设在美国路易斯安那州的 LIGO 计划观测站

测到了引力波——两根铝棒同时收到了同样的信号，从而在学术界引起很大轰动。但是，随后许多人的重复实验却都未能证实韦勃的结果。不仅如此，仔细的研究表明，韦勃声称记录到的信号强度，远远大于超新星爆发所能产生的引力波效应，因而根本不可能是来自天体的引力波，有人则认为很可能起因于高能宇宙线的轰击。鉴于上述原因，人们对韦勃宣布的结果一直存在争议。尽管如此，韦勃的实验当称为开创引力波天文学研究的重要事件。

目前，世界上有多台引力波探测器在开展工作，工作原理类似于韦勃探测器的装置就有 5 台，它们分别安置在意大利(2 台)、瑞士、美国和澳大利亚。此外，还有一类更新型的引力波探测技术，称为引力波干涉天线，其工作原理与韦勃棒不同。目前有好几个这类设备正在建造之中，如美国的 4 公里激光干涉仪引力波观测站(LIGO 计划)，德国的 600 米欧洲引力波观测站(英德联合 GEO 计划)，日本的 300 米激光干涉仪引力波天线(TAMA 计划)，意大利的 3 公里干涉仪(法意联合 VIRGO 计划)等。科学家还设想进一步创造条件把这些干涉仪联合起来，构成一个全球性多台站引力波检测网络，以更精确地确定引力波波源的位置。

上述设备都安置在地面上，其探测能力无疑会受地面噪声的限制，而来自天体的引力波讯号又极为微弱。为了克服这一缺陷，美国和欧洲正在联合酝酿一项由 3 颗卫星组成的空间引力波探测计划(LISA 计划)。这 3 颗卫星组成一个边长约 500 万公里的超级大三角形，卫星间通以激光束，可以用来精确测定卫星两两之间的距离变化，从而探知因引力波通过所产生的卫星位置的微小变化，灵敏度比其他探测设备高 100 倍。LISA 还可进而与地面干涉仪相配合，以获得更可靠的探测结果。卫星计划在 2011 年发射，它们将设置在地球公转轨道上，与地球同步环绕太阳运行 5 年。

大型天文设备是很花钱的，引力波探测计划的实施同样需要投入大量的人力、物力、财力，而天文学家寄希望于由此能获得重大的科学产出，其中之一就是深入了解宇宙极早期的性质。目前对宇宙早期演化史的追溯，最久远的“化石”是宇宙微波背景辐射，但这种辐射所反映的已是宇宙年龄为 37 万年时的状态，因为在这之前宇宙中不存在任何电磁波辐射。引力波的情况则不同，在宇宙诞生的最初阶段，所发生的各类事件应该都会产生强大的引力波，而原始引力波能无阻碍地穿越原初宇宙的高密度区域。一旦能捕捉到这类引力波，其反映的

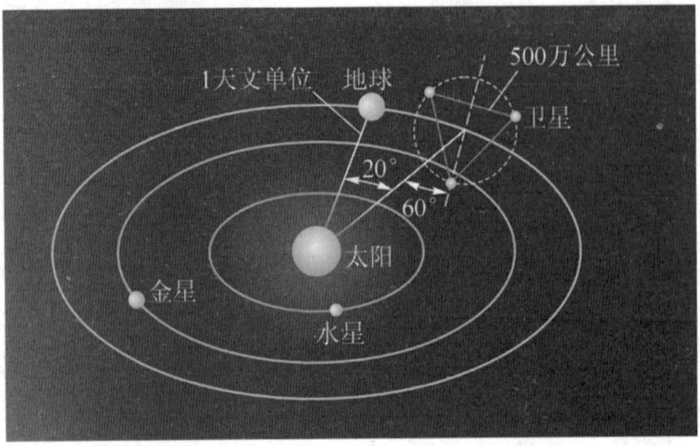

图 3.43　LISA 计划中卫星在地球公转轨道上的位置

时代就要比微波背景辐射所能提供的更为久远，从而获得有关原初宇宙、甚至宇宙诞生时的宝贵信息，而这一点也许只有通过对引力波的探测才能做到。

对于天文研究来说，引力波可谓是一个崭新的观测窗口，探测引力波所获得的信息完全不同于电磁波。一旦观测到了引力波，也许会使人类认识宇宙的进程步入一个全新的阶段。

3.6　探索外星知音

UFO 现象及其引发的闹剧

UFO 是“不明飞行物”英语的缩写词，这是泛指在天空中看到的、一时还无法给出恰当解释的物体或现象。正由于找不到现成而又确切的解释，好事者便把不明飞行物与外星人的飞船联系起来，于是 UFO 便名声大振，引起公众极大的兴趣。也许地球人太希望找到自己的同类了，所以一旦有人说看到了不明飞行物，媒体便争相报道，甚至大加渲染，于是谣传因此而四起。有意思的是，中国台湾地区把 UFO 形象化地音译为“幽浮”，更使人浮想联翩。

那么，不明飞行物，或者至少某些不明飞行物确实是、或者有可能是外星人来访的飞船吗？

关于 UFO 的报道和传说可谓由来已久。据记载，早在 1566 年 8 月 7 日，瑞士巴塞尔地区上空曾出现过一组圆形物体并朝着太阳飞去，在飞行过程中渐而消失。近代 UFO 热始于 1947 年，是年 6 月 24 日，美国人阿诺德(K. Arnold)在 3 500 米高空中驾机飞行时，看到有一个明亮的圆形物体掠过山顶，按他对记者所作的描述是“像一个跳跃着掠过水面的碟子”。嗣后，美国新闻界首创“飞碟”一词，并大篇幅报道阿诺德目击的飞碟事件，把不明飞行物称之为“飞碟”即由此而来。实际上，在这之前关于 UFO 的描述并不都是碟状的。

图 3.44　一张著名的 UFO 照片

在阿诺德事件之后的几个月内，世界各地即出现数以百万计有关发现飞碟的报道。这类报道的内容真可谓层出不穷，且日趋荒诞。如 1988 年 8 月《世界周刊》报道，一架 UFO 在苏联西伯利亚地区失事，苏军俘获了 8 名外星人，其中更有一名孕妇，并于当月 25 日居然生下一个外星宝宝等。照相术发明后，不少人发表了各种不明飞行物的照片。更有报道称，某地发现飞碟，空军飞机立即起飞以探其究竟，而结果总是飞碟旋即消失，或者很快逃之夭夭，飞机根本追不上。此类例子可以说是五花八门，不胜枚举。各地 UFO 爱好者纷纷成立研究会一类的组织，并出版专门讨论 UFO 的刊物。

图 3.45　这张照片是真的吗

有关目击 UFO 的新闻均见于一些报纸或非正规科普杂志，而且大都是转载来的消息，其中不乏以讹传讹或添油加醋以吸引读者的眼球，从未见诸于正规学术刊物。实际上，95%以上的 UFO 现象已经找到了成因，如流星的尾迹、金星、彗星、形状奇特的云块和球形闪电等大气现象，以及大群昆虫、人造卫星或运载火箭等。例如，1987 年 8 月

27日20时左右，上海、福建等中国华东地区所见到的UFO现象，最终被证实是用于发射卫星的末级运载火箭。又如20世纪末一段时间内上海市区每天下午4时55分左右，总能在西方低空中见到所谓UFO现象，时而呈圆形，时而又变为长条形，市民纷纷向媒体询问其所以然，而各种媒体则竞相报道。后来经上海天文台用望远镜观测，证实那只是一架常规航班的喷气飞机：飞机的尾气在高空低温环境中会结雾，并因反射阳光而为人们所看到；尾气朝向观测者视线方向时，可看到一个圆形的像点，而当尾气转为以侧向对着观测者时，便表现成长条形的光迹。

金星已多次被误认为是UFO。如果在金星所处位置的天空中有一些缓慢移动着的薄云，而附近又没有其他参照物，或者没有作较长时间的仔细观察，那么不识金星的人们往往会误以为有不明飞行物在动。谜底一旦破解，道理非常简单。

更糟糕的是，有些报道居然是人为制造的骗局。世界级科普大师美国人阿西莫夫(I. Asimov)就说过："有些人喜欢把自己的名字登上报纸，而有些人则喜欢捉弄人"。他甚至具体地指出："……只要使照相机失焦，或在底片上滴一滴显影液，就能造出一张假的UFO照片来。在制作UFO假照片上有些骗子技巧高明"。

不妨作一番逻辑上的推理：如果外星人飞船确已来到地球，而现代地球人居然始终发现不了他们，那么这些外星人的科技水平显然已大大超过地球人。今天的地球人正在努力探索外星生命，或设法让外星智慧生物知道有地球人存在，那么好不容易到达地球的外星人为什么总是躲躲闪闪，始终不愿意露面与地球人接触、联系呢？结论只有一个，UFO现象与外星人风马牛不相及。

当然，确有极少数UFO还没有找到合理的解释，但这决不等于就是外星人飞船的光临。科学的精神应该就是实事求是的精神，不管人言如何，媒体登载的新闻怎样扣人心弦，哪怕有人出示所谓"证据确凿"的照片、甚至录像片，都切不可相信UFO就是外星人的飞船，这对于影响公众思考的媒体记者们尤为重要。

那么，除了地球外，宇宙中到底有没有所谓外星人呢？这是一个严肃而又需要深入探究的科学问题。

两种对立的生命起源观

生命起源于何处，又如何起源，这是一个重大的基础理论课题。

对此，学者们有着两种互相对立的观点：一种认为生命起源于地球本土，可称为“本地说”；另一种则主张可形成原初有机生命的物质并不存于地球本土，而是来自地球外的“舶来品”，可称为“外源说”。

1920 年代，苏联生物学家奥帕林(A. И. Опарин)在他的《生命的起源》一书中首次明确提出，地球形成之初的大气成分与今天的状况是很不一样的。1953 年，美国生物学家米勒(S. L. Miller)和尤里(H. C. Urey)向公众演示了关于生命起源的推测性实验。他们赞同奥帕林的观点，认为早期地球大气的主要成分并不是氧和氮，而是弥漫分布着甲烷、氢气、氨和水，自然界的放电现象会触发它们发生化学反应，并生成核酸和糖之类较为复杂的有机分子，进而便可能孕育出原始生物，并由低级向高级进化，直至诞生现代人。米勒在实验中复制了原始地球的条件，又用电流作为能源，结果发现 7 天后，有六分之一参与实验的甲烷变成了一些更复杂的分子，其中有丙氨酸和甘氨酸，它们是蛋白质中最简单的两种氨基酸。以后的一些实验证实了米勒的结果，从而说明构成活组织的主要分子可以通过这类途径自然产生。

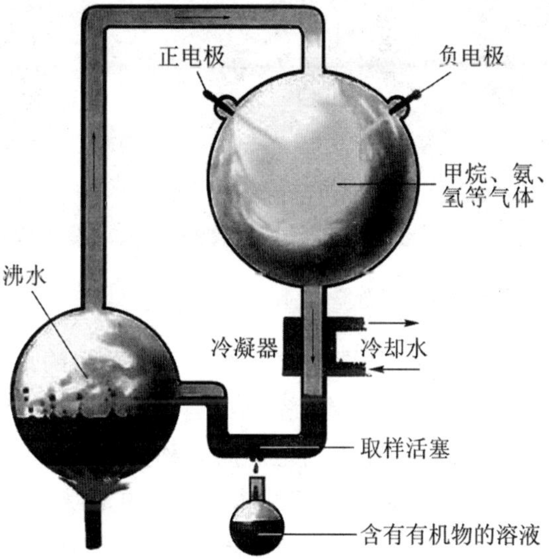

图 3.46 米勒等人的实验装置

1985 年，美国古生物学家斯坦利(S. M. Stanley)提出，太古时代一些深海火山的地质条件与今天的洋中脊相似，合成原初有机分子的化学反应就是在那里发生的，并能进而诞生原始生命。若干年后，有人在洋底火山附近找到了美国黄石公园热泉中能存活的嗜硫细菌，这就为生命的海底火山起源说提供了证据。

“本地说”的出现至少可以追溯到巴斯德(L. Pasteur)和达尔文时代,而“外源说”的问世则要晚得多。“外源说”的基本观点是,地球上原本不存在形成生命所需要的化合物,生命的胚种应该来自地球之外。形成生命所需的一些有机分子早已存在于广袤的星际空间,它们会附着在太阳系小天体或它们的碎片上并闯入地球,为地球带来形成原始生命所需要的胚种——有机化合物。1990 年,美国宇航局的科学家甚至具体提出,在白垩纪和第三纪交界附近地层中的有机尘埃,是彗星掠过地球时所留下的氨基酸生成的。在地球形成之初,这类事件发生的机会比现在多得多,而彗星之类的天外来客便给地球带来了生命之源。

图 3.47　生命起源的外源说

至少在目前来说,陨星是地球上唯一可以找到的地外天体样本。流星体长期在极度寒冷的行星际空间中运行,可以很好地保留住在形成之初的原始状态,它们在落到地面后才称为陨星,因而陨星便为有关研究提供了十分珍贵的“化石”标本。人们在称为球粒陨星的一类陨星中发现了多种有机物,其典型代表是 1950 年落在美国的默里陨星和 1969 年落在澳大利亚的默契逊陨星。1971 年,有关专家从默契逊陨星碎块中分离出 18 种氨基酸,其中 6 种为蛋白质中所常见;不久,对默里陨星的研究也得到了同样的结果。这两颗陨星的坠落时间相差近 20 年,又分别落在相距很远的地方,居然有如此相像的有机成分,说明陨星中含有氨基酸等有机物很可能是一种具有普遍性的事实。1973 年,人们又在陨星中发现了构成活细胞主要成分的脂肪酸。

这些事实说明，尽管在陨星中所找到的只是有机化合物而不是生命，但它们却是自然界的“杰作”，不是实验室中的人造物。

1963年，用射电天文方法成功地探测到了星际分子，而且在迄今所已发现的几十种星际分子中大多是有机分子，其中复杂的如氰基辛四炔有11个原子。关于星际有机分子的形成和化学演化过程至今尚不很清楚，但它们的普遍存在已是不争的事实。

“本地说”显得自然些，比较容易为人认同；“外源说”说得好听有点像在标新立异，说得不好听甚至有胡说八道之嫌。但是，越来越多的事实表明，“外源说”有它的科学依据，构成生命的物质或者生命本身看来不会只见于地球一家。这两种对立的观点孰是孰非，无疑需要进一步的研究和证实。有没有可能，对地球上的生命起源来说，两种机制都曾起了作用呢？已经有人提出，大陨星撞击地球所产生的热和冲击波，可以在原始大气中触发合成有机物的化学反应，这似乎可以算作是把“外源说”和“本地说”结合起来的一种观点。

条件相当苛刻

有机物质的出现并不等于生命必然诞生，更不意味着最终一定进化出高等智慧生物。宇宙中要能生成像地球人这样的智慧生命，必须满足一系列的条件。

首先，生命不可能出现在自身发光、发热的恒星上，但生命的存在看来又离不开来自恒星的光和热。因此可以推知，生命只能出现在绕恒星运转、有固体表面的行星上，这是诞生生命的基本条件。

现代生物学研究表明，生命从最简单形态进化到高等生物需要非常长的时间。地球上大约在35亿年前就已出现了一种称为蓝－绿藻的单细胞生物。然而经过25亿年的漫长时光后才进化成比较复杂的多细胞生物。到4亿年前，各类植物和动物相继出现。6500万年前，在地球上生活了1亿多年的恐龙突然销声匿迹。北京人是在约69万年前才出现的，而人类有文字记载的历史只有四五千年，仅约占地球年龄(46亿年)的百万分之一。

由此可见，从地球形成起算，进化出高级智慧生物大约需要40亿～50亿年的时间，而诞生拥有高科技手段的高等生物，只是这一过程中最后非常短的一段时间内发生的事。例如，人类发射第一颗人造卫星至今约为50年，只占这段历程的亿分之一，而且是出现在最后的“一瞬间”。

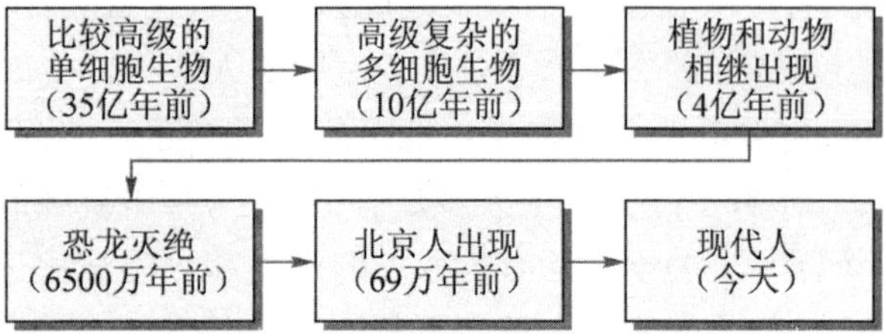

图 3.48　生物进化的漫长历史

因此，诞生高等智慧生物的第二个条件是，在上述漫长的时间内，行星和它的母恒星必须始终保持稳定。恒星的质量越大寿命越短，大质量恒星的寿命只有几百万到几千万年，它们的周围即使有合适的行星并诞生任何形式的生命形态，也没有足够的时间进化为高级智慧生命，红巨星阶段的到来会把行星上的一切、甚至整个行星吞噬掉。因此，高等生物只能在像太阳那样或更小一些质量的恒星周围的行星上出现。

然而，恒星周围未必一定有行星存在。尽管已经在太阳系外发现了许多“外星行星”，有的还不止一颗，但以目前地球人的智能水平还不能详细研究它们的性质，甚至无法确知它们究竟是类地行星还是类木行星，更谈不上研究它们的环境是否适合于生命的诞生和进化。如果是类木行星，显然不可能有生命出现。恒星周围要有类地行星存在，这是诞生高等生物的第三个条件。

有行星不等于有生物，更不等于有高等生物。一个重要的前提是行星到母恒星的距离必须恰到好处，或者说必须位于所谓恒星的“生态圈”或者“可居带”之内——既不能离开恒星太近，又不能太远。这第四个条件情况相当复杂。生态圈的范围通常是很窄的，而且随恒星而异。有人作过估算，对太阳系来说，要是地球到太阳的距离比现在位置再靠近 5%就不可能存在生命，而只要离太阳再远 1%地球便会彻底冻结。这个条件非常苛刻，也许，它正是迄今没有在火星或太阳系其他地方发现有生命的原因。另外，银河系也有它的可居带，因为在旋臂这样的恒星密集区，超新星爆发事件会频繁发生，而这类事件一旦出现，因爆发产生的高强度 γ 射线就会把相当大范围内已经存在的一切生物杀死。

接下来的一个条件是，要有生命出现，行星上必须存在合成有机生物所必要的各种化学元素。在这个问题上，学者们的看法分歧很大。一种观点认为，地球上的生命是自然进化的结果，因此外星生命的基本样式应该与地球上的生物没有本质差别，如也要喝水，需要呼吸氧气等。另一种观点与之相反：外星生命可以取完全不同的形态，如不需要喝水，或者呼吸另一类气体。可惜迄今只知道地球上生命所具有的形态，因而无法对上述两种观点做出明断。前一种观点看上去比较容易为人接受，而要是如此，对能够出现生命、并进化到高级阶段的行星的要求就更高了。

银河系中大约有 1 000 多亿颗恒星。根据德国天文学家基彭哈恩(R. Kippenhahn)的估算，如果乐观地假定每颗合适的恒星周围至少有一颗位于母恒星生态圈内的类地行星，而且行星上一定存在能诞生和维持生命所必需的化学元素，那么银河系中这样的行星可能有 100 万颗左右。但是，要能进化成地球人那样的高级智慧生命，这个数目就少得多了，也许只有几百颗，甚至更少。因为这些符合条件的行星有的早已生成，有的诞生不久，年龄可以相差很大，要是只有 20 亿年，那么即使有生物存在，也一定是非常原始的，目前尚不可能进化到现在地球人的水平，更谈不上掌握高科技手段了。今天地球人能用于远距离通讯的唯一技术手段是无线电波，须知即使在几百年前，人类对无线电波还是一无所知。另外，如果在遥远的某些行星上确有外星人存在，则必须与他们联系上才能予以证实，否则仍然是一个谜团。

当然，基彭哈恩的推理仅仅是一家之言，其中有很大的不确定性。例如，宇宙中适合生命诞生并能进化为高级智慧生物的行星究竟有多少个？高等生命是否只能有地球人这样一种形式？这类问题目前根本无法给出确切的回答，因而不同人的推算结果可以相差很大。不管怎么说，宇宙中能够进化出高级智慧生命的行星肯定是存在的，请不要忘记在银河系之外还有数以百亿计的河外星系。要是认定宇宙中这样的行星只有地球一个，那么这种观点便无疑是“上帝创造人”思想的现代版本。不过这样的行星也一定不会很多，而外星人搭乘 UFO 造访地球的说法是完全不可信的。

早期的猜测

当哥白尼学说深入人心之时，地球在宇宙中的地位便降为一颗绕太阳运转的普通行星。于是，在地球以外是否存在人类的同类，即外星人的问题，不仅为广大公众所关注，而且更是科学家严肃讨论、探究的热点。在 16—18 世纪间，布鲁诺、伽利略和康德等人都曾对外星人的存在做了种种设想和猜测，康德甚至在他的《宇宙发展史概论》一书中大胆推测，每颗行星都可以有生物、甚至高等生命形态存在。

1785年，约翰·赫歇尔通过望远镜观测发现，火星不仅有大气，还与地球一样呈现四季更换和昼夜交替，而且火星极冠和一些地块的颜色有比较明显的季节性变化。于是，这位当时的天文学大师便认为，火星上应该有人居住。由于火星在许多方面酷似地球，加之赫歇尔手上有世界上最大的望远镜以及赫歇尔本人的科学地位，他的看法得到了广泛的认同，而对外星人的关注便具体落实为探索火星人。

为了与想象中的火星人取得联系，各种颇有见地的设想应运而生。1820年，数学家高斯提出，在西伯利亚平原划出一个大直角三角形种上小麦，并以它的3个边作3个正方形区域种上松树。后来更有人建议在撒哈拉沙漠挖一个半径20英里圆形管沟，充满煤油并使之燃烧；或者在地球上某个地域按北斗星的图案设置7块大镜面，以将太阳光平行向火星反射。此类设想的目的相同：如果有火星人，他们一旦看到地球上的这种图案，必定会推知它们不可能是大自然的杰作，一定是地球上的智慧生物所创，从而有可能主动与地球人联系。可惜，这种计划的代价太大，在100多年前显然无法付诸实施。

关于火星人的轰动性事件发生在1877年。这一年的8月正值难得一见的火星大冲，人们纷纷把望远镜指向火星。意大利米兰天文台台长斯基帕雷(G. Schiaparelli)在观测火星时，看到火星圆面上似乎有一些线条状的地貌，并取名为“Canali”，意大利文的意思是“水沟”或“通道”。不料，这条消息在译成英文时用了“Canals”一词，意思是“运河”。这样一来，火星上发现“运河”的消息便迅速传遍世界各地，因为“运河”一定是人工造的，而这就意味着火星上有“人”——火星人。

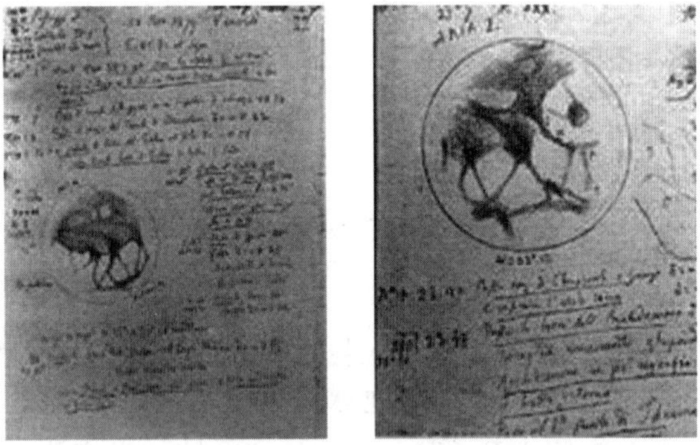

图3.49　斯基帕雷发现“火星水沟”的观测手稿

对火星运河一说推波助澜最得力的当推美国天文学家洛韦尔，他对火星运河的消息大感兴趣，自己出钱建造了天文台。经过多年的观测，洛韦尔宣称他不但证实了斯基帕雷的发现，还看到了许多新的运河，它们的源头看上去十分昏暗，似乎就像绿洲，而运河则把荒芜的沙漠与水源充足的绿洲连接了起来。洛韦尔把自己的观测和推论写成了 3 本书：《火星》、《火星及其运河》和《火星——生命的住所》，系统地阐述了他关于火星运河如何被火星人有目的地用于灌溉的观点。洛韦尔的论点引起人们极大的兴趣，并风靡全世界。科幻小说家找到了极好的题材，出版商为之兴奋，而《大战火星人》一书还曾使少数人恐慌不已。

图 3.50 洛韦尔(1855—1916)

不过，洛韦尔的观念很快便受到质疑，如美国天文学家巴纳德(E. E. Barnard)就认为火星上的暗线条根本就不是直的，既不规则，而且又呈间断状，完全不像运河。有人更认为把火星上的暗线条说成是运河，纯粹是视觉上的一种错觉。嗣后，大望远镜不断问世，但并没有观测到什么火星运河，于是关于火星人的种种话语便逐渐沉寂下来。1971 年 5 月 30 日美国发射的“水手 9 号”于当年 11 月 14 日进入绕火星轨道飞行，拍摄了 70%的火星表面，传回 7 000 多张火星照片，从根本上否定了火星上存在运河的说法。不过“水手 9 号”却意外地发现火星上有许多类似干枯河床的地形结构，但它们的位置与洛韦尔的描述大相径庭。

火星人不存在并不等于否定外星人的存在。1943 年，意大利物理学家费米(E. Fermi)在一次科学聚会上提出：“外星人在哪儿？”他认为，如果有高等智慧生命存在，那么应该在 5 千万至 1 亿年内扩张到整个银河系。事实上地球人并没有感受到或探测到外星人，也没有发现存在外星人的迹象。外星人似乎不愿意或不想与其他星球上的同类交往，也许他们甚至不屑于星际旅行，而这是很奇怪的；也许只是外星人还没有发现地球人，或者地球人也还没有找到外星人。

要想真正从事对外星同类的探索，地球人必须从头开始。

飞向远方的地球人信息

人类目前的科技水平已发展到开始科学地考虑如何探索外星人，

以至设法与之联系的问题。这里又可包括两方面的内容:要是有外星人存在,如何才能找到他们,至少也要发现他们的踪迹;或者设法让外星人知道地球上有人类这样的高等智慧生物存在。

1960 年 4 月 18 日,美国天文学家德雷克(F. Drake)率先开始执行一项奥兹玛(OZMA)计划。该计划取名于童话中遥远的、居住着一些奇异生灵的奥兹国(Oz),计划的目的是尝试接收外星人可能发来的无线电讯号,观测对象是两颗类似太阳的恒星鲸鱼 τ 和波江 ε,距离分别为 11 和 12 光年。在 3 个月内,德雷克用格林贝克天文台的 26 米射电望远镜,在 1.42 吉赫频段共监听了 150 小时,结果一无收获,计划只得作罢。通常认为,德雷克的尝试是后来被美国宇航局称之为探索地外文明(SETI)计划的开端,而这类计划至今已实施了许多项。

1974 年 11 月 16 日,美国用位于波多黎各的 305 米射电天线,发送强方向性宽波段射电讯号。发送的对象是武仙座球状星团,距离 2.4 万光年,该星团包含了几十万颗年龄较老的恒星。这次发射实际上更多是象征性的,并不具有实际意义,因为即使讯号能到达彼处,为外星同类收到并加以破译,然后向地球发出"回信",地球人能收到且成功破译,而且这个过程一切顺利的话,也一定是在大约 5 万年之后的"特大新闻"了。

1972 年 3 月 3 日和 1973 年 1 月 5 日,美国先后发射"先驱者 10 号"和"先驱者 11 号"两艘飞船。除了主要对木星进行科学考察外,飞

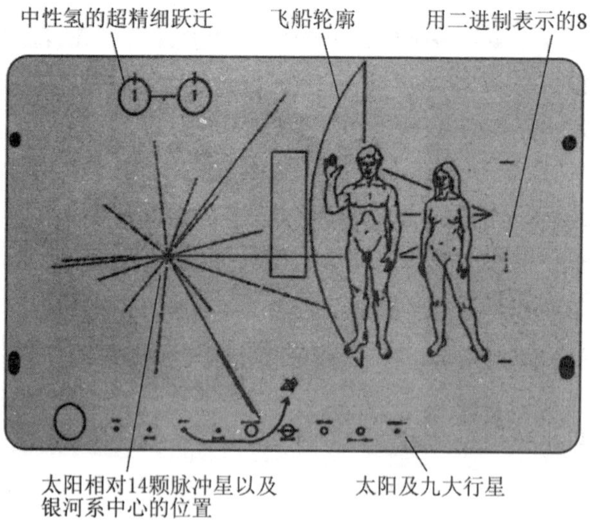

图 3.51 "先驱者号"携带的镀金铝盘

船还各携带了1块被称为“地球人名片”的镀金铝盘，上面刻有经过精心设计的特种图案，德雷克与美国天文学家和科普作家萨根(C. Sagan)参与了这张著名“名片”的设计。铝盘上刻有男、女两性地球人的正面站立裸体像；太阳和行星按大小比例的示意图，同时注明铝盘从第三颗行星——地球出发；绘有表征地球人科技水平的氢的超精细跃迁结构；以及用二进制表示的、地球到若干脉冲星的距离等信息。人们希望有朝一日这张“名片”能最终被外星智慧生命获得并加以破译。目前，这两个探测器正以每年约1天文单位的速度远离太阳系，不过早已与地球失去了联系。

在1977年美国发射的两艘“旅行者号”飞船上，携带了称为“地球之音”的唱片。唱片由镀金铜板制成，直径30.5厘米，包括一个瓷唱头和一枚钻石唱针；设计者有萨根夫妇及一些科学家和音乐家，而唱片的内容要比“地球人名片”丰富多了。首先说明了该装置系美国制造，并对地球作了非常简要的介绍，还有一段时任联合国秘书长瓦尔德海姆的口述录音，以及一份当时美国总统卡特签署的电文。此外就是大量的照片和图表，不同语言的问候语，各种各样的声音，多首古典和现代音乐等。

有趣的是，在55种语言的问候语中，中国的汉语占了3种：普通话是“各位都好吧，我们很想念你们，有空请到我们这儿来玩玩”，上海话是“祝那大家好”，而闽南话是“太空朋友，你们好，你们吃饱了没有?”其他的如阿拉伯语是“向诸星的朋友们问候，愿我们有一天能相会”，英语是“哈罗，行星地球上的孩子们向你们问好”，等等。

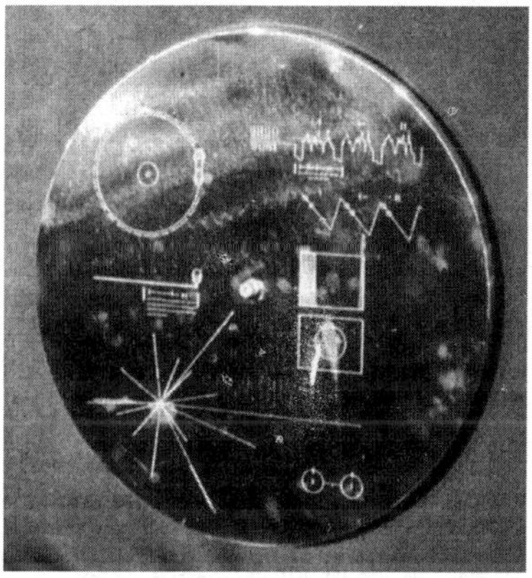

图3.52 “旅行者号”携带的“地球之音”

在众多的声音中有35种是自然界的声音，如海浪声、风雨声、雷声等，和鸟类、青蛙、鲸等动物的声音；有人类活动的声音，如爆炸、砸盘子、枪炮声、交通工具(汽车、火车、飞机等)声、莫尔斯代码声等；以及人类自身如母亲和儿童的声音等。

在约90分钟的音乐部分中，有27首古典和现代音乐，包括西方的古典和民族音乐，如贝多芬《命运交响曲》中的第四乐章，巴赫和莫扎特的乐曲等，其中有中国的古典名曲《高山流水》。

百科全书式的照片和图表共计有116幅，包括太阳的位置和太阳系参数；数学、物理学和化学中的定义和单位；人体解剖和器官，DNA结构；男女老少以及胎儿的像；各种动植物和自然景色；著名建筑物，如悉尼歌剧院、中国的长城等；人类活动和仪器设备，等等。

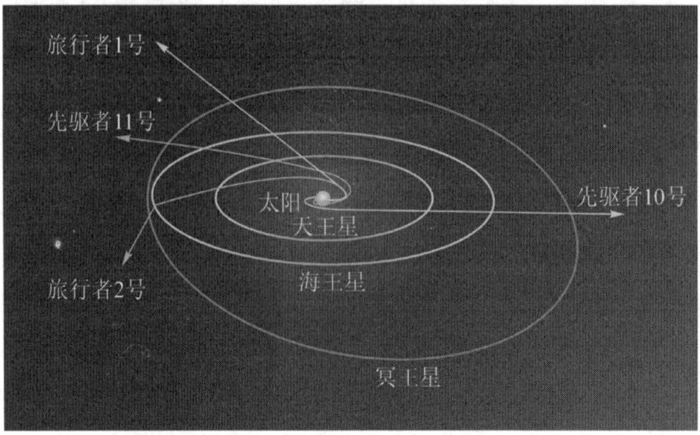

图3.53 “先驱者号”和“旅行者号”的飞行路线

由于包装稳妥，唱片中的内容可保存10亿年。目前“旅行者号”已飞行了约30年，距离地球已超过90天文单位，并以每年3天文单位以上的速度不断远离地球，但它们的电源仍在工作，至少到2020年还能向地球发送科学信息。不过，地球人想要得到外星同类的回音恐怕只能是一种遥遥无期的奢望，因为按“旅行者号”的飞行速度，到达最近的恒星也需要几百万年的时间，而且还不知道那里有没有适合生物存在、进化的行星和外星人！

努力寻找外星行星

外星人和SETI一类的计划，早已成为了科普书和科幻小说的上等题材，而据此所拍摄的电影大片则获得了很高的票房收入。但是，科学家决不会以守株待兔的姿态，来期望从OZMA式计划或者“旅行者号”获取外星同类的信息。他们必须踏踏实实地开展自己的研究工作，其中第一步就是设法寻找外星行星——太阳系外其他恒星周围的行星，而且必须是类地行星，因为这是存在外星智慧生命的先决条件。

行星和恒星是两类性质完全不同的天体。行星的质量比恒星小得多，以太阳系为例，最大的行星——木星的质量还不到太阳质量的千分之一。行星虽然可以产生少量的红外辐射，但主要是反射母恒星的光辐射，亮度极为微弱，通常只有母恒星亮度的几十亿分之一。因此，要想直接观测到恒星周围的行星是相当困难的。1980 年代起，天文学家开始通过一些间接的方法来探测行星，并取得了很大的成功。在这些方法中，主要是视向速度法和行星凌星法，其他还有天体测量法、脉冲星计时法、微引力透镜法等，所有这些方法的基本原理都是利用了类似于探测不可分辨双星的一些观测效应。

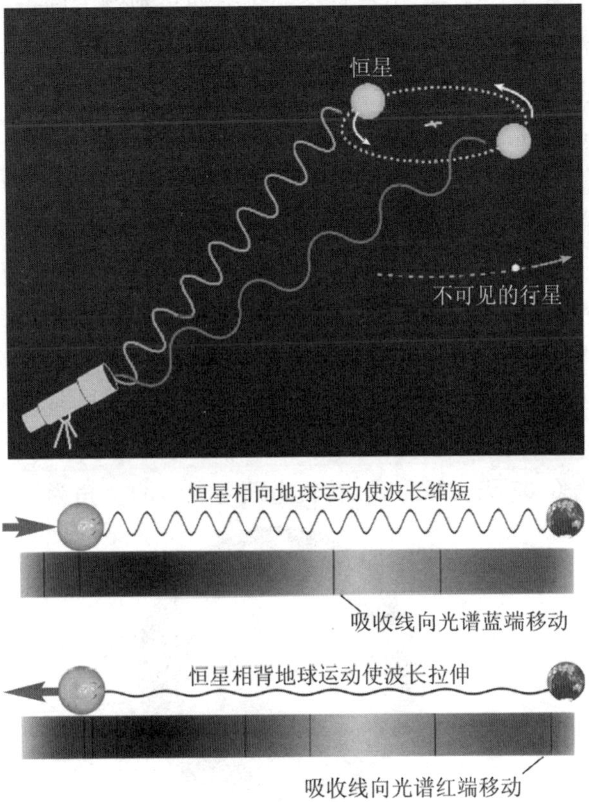

图 3.54　由多普勒效应发现外星行星的原理图

如果远方恒星的周围有一颗不可见行星，那么由于行星的引力作用，恒星会周期性地接近和远离地球，并因多普勒效应而在它的视向速度观测结果中反映出来——观测到的视向速度会时而增大，时而减小，变化周期就是行星绕恒星的公转运动周期。要是绕恒星转动的行星不止一颗，视向速度的变化就比较复杂，但仍有规律可循，并能从中推算出每一颗行星的具体特征，如质量、公转周期等。1995 年 10 月 6 日，瑞士日内瓦大学的麦耶(M. Mayor)和魁若兹(D. Queloz)

用这一方法，在距离为 45 光年的恒星飞马 51 周围发现了第一颗外星行星。由于现代恒星视向速度的测定精度可高达每秒数米以至 1 米，该方法已成为探索外星行星的主要手段，所发现的行星数迅速增加；截至 2004 年底，已在 119 颗主序星的周围共探测到 135 颗行星。2004 年 8 月发现，在距地球 50 光年的恒星天坛 υ 周围有一颗质量仅为 14 倍地球质量的行星，可算是已发现的质量最小的外星行星，公转周期只有 6 天。不过，当行星公转轨道面与视线方向近乎垂直时，视向速度法就失效了。

行星凌星法是一种测光方法，其基本原理是对于那些公转轨道面与视线方向很接近的外星行星来说，行星有可能从母恒星的前方通过，情况犹如发生在太阳系中的水星凌日或金星凌日，称为行星凌星。在凌星期间，恒星的亮度会减弱，而且这种亮度减弱的出现是周期性的，由此便可探知恒星周围有行星存在。这种方法小望远镜也能发挥作用，但适用的对象较少，不过有时可以与视向速度法相结合，从而得出更多有关行星的信息。如在 1999 年，天文学家曾利用恒星 HD209458 的 2 次凌星事件的测光资料和之前取得的视向速度资料，确认其有一颗行星，质量为木星的 0.73 倍，直径是木星的 1.27 倍，轨道半长径为 0.05 天文单位，公转轨道面与视线的交角为 3°。当然，因

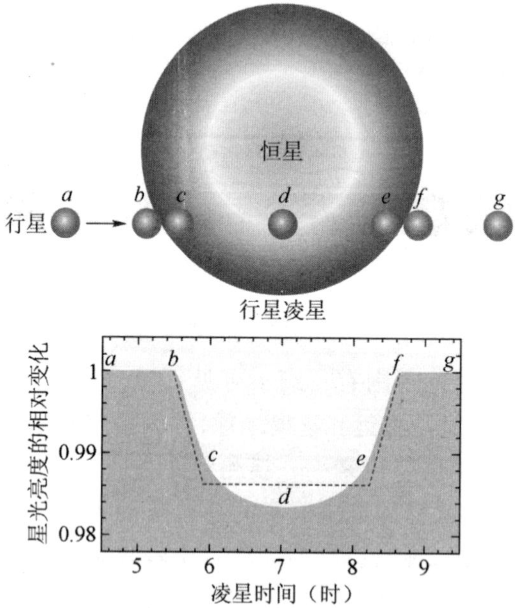

图 3.55　行星凌星时恒星的亮度会发生变化

凌星现象而使恒星亮度减弱的程度是很小的,在发生行星凌星现象时,木星大小行星使恒星的亮度约减小1%,而对地球大小的行星来说相应的数字仅为0.01%。由此可见,要通过这条途径来发现外星行星,必须有很高的测光精度。

随着技术的进步,近期人们已直接拍得了外星行星的像。在这方面,红外观测尤为重要,因为在红外波段行星和母恒星的亮度只相差100万倍,而不是可见光波段的几十亿倍。2005年4月4日德国耶拿大学的科学家公布了由斯必泽望远镜拍摄的恒星GQ Lupi A及其行星GQ Lupi b的照片。这是第一张太阳系外行星的照片,恒星距离地球约400光年,而它的行星则呈亮点状,两者之间的距离超过100天文单位,行星的公转周期约为1 200年。在这一领域中哈勃空间望远镜也发挥了重要的作用,并已发现若干个很可能是外星行星的候选天体。至少就目前来看,由直接成像所发现的外星行星距离母恒星都比较远,如果两者靠得很近,行星像必然会被恒星的光芒所淹没而无法显现。

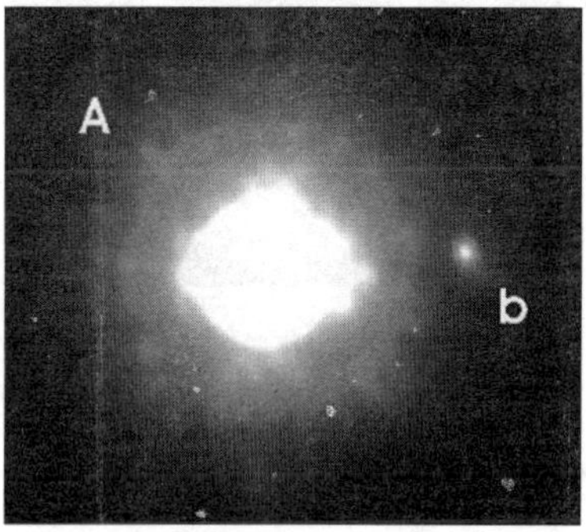

图3.56 “斯必泽”拍摄的GQ Lupi A和行星GQ Lupi b

截至2006年10月3日,已发现了210个外星行星,而且这一数字每年约增加20个。有20颗恒星拥有一个以上的行星,其中最早是在1994年4月发现的恒星仙女υ的行星系统,共有3颗行星。近期有报道称,已在位于巨蟹座中一颗恒星的周围发现有5颗行星,该恒星距地球41光年。另外,还有4个行星围绕两颗脉冲星的情况。有人估计,不少于10%的类太阳恒星都会有自己的行星。

由于技术条件的限制,目前所发现的外星行星大多数都是比较容易发现的、质量较大的类木行星,且距母恒星比较近,多普勒效应较为显著而易于探测到。不过,有人估计其中约有三分之一应该是类地行星。另一方面,就太阳系来看,小质量的类地行星可能更多。一些国家已经拟定了若干大规模搜索外星行星的空间计划,以期对外星行星作更深入的探索,如美国的“开普勒”计划和“类地行星发现者”计划,欧洲空间局的“达尔文”计划等。

法国等国的COROT卫星已于2006年12月27日发射升空,专门用于寻找与地球类似的外星行星。该卫星重630公斤，载有一台30厘米口径的望远镜，计划在2.5年左右的时间内对约12万颗目标恒星进行观测研究，以期发现质量为地球2～3倍的外星行星。

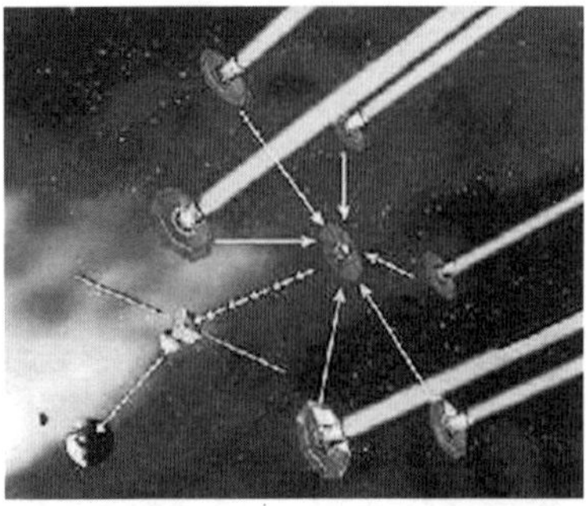

图3.57 “达尔文”计划的望远镜列阵

欧洲空间局的“达尔文”计划拟于2015年实施。该计划共发射8艘飞船，其中的6艘各携带一台1.5米反射望远镜，排列成一个100米直径的望远镜列阵作编队式飞行，任务是同时观测同一目标天体。第7艘飞船的作用是把这6个反射镜获得的讯号综合成一个像，并监测、修正这些飞船的位置和姿态。第8艘飞船负责把获取的图像传回地球。这样一个望远镜列阵的集光能力相当于一台3.7米的望远镜，而空间分辨率则相当于一架100米口径的望远镜。观测在红外波段上进行，图像合成时要做到恒星光相互抵消、削弱，行星的光则相互叠加、增亮，从而大大提高发现外星行星的能力。

其他一些同类空间计划在观测技术上各有其妙招，而目的只有一个——发现更多的外星行星，并进行尽可能深入的探索。

在确认外星类地行星后，下一步的工作将是设法鉴别行星上是否可能存在生命。对于这一点，一种可行的途径是分析行星的大气成分，如是否含有氧、氮、甲烷、臭氧等，并与地球在46亿年演化过程中不同时期的大气组成进行比较，从而为外星行星上能否存在生命，以及生命进化可能所处的阶段提供一些重要的线索。人类科学家正在朝着既定目标——探索自己的外星同类，一步一步地向前迈进。可以有充分的理由相信，只要持之以恒，在未来的某个时间，人类必将对此做出重大的发现。

第4章　更上一重天

河外星系这一概念被正式认可至今，其历史还只有80余年，与地球46亿年的高龄相比，真可谓是“弹指一挥间”。然而，在这不足100年的时间中，人类的科学技术水平和对自然界规律的探索取得了前所未有的成就，其中包括了对宇宙的认识。黑洞、引力透镜、暗能量等新事物和新名词，不断出现于公众媒体之中，有的已进入学生的教科书，并引起人们的广泛兴趣和关心。河外星系及与之有关的天象出现在距离地球几百万光年、甚至100亿光年的难以想象的宇宙深处，没有强有力的探测设备或者缺乏聪慧的头脑，对它们的探究是完全不可能实现的。然而，事实证明人类做到了这一点，并正在认识宇宙的历程中不断开拓前进。

4.1　银河系外的景观

花样十足的河外星系

科学研究的一项重要工作是要对观察对象进行合理的分类，以从中发现不同类别对象各方面性质的相同之处和主要区别，并进而探究其间可能存在的内在联系，如一类对象是否从另一类对象演变而来等。而且，随着工作的深入和被研究对象的增多，分类工作必然会日趋细致和完善。如以动物学为例，地球上的各种动物可以按门、纲、目、科、属、种等多个层次逐级进行归属性分类。天文学的研究对象是形形色色的天体和天体系统，作为一项基础性工作，同样要对这些天体和天体系统进行分类，并逐级细化以求甚解。

星系是一类庞大的天体集团，为了说明它们的性质，除了像恒星那样也可以表现出有不同的大小、亮度、颜色等特征外，更为直观的是它们具有不同的形态。自哈勃证实河外星系的存在以来，随着星系数目的增多，发现它们形态各异，差别很大，这就很自然地想到要对星系进行形态分类。目前，应用最广泛的是由哈勃提出，并经后人修订的哈勃分类法。在这种分类方案中，星系按表观形态分为椭圆星系、透

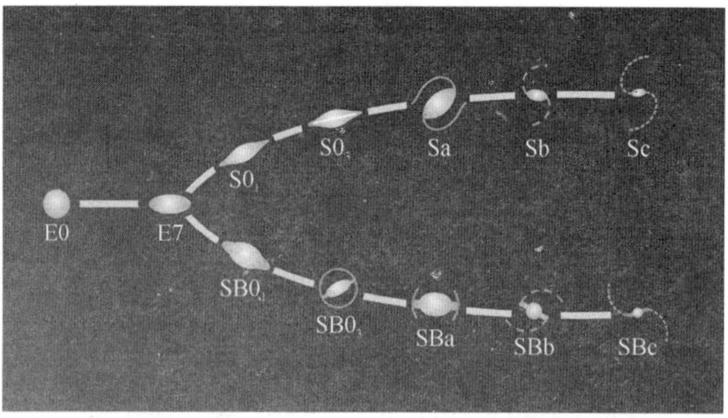

图 4.1　哈勃音叉

镜星系、旋涡星系和不规则星系 4 大类。哈勃把除了不规则星系外的其他 3 类星系自左至右排列成一幅图，图的形状犹如一把音叉，称为哈勃音叉，其中分叉部分的上部是无棒星系，下部为有棒星系，上下一一对应。

位于最左端音叉柄的部分是椭圆星系，其主要特征是外形呈椭圆状，在整个星系范围内亮度的分布相当平滑，看不出有任何明显的结构，但大小和椭圆度有很大的不同。JP 所谓椭圆度 n 的定义是 $n=10(1-b/a)$，其中 a 和 b 分别为椭圆的长轴和短轴，而用 En 表示椭圆度为 n 的椭圆星系，如 E0 为圆星系，而 E7 是最扁的椭圆星系等。椭圆星系在质量上的差别很大，最大的超巨椭圆星系可达太阳质量的 10^{13} 倍，而小的只有太阳质量的 10^{6} 倍，仅相当于银河系中的球状星团。观测表明大部分椭圆星系是一些低光度的小质量星系，它们又可以用 dE 来表示，称为矮椭圆星系，并同样可以根据椭圆度进一步细分为 dE0—dE7 各类 dEn 星系。

图 4.2　椭圆星系

图 4.3　透镜星系 NGC5866

从 E7 向右音叉开始分叉，依次为透镜星系和旋涡星系。透镜星系曾称无臂旋涡星系，它们的基本特征是有一个亮度平滑分布的中央亮斑，结构类似椭圆星系，外面有一个范围比较大的包层，构成所谓“透镜”。透镜星系用字母组合 S0 或 SB0 表示，前者表示普通的透镜星系，而后者则在星系中央部分有某种棒状结构。S0 星系可以根据星系内尘埃吸收带的显著程度细分为 $S0_1$、$S0_2$ 和 $S0_3$ 三类，其中 $S0_3$ 星系的尘埃吸收带最为明显；SB0 星系则是根据棒的显著程度细分为 $SB0_1$、$SB0_2$ 和 $SB0_3$ 三类，以 $SB0_3$ 星系中的棒最为明显。

旋涡星系是河外星系中最为引人注目的一种。这类星系的主要特征是中央有一个明亮的核，从核区伸出两条或多条旋臂，称为正常旋涡星系，用字母 S 表示；有的旋涡星系通过中央核存在一根棒，而旋臂则从棒的两端外延，这就是棒旋星系，以字母组合 SB 表示。两类旋涡星系都可以根据中央核的亮度在星系总亮度中所占的比重、旋臂紧卷的程度，以及旋臂能分解为单颗恒星的明显程度，各自细分为 Sa(SBa)、Sb(SBb)和 Sc(SBc)三类；其中以 Sa(SBa)星系的中央核最亮，旋臂卷得很紧，单颗恒星不易分辨，另一端为 Sc(SBc)，而 Sb(SBb)的情况则居于前两者之间。旋涡星系的质量范围为太阳质量的 $10^9 \sim 10^{11}$ 倍。银河系可分类为 Sb 或 Sc 型星系。

图 4.4　旋涡星系

顾名思义，不规则星系是一些形状不规则、不表现出任何对称性的星系，以字母组合 Irr 表示。不规则星系又可细分为两类，其中 Irr Ⅰ 星系没有明确的旋臂，可以看到若干个包含有高光度恒星的亮斑，有的还有隐约可见不甚规则的棒状结构；Irr Ⅱ 星系没有确定的外形，但亮度分布较为平滑，且呈现有一些由尘埃造成的暗条。不规则星系的质量范围为太阳质量的 $10^8 \sim 10^{10}$ 倍。

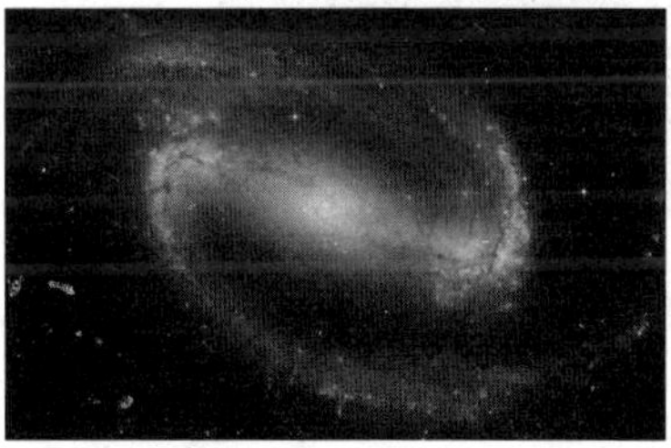

图 4.5　棒旋星系

椭圆星系和透镜星系又可合称为早型星系，而旋涡星系和不规则

图 4.6　不规则星系

星系则通称为晚型星系。这里“早型”和“晚型”并没有演化上的意义,即星系并不是自诞生后在形态上从早型演化为晚型。所谓“早”和“晚”也是相对的,如 Sa 可称为早型旋涡星系,而 Sc 可称为晚型旋涡星系等。另一方面,透镜星系和旋涡星系又合称为盘状星系或盘星系,因为这两类星系都有盘结构,形状大致如银河系中的银盘。不同形态类别的星系之间是否存在演化关系,如果存在又如何演化等,是天体物理研究中的一个重要问题,在这方面已取得了一些有价值的结果。

对于盘状星系来说,有“棒”和无“棒”星系的划分并非是截然分明的。可以说大部分星系会表现出有某种棒星系的特征,而明确分类为棒星系(约占盘状星系总数的一半)只是其中比较极端的一部分。还有,星系中央的棒状结构特征在低分辨率星系图像上则不容易识别,特别是那些侧向系统,因而对星系形态的分类很可能发生误判。银河系曾分类为 Sbc 型旋涡星系,表示其形态介于 Sb 和 Sc 星系之间,但近期一些天文学家更倾向于它是一个 SBbc 型棒旋星系。

图 4.7　侧向星系中的星际尘埃带清晰可见

观测到的星系形态是星系实际三维形态在天球上的投影,而这种投影的效果则因星系而异。对于椭圆星系来说,星系的实际形态很可能比观测到的形状更扁,因为扁长的椭球体在某一方向上的投影可能是一个圆,而圆球状星系却绝不可能投影成椭圆形。旋涡星系的情况更为有趣:如果这类星系的主体(星系盘)与观测者的视线方向接近垂直,便表现为正向星系,可以看到近乎完美的旋涡结构;而一旦星系盘所在的平面与视线方向的交角接近 0°，则表现为侧向星系，这时就很难看出星系的旋涡结构，甚至无法区分是旋涡星系还是透镜星系。在有的侧向旋涡星系的对称面附近，可以观测到很明显的暗带，成为星系盘中存在大量星际尘埃的有力证据。

与银河系一样，在各类河外星系中除了有大量的恒星外，还存在少量的星际介质。总的来看，晚型星系中的星际介质含量比早型星系多，特别是其中的冷气体。此外，在星系和星系之间还存在星系际介质。对于这类介质的探测和研究颇为不易，需要通过多波段观测，仅仅依靠可见光波段的观测是远远不够的。

有的星系居然像个"人"

在哈勃之后，人们发现了越来越多形态各异的河外星系，于是对星系的形态分类又作了某些改进和细化，如引入 Sab、Sbc 之类的中介形态，以及增加 Sd 型旋涡星系等。但是，随着观测技术的进步，特别是在射电、红外等波段上的观测发现，有相当一部分星系并不能列入星系的基本形态分类序列，这些星系被称为非正常星系或特殊星系。相应地，能归入基本类别的则称为正常星系。特殊星系以其异常的外形和性质，在星系天文研究中有着特别重要的地位。

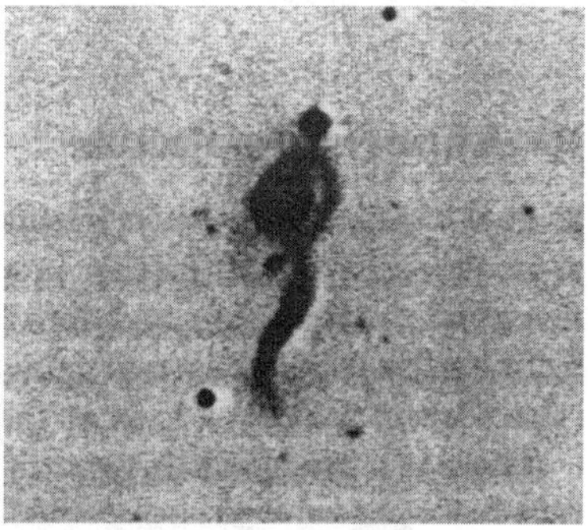

图 4.8　一个颇具人形的特殊星系

被列入特殊星系的通常有两个主要标志，即这类星系表现出有十分奇特的光学外形，以及它们的辐射特性与正常星系明显不同，后者如有些特殊星系的可见光辐射并不很强，但在射电或其他(红外、X 射线等)波段上的辐射却异常强。不过，这两方面特征通常是同时出现的，即有奇特外形的星系往往又表现出有非正常的能谱特性。

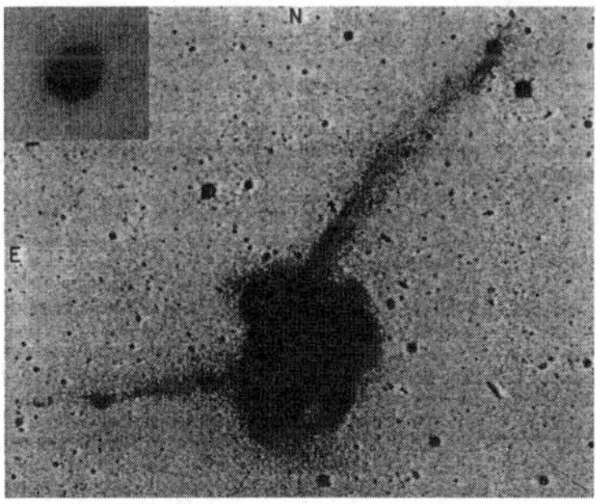

图 4.9　特殊星系 NGC7252，左上角是它的低分辨率像，看上去只是一个正常星系

从 1960 年代起,美国天文学家阿帕(H. C. Arp)等人发表了若干册特殊星系表。这类星系形状奇特,往往表现为有诸如喷流、长尾或环状等结构,但形状五花八门,毫无定规而言。特殊星系通常呈蓝色,对这种蓝色星系的解释是,它们在最近不太长的一段时间内形成了一大批恒星。特殊星系的不断发现,完全归功于大口径望远镜和高分辨率探测设备的应用,因为这类星系的低分辨率图像往往与正常星系没有明显的区别,而原本已列入星系表的一些普通星系,经高分辨率观测后被列入为特殊星系的例子不乏少见。

随着 1930 年代初射电天文学的诞生,发现了越来越多有强射电辐射的天体——射电源,其中包括位于银河系之外的河外射电源,它们往往与星系联系在一起,这就是射电星系。广义上说,有明显射电辐射的星系都可称为射电星系,其中在 $10^7 \sim 10^{10}$ 赫频率范围内射电功率为 $10^{30} \sim 10^{34}$ 焦/秒的星系称为正常射电星系,而功率比这强 $10^2 \sim 10^6$ 倍的星系可称为特殊射电星系。射电星系大多是一些椭圆星系,特别是大质量的巨椭圆星系,很少有不规则星系。

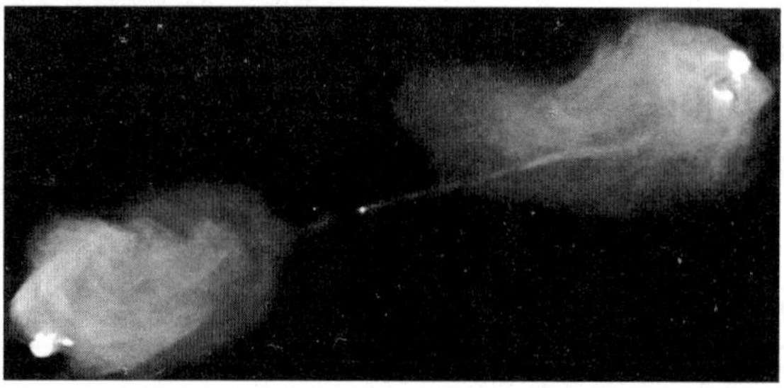

图 4.10　射电星系天鹅 A,两端的射电瓣要比中央核大得多

射电星系的一般结构形态是有一个中央致密核,以及位于核的两侧、而且对中央核大致呈对称分布的两个射电瓣,瓣的空间范围要比核大得多。约有 15%射电星系的中央致密核尺度仅为 0.001″或甚至更小,位置与光学对应体相重合。射电波段甚长基线干涉测量的高分辨率观测发现,致密核的精细结构颇为复杂,通常又可以由若干个子源组成,而射电瓣离开核的距离范围可达 $10^2 \sim 10^6$ 秒差距。中央核往往通过称为射电喷流的细长结构与两侧的瓣相联系,少数情况下在可见光波段也可观测到这类星系的喷流结构。

宇宙中还有一种在可见光波段看起来并不很亮,而在红外波段却显得非常明亮的星系,称为红外星系。星系远红外波段的辐射强度大

于 10^{11} 太阳光度的称为亮红外星系，一旦超过 10^{12} 太阳光度则称为极亮红外星系。对大部分亮红外星系和极亮红外星系来说，它们的红外光度占星系总光度的 90% 以上。研究表明，红外星系很可能是一些新诞生的年轻星系，含有很多星际尘埃，由于可见光被这些尘埃大量吸收，星系的光学像就不会很亮。通常认为极亮红外星系往往深埋于星系的大质量暗晕之中，而暗晕的质量可高达 10^{13} 太阳质量。

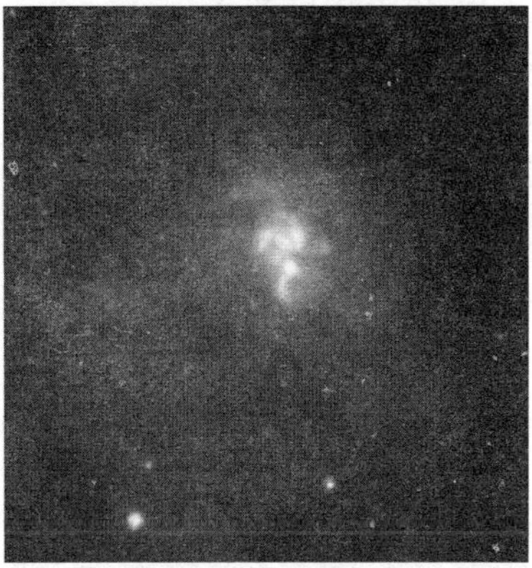

图 4.11　极亮红外星系 IRAS19297－0406

有些星系会发出很强的 X 射线，如 M87、NGC1275 等，它们又可称为 X 射线星系，其中巨椭圆星系 M87 是第一个被发现的 X 射线星系，它的 X 射线晕要比发出可见光的空间范围大得多。对于 NGC1275 来说，它的 X 射线流量约为 2.4×10^{37} 焦/秒，相当于普通旋涡星系所发出的可见光流量。类星体 3C273 的 X 射线流量更高达 1.5×10^{39} 焦/秒，甚至比所有其他波段的辐射总量还要大。

图 4.12　人马 A 的 X 射线喷流

现代天文学理论认为，星系是由原星系云经过引力坍缩过程而形成的，尽管有一些细节问题尚未完全得以解决，但总体上说原星系云坍缩形成星系的图像可以说明不少重要的观测事实。根据这一图像及形成后的演化规律，星系应该有比较规则的外形。那么，特殊星系的奇特外形和异常性质又如何解释呢？一种流行的观点是，星系在形成和演化过程中，曾经、或正在发生大范围的剧烈活动事件，如大量的物质向外抛射，星系间的密近交会、甚至发生碰撞和并合等，这类事件不仅使星系的形状发生改变，而且使它们的一些性质变得与众不同，结果便成了现在所观测到的特殊星系。

天体系统巨无霸

河外星系在宇宙空间中的分布并不是均匀的，它们往往表现出有集聚成团的趋向，而且这种“群居”现象甚至比恒星的成团情况更普遍，也更为复杂。从小的范围讲，星系会以双重星系、三重星系及多重星系的结构出现，有点像恒星世界中的双星、三合星和聚星。范围更大的星系集团称为星系团，其中包含了相互间有力学联系的十几个、几十个以至成百上千个星系。有时把成员星系个数比较少的星系团称为星系群，但群和团之间并没严格的定量划分判据。星系集聚成团的现象十分普遍，至少有85%的星系是各种星系群或星系团的成员，而目前已发现有上万个星系团。星系团所含的成员星系数相差十分悬殊，少的几十个，多的几千个甚至更多。有时把成员星系数较多的团称为富星系团或富团，不过富团的划定也不是绝对的。如美国天文学家艾贝尔(G. O. Abell)依据他本人所设定的若干判据，编制了著名的艾贝尔富星系团表，其中共有 4 073 个富团。就空间尺度而言，不同星系团的直径一般相差不超过一个量级，平均约为 1 600 万光年。

图 4.13　富星系团 Abell 1689，少数带有光芒的是银河系中的暗星

按表观形态，星系团大体上可以分为规则团和不规则团两大类。规则星系团以后发团为代表，它们大致具有球对称的外形，有点像恒星世界的球状星团，所以又可称为球状星系团。这类星系团往往有一个星系高度密集的中心区，团内可包含有几千个成员星系，而且几乎全部都是椭圆星系或透镜星系。在团的中心有时会有一个特别明亮的超巨椭圆星系，称为 cD 星系，质量可高达 10^{13} 太阳质量。另外规则星系团往往是强 X 射线源。

不规则星系团也称疏散星系团，它们的特征是结构松散，没有一定的外观形状，也看不出有明显的中央星系密集区，但在中心位置上同样可有一个 cD 星系，这类星系团的代表性天体是室女团。不规则团的成员星系个数可以相差十分悬殊，小的如本星系群，只含有几十个成员星系，而大的如室女团的成员数超过 2 500 个。范围比较大的不规则团可以有几个离散的星系集聚区，在团内形成一种尺度相对较小的次一级成群结构，这就是次团，而整个星系团便表现为若干次团的松散集合体。与规则团不同的是，不规则团内的星系成分较为复杂，它们总是各种类型星系的混合体，其中小质量矮星系的个数往往占绝对优势。有少数不规则星系团也会表现出有明显的X射线发射。

星系团的运动特性可以从两个方面来认识，这就是团的整体运动和团内成员星系的相对运动。团的整体运动又可分解为两种成分，即随宇宙膨胀的运动(称为哈勃流)和团自身的运动——本动。前者是一种远离观测者而去的普遍性退行运动，而且团的距离越远，退行速度越大。例如，较近的室女团距离约为6 200万光年，退行速度约为1 200公里/秒，而长蛇Ⅱ星系团的距离约为32.6亿光年，退行速度高达60 000公里/秒。另一方面，星系团偏离哈勃流的运动称为团的本动。对于远的星系团来说，团的本动相对于哈勃流并不占主要成分，而近的星系团的本动速度甚至可以超过哈勃流的速度。星系团内成员星系间的相对运动状态通常用速度弥散度来描述，一般来说随着团尺度的增大和成员星系数的增加，速度弥散度也越来越大。如小星系团成员星系的速度弥散度约为250～500公里/秒，而大星系团的速度弥散度则可高达2 000公里/秒。

银河系和它附近几十个大小不等的星系构成一个空间范围相对比较小的星系集团，称为本星系群。本星系群的尺度约为650万光年，其中最大的两个巨型旋涡星系便是银河系和仙女星系。本星系群的大部分成员是质量较小的矮星系，总质量约为6.5×10^{11}倍太阳质量，银河系和仙女星系的质量之和占了其中的三分之二以上。这是一个典型的疏散星系群，成员星系没有向中心集聚的趋势。本星系群主要有分别以银河系和仙女星系为中心的两个次群，但小尺度细节很复杂。在银河系次群中，大小麦哲伦星云是双重星系，它们又与银河系构成三重星系，而这一次群还包括御夫星系等其他一些近距星系。仙女星系次群包括仙女三重星系(M31、M32和NGC205)、仙女矮星系、仙女双矮星系(NGC147和NGC185)以及三角星系等成员。在较大尺度上，仙女次群又进一步与巨透镜星系马菲Ⅰ和IC10等构成长条形的星系链。由此可见本星系群有着很复杂的结构，这正是星系团、特别是不规则星系团的结构特征。

由于星系团内星系的空间密度要比团外星系(称为场星系)的空间密度高得多，因而更容易发生星系间的相互作用，甚至互相并合，并影响到星系的形态、动力学性质以至星系内恒星的形成和演化。例如,离银河系较近的大麦哲伦云(距离 16 万光年)在银河系强大引力的作用下,一部分物质(包括恒星)可能会流入银河系。

星系团还会进一步集聚成更高一级的星系集团,称为超星系团,也称二级星系团,简称超团。超星系团的质量范围为太阳质量的 10^{15}～10^{17} 倍 ,它们往往具有扁长的外形,长径的尺度范围可达2 亿～3 亿光年,而长、短径之比平均为 4∶1,这种外形说明超星系团可能有缓慢的自转。在一个超团内,成员星系团的个数是不多的,最多也就是几十个团。超团内成员星系团的速度弥散度可达 1 000～3 000 公里/秒,但成员星系团之间的引力作用要比星系团内成员星系间的引力作用弱得多,因而超团可能是一种不稳定的天体系统。

包括本星系群、室女团以及约 50 个较小的群和团在内,构成了一个很庞大的天体系统,这就是本超星系团。本超星系团的空间尺度约为 1 亿～2.5 亿光年,大致呈扁平状,其中的亮星系集中分布在天空中一个大圆附近,这个大圆称为超星系赤道。本超星系团的中心位于室女星系团附近的方向,它可能一面自转,一面缓慢膨胀,银河系绕其中心的公转周期约为 1 000 亿年,而如果情况确实如此,那么银河系自诞生以来,绕本超星系团的中心也只转了十分之一圈多一点。

宇宙大尺度结构

超星系团的普遍存在目前已是不争的共识,而有人甚至认为超星系团可以进一步构成三级星系团甚至更高级的星系集团。尽管这一点并没有定论,但星系在宇宙空间的不均匀分布显然是一种客观的观测事实。由于超星系团的存在,说明宇宙空间的物质分布至少在 1 亿光年量级的尺度上是不均匀的。另一方面,观测表明随着天体成团“级别”的提高,上一级天体集团所包含的下一级集团的个数渐而较少。例如,一个星系内可以包括多至上千亿颗恒星,一个星系团内的星系数目最多也就是几千个,而超团的成员星系团数充其量只有几十个。要是可以依次推论,那么更高一级、尺度更大的天体集团即使存在,其成员个数就会越来越少,直至不再进一步成团,也就成为均匀分布。这就提出了一个有关宇宙中物质的大尺度分布问题。

多大的空间尺度才能算得上大尺度?对此,并没有十分明确的划分判据。通常的概念是,至少尺度在 10 兆秒差距、即 1 000 万秒差距以上的物质分布结构才能称为宇宙的大尺度结构,而目前所能观测到的宇宙的尺度已接近 10^4 兆秒差距量级。根据大爆炸宇宙论的观点,

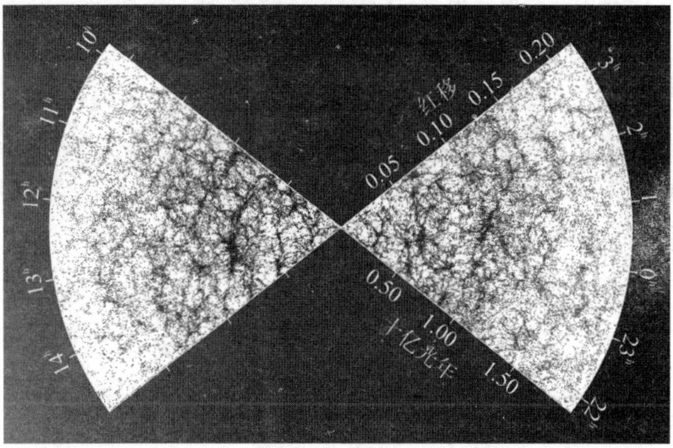

图 4.14　宇宙大尺度结构的二维投影分布

宇宙大尺度结构的性质取决于宇宙极早期的物理过程。客观地说,迄今为止在这种大尺度上的观测事实并不十分明确,至少还不够全面。星系是宇宙中可见物质的基本结构单元,而要想认识宇宙的大尺度面貌,必须取得距离尽可能远、数目尽可能多、范围尽可能大的有关星系的观测资料,包括它们的位置和红移(距离),在天文学上称为星系的深空红移巡天或普查,而要做到这一点并不容易,需要有科学的观测计划,合适的望远镜和后端设备,足够的观测时间,以及对观测资料的合理剖析。

一些星系红移巡天计划的观测和研究结果表明,星系在大尺度上的分布呈泡沫状或海绵形结构。具体来说,宇宙空间中的星系分布表现为存在许多观测不到、或很少观测到有星系存在的所谓“空洞”区,又称为“巨洞”,巨洞的最大尺度看来不会超过 100 兆秒差距,而大量的星系则聚集在这些空洞的壁上,呈现为纤维状或片状,并连结成海绵状形态。星系在这一层次上的结构就是超星系团,它们的典型尺度为几千万秒差距或更大。有人估计,巨洞约占可观测宇宙总体积的 98%,但细致的观测表明巨洞内并非空无一物,人们已经在巨洞范围内发现了不少的星系,只是它们的分布非常稀疏。另外,巨洞中的星系比有同样光度和同样红移的团内星系显得更蓝,并且盘状星系所占的比例较高,说明巨洞星系中有较多的 O、B 型星,从而进一步证实在低密度区恒星的形成率比较高。

1989 年,美国天文学家盖勒(M. J. Geller)和赫奇拉(J. P. Huchra)利用当时的星系红移巡天资料,发现了一个引人注目的星系大尺度结构,即所谓的“星系巨壁”,又戏称“星系长城”;该结构长约7.6亿光年,宽达2亿光年,而厚度为1 500万光年。2003年10月,美国天文学家戈特(J. R. Gott)等人利用最新观测资料进一步发现,上述“长城”的尺度应为13.7亿光年,比前期的结果更长了近1倍。模拟计算表明,不仅星系的海绵状分布符合理论预期,而且像星系巨壁这样大尺度的星系分布结构也能从理论上证实其可以存在。

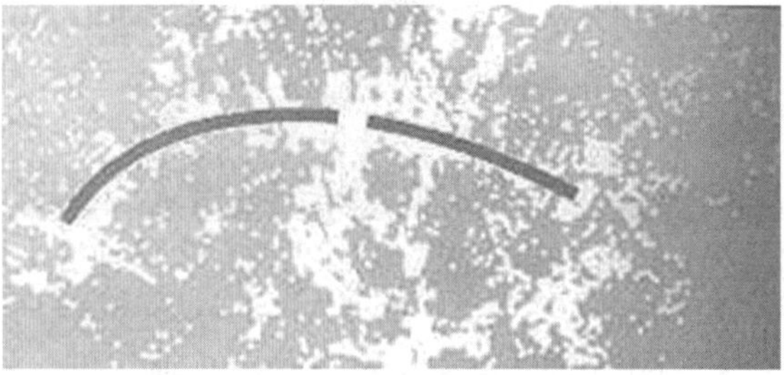

图4.15 星系巨壁示意图,白色斑点表示星系或星系团

任何天体之间必然存在引力相互作用,而这种作用会影响到天体的运动状态。因此,除了直接研究星系或星系团的空间分布外,通过对星系运动状况的分析,同样可以探索宇宙中可能存在的大尺度物质分布结构。

从地球上观测到的河外星系的运动,实际上包含了由宇宙膨胀效应造成的系统性运动——哈勃流,以及偏离哈勃流运动规律的其他局部性运动,即星系的本动。星系本动速度的大小和方向一般因星系而异,而且具体情况颇为复杂。但是,如果在一个区域内存在某种形式的超大质量天体系统,那么该系统巨大的引力作用会使附近大批星系的本动速度呈现一定的规律性,即系统性地偏向该大质量系统。因此,仔细分析星系本动的规律,便可以发现这种局域性大质量天体系统的存在,并进而探究它的一些具体情况。

1988年,英国天文学家林登贝尔(D. Lynden-Bell)等人对400个椭圆星系本动速度的分析表明,这些星系除了表现出有向室女团中心的内落运动外,还在朝向位于半人马座中的某一点作整体运动,显然在那个位置上必然集聚了大量的物质,或者说集中了大量的星系团(包括其中的暗物质),因而取名为巨引力源,总质量估计为太阳质量的5×10^{16}倍。巨引力源所在的位置很可能就代表了这一团物质密集区的中心,而这团物质密集区即是本超星系团。因巨引力源的引力作用,使得星系的运动对于哈勃流有明显的偏离:室女星系团的影响所造成的星系本动约为 250 公里/秒，尽管巨引力源的距离约为 60 兆秒差距，要比室女团的距离(约 16 兆秒差距)远得多，但它所引起的本星系群的本动速度接近 600 公里/秒。巨引力源的天空位置恰好处于银道面附近，星际消光非常严重，直接观测颇为不易，但通过对星系运动状态的分析仍然可以探知这一星系大尺度结构的存在。

另一方面，从宇宙演化理论来考虑，尺度大到一定程度，物质分布不会再有结构存在。这是否符合事实，以及这尺度究竟有多大，都十分重要，并需要有关星系大尺度分布更为细致的观测资料来加以回答。因此，宇宙中的星系在 50 兆秒差距尺度以上是否还普遍存在显著结构的问题，已成为人们热烈讨论的焦点。

总之，如果把星系看成宇宙物质形态的基本单元，那么星系的分布状况就是宇宙不同尺度上物质分布结构的表现。现在看来，至少在 50 兆秒差距这样大的尺度上，星系的分布呈现有逐级成团的结构，即星系会集聚成星系团和超星系团，这可以说是对目前宇宙面貌的一种基本认识。

4.2 超大规模宇宙灾变

星系内的超强剧烈活动

特殊星系除了在外形和不同波段辐射能量大小，即能谱的分布上与正常星系显著不同外，它们通常都是一些有很强活动性的天体系统。按照活动性的表现形式，特殊星系大体上又可以分为星暴星系和有活动星系核的系统两大类，后者又称活动星系。

宇宙的年龄超过 100 亿年，而所谓“星暴”的意思就是指有一大批恒星在相对较短的时间(10 亿年)内爆发式地同时形成，犹如星系中的恒星“暴发户”，于是把这类星系称为星暴星系。星暴星系往往总体上呈蓝色，这是星系中存在许多大质量恒星的标志，而大质量恒星的寿命很短(几百万年或更短)；既然短寿命的大质量恒星现在还能观测到，说明它们一定是在

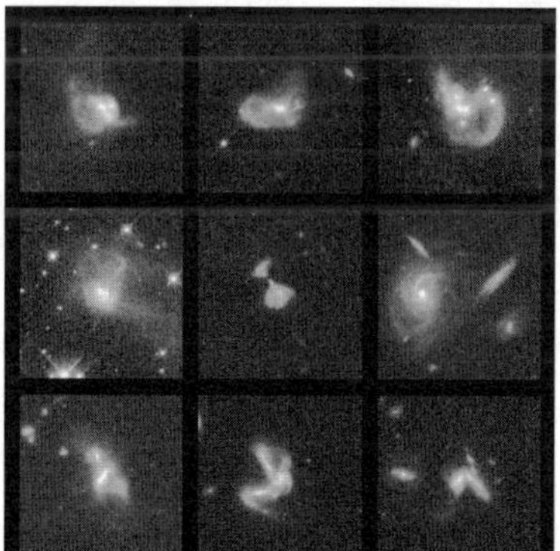

图 4.16 形形色色的特殊星系

不久前诞生的，而且有一大批。星暴星系对于研究星系内恒星的形成和演化，以及对星系自身的演化，都有着重要的意义。

图 4.17　星暴星系 M82 的红外像

另一类特殊星系是一些有活动星系核的系统。所谓“活动星系核”，是指位于星系中心的一个特别明亮的点状源。活动星系核的基本特征是：非常明亮，光度甚至可以超过周围的整个星系；有快速、剧烈的光变，光变周期小于一年；核的尺度很小，远小于 1 秒差距。根据由天体光变周期推断天体大小的基本原理，第三个特征是第二个特征的必然推论。上述特征表明星系的核区正在发生着剧烈的活动，故称为活动星系核，它们已成为天文研究的一个热门领域。

除了特别明亮和有剧烈光变外，活动星系核的活动性还可以表现为有特殊的光谱特征和能谱分布形态。活动星系又可分为塞弗特星系、马卡良星系、N 星系、蝎虎天体、射电星系等，不过这些类别并不是完全按照星系的内禀性质来明确划定的，有的星系可以归入两个、甚至两个以上的特殊星系类别。例如，塞弗特星系是在 1943 年由美国天文学家塞弗特(C. Seyfert)首先发现的一类活动星系，这类星系的一个重要特征是光谱中有很强的宽发射线，而根据发射线的宽度等因素，又可以进而细分为Ⅰ型和Ⅱ型两类塞弗特星系。从 1967 年起，苏联天文学家马卡良(Б. Е. Маркарян)发现了约 800 个有强紫外连续谱的特殊星系，被称为马卡良星系。后来的研究表明，约有 10％的马卡良星系同时也可分类为塞弗特星系。又如 N 星系就是指有极明亮中央核的射电星系，约占射电星系总数的 10％；而蝎虎天体则是一类快速变化的强致密射电源，因其原型天体为蝎虎 BL 而得此名，光度可以在不到一个月的时间变化一个量级。

图 4.18　塞弗特星系 NGC7742

在各类活动星系核中，最为引人注目的当推类星体，而类星体的发现有一段颇为曲折的过程。1950 年代末，随着射电天文学的发展，大量的射电源不断被发现，作为一项基础性工作，天文学家着手编制射电源表。在当时众多的这类表中，最著名的是英国发表的第三版剑桥射电源表，其中收录了 471 个射电源，并以 3C 开头加以编号，如 3C405 即为射电源天鹅 A。不过，在那个时候人们对这些射电源所对应的光学天体的性质尚不完全清楚。

1960 年，美国天文学家桑德奇找到了射电源 3C48 的光学对应体，在照相底片上它的像类似一颗恒星，分光观测表明 3C48 的光谱中有许多宽而强的发射线，这与普通恒星的光谱大不一样，但当时未能证认出这些谱线究竟对应哪些元素。1962 年，列入 3C 表的另一个射电源 3C273 被确认是一个 13 等的类似恒星的天体。翌年，美国天文学家施米特(M. Schmidt)发现它的光谱与 3C48 的光谱很类似，并且成功地证认出 3C273 光谱中最亮的 4 条谱线是氢线，但它的红移很大(0.158)。不久，3C48 的谱线也得到了证认，发现红移更高达 0.367。随后，又陆续发现了一批性质类似的射电源，它们在照相底片上的像类似恒星，被称为类星射电源，而光学观测表明类星射电源的紫外辐射非常强。后来又发现一些光学性质类似 3C48 和 3C273 的天体，但它们并不发出射电辐射，被称为蓝星体。类星射电源和蓝星体则统称为类星体，蓝星体也就是射电宁静类星体。

类星体的主要观测特征是具有类似恒星的点状光学像，一般望远镜根本无法加以分辨，另一个特征是谱线表现出有巨大的红移。通常认为，星系的红移反映了因宇宙膨胀引起星系远离地球的运动速度(退行速度)所产生的多普勒效应，称为速度红移，而根据哈勃定律，类星体的红移很大就说明它们的距离应该十分遥远。相当一部分类星体有很强的射电辐射，这就是类星射电源。随着高空间分辨率观测技术的出现，已经发现类星体也有结构，并对类星体的结构形态不断取得新的认识。例如，第一个确认的类星体 3C273 就有一个巨大的喷流，在它的光学像中喷流长仅为 20″，而射电喷流则要明显得多。

类星体又远、又亮、又小的观测特征，说明这类天体具有极大的能量输出。如果以 $L_{\odot}$ 表示太阳的发光本领——太阳光度，那么银河系的总光度约为 $3.6\times10^{10}L_{\odot}$，超巨椭圆星系 M87 的光度为 $10^{11}L_{\odot}$，而一颗典型类星体的光度可达 $10^{13}L_{\odot}$ 或更高。不仅如此，类星体的光度是在变化的，有时还会爆发式地增亮。如类星体 3C279 在 1930

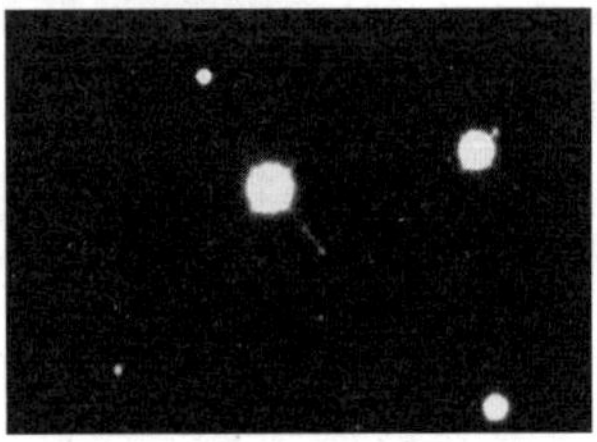

图 4.19　类星体 3C273 的光学喷流(左)和射电喷流(右)

年代中的 2 次爆发时亮度增强了 25 倍,最明亮时的光度估计已超过银河系光度的1 万倍。另一方面,类星体的尺度又很小,不及银河系的十万分之一,大约只相当于太阳系的范围。

在如此小的一个天体内可以输出如此巨大的能量,这完全不能用热核反应来加以解释,因而一时成了所谓的“类星体能量之谜”。有人开始对类星体的实际距离发难——类星体没有那么远,或者说类星体红移(退行速度)的大小并不是距离远近的标志。例如,以阿帕为代表的一些天文学家就曾经提出,类星体可能是从银河系或一些河外星系中高速抛出的天体,它们的观测视向速度的确很大,但距离并不远,因而实际光度也就不太大了。也有人认为类星体的红移并不是速度红移,而是另有起因,如引力红移等。不过,由于这类观点不能解释另外一些重要的观测事实,因而没有为大多数天文学家所接受,人们期望找出类星体的真实产能机制——看来确实也找到了。

尝试建立统一模型

实际上不仅类星体,其他类别活动星系所输出的能量之大也是十分惊人的,如塞弗特星系 M77 的红外辐射就高达 $10^{11}L_{\odot}$。要是按辐射能量的大小来排列,那么从总体上说,在星系家族中辐射能量最高的是类星体,然后依次为 N 星系和蝎虎天体、塞弗特星系、星暴星系等,排在最后的是像银河系那样的普通星系。

不同的活动星系核表现出有不同的观测特征和活动性,它们之间是否有着内在的联系,或者它们确实是一些内禀性质完全不同的天体,这是有关活动星系核研究的一个重要内容。从观测表象来看,在不同类型的活动星系核之间似乎并没有什么联系,有的很亮,有的则暗一些;有的形状怪异,有的能谱奇特;有的呈现强而宽的发射线,有的却没有。但是,目前为人们所广泛接受的一种观点认为,它们实际上是一些物理性质非常类似的天体,只是因为结构上表现为高度非各向同性，而对不同的活动星系核来说，它们的主要特征结构与地球上观测者视线方向的关系因星系而异，于是便表现为不同的观测特性，甚至可以有明显的差别。据此，天文学家便试图用同一种理论模型，来解释具有不同观测特征的各类活动星系核，建立有关活动星系核的所谓“统一模型”。

这类模型的总体构想大体上可以这样来表述：活动星系核是一个尺度很小、但辐射功率很强的中央能源，很可能是一个超大质量黑洞，质量可达太阳质量的100万倍以上。在中央核的周围，有一个由气体、尘埃组成的轴对称形瓣状结构，称为气尘瓣，而气尘瓣的尺度要比中央核大得多。在整个结构的中心区，除了气尘瓣对称轴周围一个很窄的锥体形空间范围外，中央源朝各个方向发出的可见光辐射都会被瓣所吸收掉，气尘瓣起着消光瓣的作用。因此，活动星系核的辐射方式呈高度非各向同性，即如果能从不同的方向来观测的话，同一个活动星系核便会表现出很不相同的物理特性。

现在把上述概念用于不同的活动星系核：鉴于这些活动星系核的锥体的对称轴对地面观测者的取向不可能相同，因而即使它们具有相近、甚至同样的内禀物理性质，其观测特性仍然可以表现出很大的差异。说得更明确一些，根据这种理论模型，活动星系核的不同观测特性主要取决于视线方向与锥体对称轴的相对位置，以及还有天体自身的光度大小等因素。比如，当视线方向接近对称轴时，可以观测到活动星系核附近的近中心区域，那里气体的密度比较高，活动很剧烈。相反，如果对另一个活动星系核进行观测时，视线方向与对称轴的交角比较大，那么由于气尘瓣对近中心区域辐射的阻挡，地面观测者就只能看到离核比较远的外部区域，那儿的气体密度比较低，气体的运动速度相对比较慢。于是，在这两种情况下，有同样物理性质的两个活动星系核便表现出不同的观测特性。

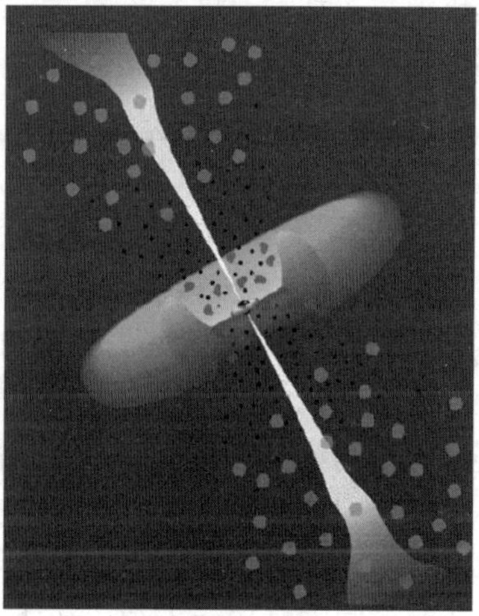

图4.20　活动星系核模型，椭长形区域为气尘瓣，喷流从中央源向两端发出

活动星系的距离都很远，即使用人望远镜，地面观测者通常也不可能分辨出其中的个别恒星。因此,地球上观测到的星系的物理性质,如光度、颜色、光谱等,必定是观测者视线方向所涉及的全部恒星的综合效应。就运动情况来说,恒星在星系内部的运动速度和方向是随机的,有的朝向地球,有的远离地球,相对地球的运动速度也各不相同。恒星运动这种“紊乱”程度的大小,同样可以用它们的速度弥散度来衡量。对于河外星系来说,由于距离很远,它们的自行至少以目前的观测技术是测不出来的,或者说星系的观测自行实际上为零。因此,探测星系和星系内恒星的运动情况只能依靠视向速度,即需要测定它们光谱中谱线的多普勒位移。星系的光谱是视线方向上各个恒星所形成光谱的叠加,由于不同恒星有着不同的视向速度,其综合效应是对于同一条谱线来说不同恒星的多普勒位移会略有差异。尽管不可能观测到各别恒星的谱线,但其综合效果是使得星系光谱中该条谱线的宽度变宽,这一效应称为多普勒致宽。恒星的速度弥散度越大,这种致宽效应越明显。于是,只要测量谱线的宽度,就可以设法计算出恒星运动的速度弥散度,而速度弥散度的大小便说明了恒星运动的剧烈程度。同样的原理也适用于星系内的气体运动。

根据活动星系核的统一模型,一旦观测方向可以深入到中央源附近,因为这一区域中气体的密度高,运动速度快而剧烈,可以观测到很宽的发射线,该区域便称为宽线区,而星系则表现为Ⅰ型塞弗特星系或类星体,具体情况取决于光度大小。如果只能观测到星系的外围区域,因那儿气体的密度相对较低,运动速度也较慢,所观测到的便是较窄的发射线,这就是窄线区,星系表现为Ⅱ型塞弗特星系。还有,要是视线方向恰好与喷流方向一致,就可以观测到活动星系核的最核心部分,在该小区域内光度会呈现快速的变化,这正是蝎虎天体的主要特征,而且因为这种情况较为罕见,于是就能合理地解释为什么蝎虎天体在活动星系核中仅占很小的比例。另一方面,如果视线方向不能刚好穿入喷流,那么位于喷流两端的射电瓣就会显现出来,这时系统便分类为射电星系。

统一模型预言活动星系核的中红外辐射和 X 射线辐射应该呈现较好的各向同性,这是因为尽管气尘瓣能挡住中央源的光学波段辐射,但对中红外和 X 射线波段的辐射应该是透明的,而观测结果正是如此,这也从另一个侧面说明了活动星系核统一模型的合理性。不过,不同活动星系核的 X 射线和中红外光度最大可相差几个量级,说明这类天体不仅在取向上,而且在内禀光度上也会有很大的差异。

应当说，尽管活动星系核的统一模型已经取得很大的成功，但有些观测事实还不能由模型给出恰当的解释。例如，为什么有的活动星系核有射电喷流，而另一些则没有。又如，观测表明射电强的活动星系核总是出现在椭圆星系中，而射电宁静者则往往发现于旋涡星系，这一事实必然有它的道理。鉴于活动星系核具体观测特性的表现形式相当复杂，诸如星系所处的环境，星系内的星际介质，以及中央源的活动性等因素对活动星系核物理性质的影响等问题，迄今还没有完全解决好。

超级黑洞

活动星系核为什么会有这么大的能量输出？目前流行的观点是那里有一个超大质量的黑洞，活动星系核的巨大能量就是因这种黑洞与周围物质的复杂相互作用而产生的。

黑洞并非只是大质量恒星演化晚期的产物。1971 年，霍金首先提出在宇宙诞生后不久的高温、高密度条件下，可能形成一些小质量黑洞，称为原生黑洞。原生黑洞的尺度极小，一个质量为 10 亿吨（相当于地球上一座中等大小冰山的质量）的原生黑洞，视界仅为 10^{-13} 厘米，约与质子的大小差不多，而密度则极高，完全不能用一般的物理学概念来理解。星系核中的超大质量黑洞则是另一个极端，质量范围一般可达几百万到几十亿倍太阳质量，甚至还可以更大。此外，在致密星团内可能存在质量介于这两者之间的中等质量黑洞——银河系球状星团中含有发射功率相当大的 X 射线源，这种 X 射线的产生可能起源于星团内的中等质量黑洞。不久前，钱德拉 X 射线天文卫星的观测发现，在特殊星系 M82 里的一个冠名为 MGG11 的星团中，可能有一个约 1 000 倍太阳质量的黑洞，并已获得理论上的支持。

爱因斯坦证明了物质的质量和能量是可以互相转化的，他给出了著名的质能关系 $E=mc^2$，这里 c 是光速，m 是质量，而 E 是与质量 m 相当的能量。现在知道，热核反应所产生的巨大能量就是从反应过程中物质质量的损失转化而来的。不过在由氢转变为氦的反应中，这种转化的效率只有 0.7%，或者说当 1 000 克氢通过热核反应转变为氦时，仅损失了约 7 克物质。因此，这种热核反应中的质能转化效率并不高，不能用作活动星系核的产能机制。

在恒星世界中，有一类双星称为 X 射线双星，即双星的两颗子星中有一颗会发出很强的 X 射线，原因是在这颗已演化为黑洞的恒星的周围存在一个吸积盘，盘中的物质会因恒星的强大引力作用而缓慢地落入黑洞——这个过程称为吸积，同时发出很强的X射线辐射。在这种吸积过程中，被吸积物质中的一部分质量会转化为能量，而转化的效率可达10%，这就要比热核反应中的质能转化效率高多了。

图4.21　大质量黑洞正在吞噬周围的物质，并发出X射线(艺术图)

因此，天体物理学家便用类似的机制来解释活动星系核为什么会有如此巨大的能量输出：星系的中央存在一个超大质量黑洞，它是星系的产能“发动机”。根据黑洞吸积理论，最强的活动星系核每年要“吞食”约100个太阳质量的物质，而这种状态需要维持相当长的时间，如1亿年。旋涡星系中存在大量的气体，但它们的分布范围可达10万光年之广，显然不可能都用作为中央小尺度黑洞的“食料”，椭圆星系更没有如此多的气体可供黑洞“进食”。唯一的可能性是在星系的核区会不断产生出大量的气体，而这种气体又只能来自恒星。位于黑洞附近的恒星有可能被黑洞整个吞食，不过这样的过程没有什么明显的质量损失，也就不会产生多大的能量。但是，恒星在经过黑洞附近时，很可能在黑洞巨大引力(潮汐力)的作用下被撕毁。如果中心黑洞的质量为300万倍太阳质量，那么一颗太阳质量恒星在到达距黑洞约1.3天文单位处就会粉身碎骨——这就可以为黑洞提供可吸积的气体。2004年2月，美国宇航局曾声称，利用X射线天文卫星的资料，已经探测到在星系中发生此类事件的观测证据。另一方面，黑洞的巨大引力会剧烈扰动附近恒星的运动状态，那里的恒星分布密度很高，于是恒星与恒星可能互相碰撞、碎裂——对一个10亿太阳质量的黑洞来说，可以使10光年范围内的恒星每年发生约10次这样的碰撞，而这类事件同样可以为黑洞提供“食料”。

人们曾尝试用其他一些机制来解释活动星系核的巨大能量，如极度致密星团中频繁的超新星爆发，或者单颗特大质量恒星的物质吸积等。但是，这些机制都不能很好说明活动星系核的一些主要观测事实，或者理论上不能成立。因此，中央超大质量黑洞作为活动星系核的产能发动机，至少就目前来看是一种最为合理的解释机制。不仅如此，天文学家也已经找到了存在这类黑洞的观测证据——当然，这只能是一些间接的证据，因为黑洞是不可能直接观测到的。

探测星系中的超级黑洞可以有若干条途径，如观测来自星系核区的 X 射线辐射，分析黑洞附近物质（包括恒星和气体）的运动特性，利用黑洞对远方天体光辐射的引力效应（引力透镜），研究星系中心区恒星的亮度分布异常等。此外，还必须根据光变特性来判定黑洞候选天体的大小，同时要设法确定该天体的质量，因为只有很小尺度的大质量天体才有可能是超级黑洞。

目前流行的观点是，不仅在活动星系中，而且在正常星系的中心区往往也会有大质量黑洞存在。例如，许多研究表明，在银河系的中心就存在一个超级黑洞，质量约为太阳质量的 40 万倍，而直径仅约为 1 天文单位。不过，位于像银河系这样的正常星系中的黑洞现在并不处于活动期，没有表现出剧烈活动的迹象，其原因也许是正常星系的核区不能为中央黑洞提供充裕的“燃料”，或许这类黑洞在过去某个时期曾经一度十分活跃，只是因为可供黑洞吸积的燃料已经耗尽，黑洞也就变得不活动了。

超大质量黑洞是如何形成的呢？客观地说，这个问题还没有完全弄清楚。有人认为，在星系的核区，大质量恒星高度密集，它们很快走完一生并形成恒星级黑洞。这些黑洞很容易发生互相碰撞，甚至并合成质量较大的黑洞，而这类过程的长时间效果就可能会形成现在观测到的大质量黑洞。另一种观点则认为，在宇宙诞生之初所形成的大量原生微小黑洞，在当时极高密度的条件下会在宇宙显著膨胀之前很快结合、变大，生长为大质量黑洞，而星系就是后来物质在这些“种子”的周围集结形成的。

不要以为凡是黑洞密度就一定很高。黑洞的质量与半径成正比，而体积则与半径的立方成反比，所以密度与半径的平方成反比，或者说与质量的平方成反比。因此，一般而言，黑洞的质量越大密度就越低。对于一个 1 亿倍太阳质量的黑洞来说，它的密度也就与水差不多。

星系也会大吃小

特殊星系是如何形成的？它们在星系演化过程中处于何种地位？对星系中恒星的形成又有什么影响？这些都是现代天文学需要研究并试图加以解决的非常重要的问题。近年来的研究表明，星系间的碰撞、甚至并合，是包括特殊星系在内的星系形成的一条重要途径，并且会对星系演化和星系内的恒星形成产生重大的影响。

一般来说,在一个星系中尽管有数以百亿计、甚至更多的恒星,但恒星之间是不可能发生碰撞的。这是因为恒星中最大的超巨星的直径也就是几个天文单位,而恒星间的距离则往往需以光年计(相当于十万或几十万天文单位),因此即使在诞生后长达几十亿年的运动过程中,恒星相互之间发生碰撞的可能性极小。星系的情况则不同,它们的尺度可达十万光年甚至更大,而彼此间的距离最近的只及星系自身尺度的 10 倍,最远的一般也不超过 1 000 倍,要是在富星系团的内部,星系的空间分布密度就更高了。在运动过程中,由于相互间的引力作用,星系在几亿年时间内就可以移动自身直径那么大的一段距离,因此星系与星系就有可能近距离相遇、交会,甚至发生碰撞;特别在富星系团的内部,星系之间碰撞的可能性就更大了。

图 4.22　两个处于碰撞、并合过程中的星系

要是两个星系在运动过程中互相近距离交错而过,但并没有直接接触,这种过程称为星系交会。由于引力相互作用,星系间的密近交会会对它们的结构、运动学和动力学状态产生显著的影响,如一个星系可能会把另一个星系中的一部分气体甚至恒星拖曳出来,并随着它们之间距离的增大而最终脱离原来的星系。

一旦两个星系彼此直接接触(包括部分接触),就发生了星系间的碰撞。需要强调的是,当两个(或多个)星系发生碰撞时,星系中的恒星只是相对交会而过,它们之间一般不会相互直接对撞,但这种交会会影响一大批恒星的运动轨道以及它们的空间分布。另一方面,星系中的星际气体尘埃介质完全可以直接接触,这是因为星际介质的尺度要比恒星大得多。因此,在星系碰撞过程中,星系之间的潮汐力作用,特别是星际气体的剧烈相互作用,会对碰撞中星系的形态、演化、以至星系中恒星的形成和演化产生重大影响。有意思的是,如果两个星系快速相遇,相对速度高达每秒数千公里,它们很可能安然无恙地交穿而过,不会出现任何一方受到明显“损害”的迹象。然而,要是碰撞速度只有每秒几百公里,情况便完全不同了:当碰撞过程结束后两个星系互相远离时，它们很可能已经变得“面目全非”，这是因为星系间的潮汐力作用时间越长，对星系形态的破坏性就越大。

有的碰撞过程会使两个星系“合二为一”，这种情况称为星系并合。有一种流行的观点认为，当两个旋涡星系发生碰撞时，它们最终会并合成一个椭圆星系。当然，这种并合必然有星际气体参与其中，而气体在并合过程中会很快向星系中心区聚集，气体密度增高，结果是有相当一部分气体因引力坍缩形成恒星。由于一大批恒星在相对比较短的时间内诞生——恒星的爆发式形成，出现这一现象的星系便成为星暴星系。恒星的大批形成，其中必然有一定数量的大质量恒星，它们很快地走完了一生并发生超新星爆发。因此，在这类星系中超新星爆发事件的发生要比普通星系频繁得多，平均每两年就会有一次，而在银河系一类的普通星系中平均每经过 200 年或更长的时间，才会出现一次超新星爆发。

星系并合又可以有两种不同的情况。一种是两个碰撞中星系的质量相差较为悬殊，结果是大的一个星系会“吞食”掉小星系，同时大星系的内部结构因小星系的引力扰动而发生明显的变化。例如，银河系中的厚盘可能就是在过去某个时期通过吞并邻近的较小质量伴星系，由原来的薄盘形成的：伴星系在与银河系并合的过程中对银盘恒星产生强烈的动力学扰动，恒星运动速度增大而随机地离开原来的位置并形成厚盘。另一种情况是并合中的两个(或多个)星系质量大致相当，结果当然就不会出现“大吃小”的局面，而是“两败俱变”，形成了一个巨星系，同时还可能把一部分星际介质、甚至大批恒星抛出去，这样就会生成所谓“潮汐尾”。上面提到的两个旋涡星系因碰撞、并合而形成一个椭圆星系可归属于这一类：原来在旋涡星系中存在的冷气体，因并合过程中的引力剧烈相互作用而被抛出，最终形成的椭圆星系中就很少有这种气体了。许多观测表明，旋涡星系中存在大量的冷气体，而椭圆星系中则缺乏这种气体，这一观测事实可以用星系并合过程很好地加以解释。

图 4.23　碰撞中的两个星系抛出潮汐尾

实际上，只要并合中的星系有一个是旋涡星系，那么它的一部分星系盘往往会在并合过程中被抛出去并形成潮汐尾，而潮汐尾中的大部分物质会在几十亿年时间重新内落到所并合成的椭圆星系，于是便会出现稳定下落的、带有尘埃的气体流，形成所谓“尘带”。因此，尘带中气体的运动方向可以与星系中恒星的运动方向不同，它们可以互相垂直、甚至相反，而这正是实测所表明的现象。无论是碰撞、并合，或者只是密近交会而没有直接接触，在这类过程中星系间的相互作用必然是很剧烈的，结果便形成了形状奇特的各种特殊星系。

也许更应该关心一下银河系的命运，它会在未来某个时间与其他什么星系发生密近交会或者碰撞之类的重大事件吗？

银河系是本星系群的成员，离银河系最近的是两个质量比较小的矮星系——大、小麦哲伦星云，它们绕银河系转动，而且有气体从这两个星系逸出，形成长条形的“麦哲伦流”。构成麦哲伦流的共有 6 个拉长了的中性氢云，它们一个接着一个地排成一行，在天空中的延伸范围长达 60°，或者说大致相当于 120 个月亮一个接一个排成一行那么长，而流的一端则与麦哲伦云周围的弥漫气体包层相连，并随着大、小麦哲伦云绕银河系转动。通常认为，麦哲伦流是因银河系对麦哲伦云的引力作用而从后者中拖曳出来的。即使麦哲伦云能长期、稳定地绕银河系运动，且不被银河系所吞并，那么也许总有一天其中的物质会流入银河系，并对银河系的结构和演化产生一定的影响。不过，估计这种影响不大可能会造成灾变式的后果，因为大麦云的质量仅为银河系质量的 1/20，而小麦云的质量更只及银河系质量的 1/100。

图 4.24　银河系与仙女星系碰撞、并合的艺术图

距离银河系最近的巨星系是仙女星系 M31，目前两者之间的距离超过 200 万光年。有人通过研究后指出，在 30 亿年后，银河系将有可能与仙女星系发生碰撞。因为仙女星系的质量超过银河系质量的两倍，这类事件一旦发生，其后果一定比麦哲伦流物质进入银河系要严重得多。届时，银河系(以及仙女星系)的结构、演化，以至两个星系内部恒星的形成和运动学状态等，必然会发生重大的变化。这个过程当然是十分漫长的，但具体结果究竟怎样，如两者是否会并合并形成活动星系核，同时产生各种形式的剧烈活动，最终会否并合成一个大质量巨椭圆星系，太阳在银河系中的运动轨道将会发生多大的改变，甚至会不会影响到地球绕太阳的运动轨道以及人类的生存等，对于这一切，今天当然是很难预测的，而现在的人类也根本无需为此而担忧。

与超新星爆发相比，星系的碰撞和并合无疑是宇宙中更大尺度上的天体灾变事件，它们的剧烈程度当然很难用能量大小来衡量，但会改变 10 万光年尺度天体系统的形态、运动学状态以至物理性质，影响可谓深远。不过，这类灾变是在数以亿年计甚至更长的时间内发生的，表现形式与超新星爆发之类的短时标恒星级灾变完全不同。

4.3 宇宙在大爆炸中诞生

从“天圆地方”说起

天文学是最古老的自然科学之一。人们自古以来就已通过观察各种天象，以探求各类天体的运动规律和宇宙的奥秘，天文学就是在这一过程中诞生的。随着观测研究工作的逐步深入，天文学的探索内容不断地丰富、发展，并形成多个分支学科，如天体测量学、天体力学、天体物理学等，其中包括宇宙学。在天文学的各个分支学科中，从整体角度来探讨宇宙的结构和演化的规律是宇宙学的研究内容。

就宇宙学的角度来看，人类的认识有着悠久的发展史。在古代中国，关于宇宙结构的认识主要有 3 派学说，即盖天说、浑天说和宣夜说。盖天说出现于殷末周初，主要观点是认为天像一个半球形的大罩子盖于地之上，而地是平坦的。南北朝时代《敕勒歌》中的诗句“天似穹庐，笼盖四野”，是对盖天说的形象化描述。早期的盖天说即“天圆地方”说，后来则把方形大地改为拱形大地，可算是一大进步。浑天说可能始于战国时期，这种学说主张天地具有蛋形结构，地在中心如蛋黄，天像蛋壳那样围于地之四周；后来则进而发展为地浮于气中。汉代天文学家张衡在《浑天仪图注》中对浑天说作了详细的表述。比起盖天说来，浑天说显然要进步得多。宣夜说认为天并没有固定的边界，只不过是无穷无涯的气体，而日月星辰就在气体中飘浮游动，从而提出了一种朴素的、宇宙无限的观点。宣夜说的历史渊源，可上溯到战国时代的庄子。就探索宇宙

图 4.25 盖天说

结构来说，宣夜说已达到较高的水平，因而在人类认识宇宙的历史上无疑有着一定的地位。不过，从观测角度来看，宣夜说反不如浑天说，因为浑天说能定性地说明太阳和月亮的大致运行情况，宣夜说却没有探讨这类运动的规律性。另外，在修订历法时浑天说也有着重要的实用意义。

图 4.26　古代印度人的宇宙图像

在欧洲，公元前 6 世纪到公元 1 世纪，古希腊和古罗马关于宇宙构造和本源有过许多学说。如毕达哥拉斯学派设想宇宙中心有一大团火焰，称之为“中心火焰说”；又如古希腊哲学家帕拉图(Plato)提出的正多面体宇宙结构模型等。在古代印度，一种有关宇宙的观念认为，天国在大地之上，大地则由四头大象背负着，大象站在一只巨大的海龟背上，这一切又被一条巨大的蟒蛇所环绕。对宇宙的这些早期认识现在看来似乎颇为滑稽可笑，但这无疑反映了人类渴望对宇宙本源的探求之心。

到中世纪，托勒密的地心说占据了正统的地位。16 世纪，哥白尼创立日心说，人类对太阳系有了正确的认识。哥白尼在他的《天体运行论》一书中曾说道：“太阳是宇宙的中心”，这意味着直到哥白尼生活的年代，人们心目中的宇宙实际上也就只限于太阳系。经过赫歇尔和哈勃的开创性工作，人类的视野从太阳系扩大到银河系，并进而拓展到星系世界。今天对宇宙的认识范围，与哥白尼时代相比已是大大地扩展了。

17 世纪牛顿开创用力学方法研究宇宙整体性质的途径，建立了经典宇宙学。在牛顿的宇宙中，时间均匀流逝，既没有起始之时，也永远不会终结，而空间则是均匀而平坦地伸展直达无限。这样的时间和空间为描述一切物体的运动提供了绝对的时间和空间坐标，时间与空间是互不相关的。另一方面，牛顿的经典力学只是解释了宇宙万物的运动规律，并没有回答宇宙的起源问题。

1917 年，爱因斯坦根据他的广义相对论，建立了一个“静止、有限、无界”的宇宙模型，在他的模型中宇宙半径约为 35 亿光年。这一工作发表在他的题为“在广义相对论基础上对宇宙所作的考察”的著名文章中，从而开创了现代宇宙学研究的时代。在爱因斯坦得到的静态宇宙模型中，宇宙在空间上是封闭的，但却没有边际。假如向任意方向发出一个光子，那么它会一直在这个封闭的宇宙空间中传播，在任何地方都不会碰到宇宙的边缘，甚至最后还能回到出发点。举一个不完全恰当的例子，如果在一幅无穷大的银幕上放映电影，那么对电影中的人物来说，他们的活动范围（代表二维空间的银幕）是无界的，但是电影中的人物终久不能跳出银幕而进入三维空间中活动，这就是“无界而又有限”的粗略概念。不过，人们现实生活于三维空间中，对“无界而又有限的宇宙”就很难从常识观念来加以想象了。

图 4.27　勒梅特（1894—1966）

爱因斯坦之后，一系列重要的观测发现和理论研究成果接踵而来，宇宙学研究开始沿着科学的方向发展，并取得了很大的成功。

1922 年，苏联数学家弗里德曼（A. A. Friedmann）放弃了爱因斯坦静态宇宙的观念，首次考虑非静态宇宙，并论证了宇宙随时间不断膨胀的可能性。1927 年，比利时主教、天文学家勒梅特（G. E. Lemaître）提出均匀各向同性的膨胀宇宙模型。两年以后，哈勃定律的发现给宇宙的动态图像以强有力的支持，爱丁顿随即把星系的系统性退行运动解释为宇宙在均匀各向同性膨胀的观测效应。1932 年勒梅特又进一步提出，现在的宇宙是由早期处于极端高温、高密度状态下的所谓“原始原子”，因发生爆炸、膨胀、演化而形成的，从而开始明确而又具体地讨论宇宙诞生的问题。1948 年，美国天文学家伽莫夫（G. Gamow）等人进一步发展了勒梅特的思想，为今天称为标准模型的“大爆炸宇宙论”奠定了基础。

图 4.28　伽莫夫（1904—1968）

现代宇宙学的研究内容包括相互密切联系的两个方面，即观测宇宙学和理论宇宙学，其中前者侧重于通过实测来探讨宇宙物质的大尺度分布规律和运动状态，而后者侧重于从理论上研究宇宙的运动学、动力学和演化过程，以及建立理论宇宙学模型。

宇宙大爆炸

宇宙究竟是有限的还是无限的？这也许是一个哲学问题，人们可以对此一直争论下去。但是，对天文学家来说，作为他们研究对象的宇宙只能限于今天观测技术能力所及的空间和时间范围，这就是天文学家的可观测宇宙，又被人们亲热地称为“我们的宇宙”，而关于宇宙学的一切科学讨论也就只能限于此。根据目前的研究，可观测宇宙边界到地球的距离约为137亿光年。

大爆炸宇宙论的主要观点是：宇宙经历了一段由热到冷、由密到稀、由小到大不断膨胀的诞生和演化史，其过程犹如一次规模极其巨大的超级大爆发。

根据这一学说，在大约130多亿年前，今天所观测到的全部物质世界统统都集中在一个极小的范围内，温度极高，密度极大。大爆炸开始后的0.01秒，宇宙的温度高达10 000亿开，物质的主要成分为大量的轻粒子，如光子、电子或中微子等，而重子(即质子和中子)物质只占总量的十亿分之一。此时，所有这些粒子都处于热平衡状态，也就是说它们具有大致相同的温度。由于整个系统在快速膨胀，温度便很快地下降。这里有一个简单关系：宇宙的半径凡增大1倍，温度便下降为原来的二分之一；或者说，每当温度下降一半，宇宙的半径就增大了1倍。

大爆炸后的0.1秒，温度下降到了300亿开，物质中的中子与质子数之比从原来的1下降到0.61。经1秒钟后，宇宙温度已下降到100亿开。这时，随着密度的减小，中微子不再处于热平衡状态，并开始向外逃逸，而电子－正电子对开始发生湮没反应，中子与质子之比进一步下降到0.3。不过，这个阶段温度还是太高，核力仍不足以把中子和质子束缚在一起以构成原子核，宇宙物质的状态犹如一锅基本粒子汤，其中包含了质子、中子和电子等。

大爆炸后的13.8秒时，温度下降到了30亿开。这时，质子和中子已可以结合而生成像氦以及氘一类稳定的原子核，化学元素便从这一时刻开始形成。生成氦核的过程大致延续了3分钟时间，期间约有四分之一的物质聚合成氦，并用完了所有可利用的中子，而剩余的质子也就是氢原子核。这3分钟在宇宙演化史中有着特别重要的地位，它决定了今天宇宙的基本化学组成，为此美国物理学家、1979年诺贝尔物理学奖获得者温伯格(S. Weinberg)还专门写了取名为《最初三分钟》的一本高级天文科普读物。

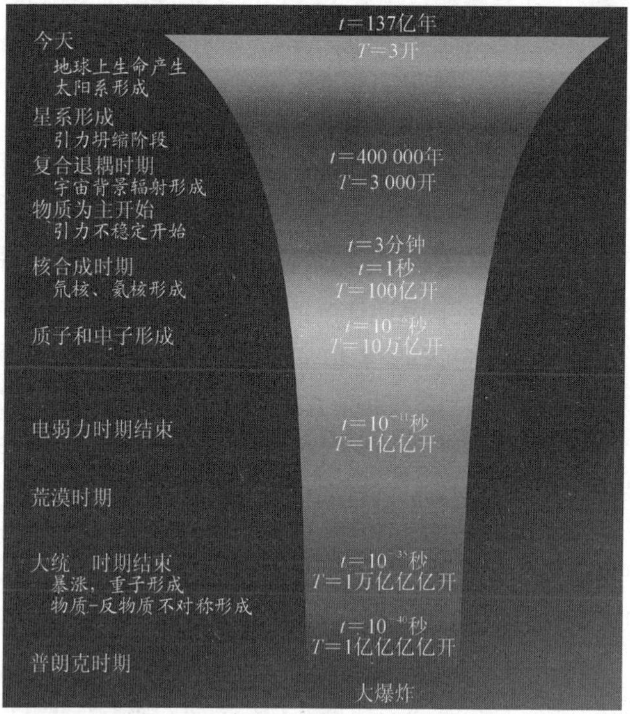

图 4.29　大爆炸宇宙论涉及的主要时段

到 35 分钟后，宇宙温度降到 3 亿开，核过程停止。由于温度还是很高，质子仍然不能和电子相结合以形成中性原子。原子大约是在大爆炸发生、并经过 30 万年后才开始生成的，那时宇宙的温度跌到了绝对温标 4 000 开，化学结合作用已能把绝大部分自由电子束缚在中性原子中。另一方面，4 000 开的温度足以使所有物质气化，因而到这一阶段，宇宙的主要成分是气态物质。这时，宇宙从之前的辐射为主时期转化为物质为主时期，宇宙开始变得透明了。同时，光子可以自由地运动，几乎不会与物质发生任何作用，而辐射与物质便“分道扬镳”，开始各自的膨胀、冷却和演化过程，相互间不再发生作用，它们的温度变化也各行其道，不再像之前那样始终保持一致。

气态物质在自引力的作用下慢慢地凝聚成密度较高的气体云，它们离散分布于宇宙空间内。由于密度涨落形成的引力不稳定性，或由于宇宙湍流的作用，气体云会进一步形成各种恒星系统，如星系和星系团。这些恒星系统在经历了漫长的演化后，便成为今天所看到的宇宙景观。星系中恒星的演化又在恒星的内部产生了碳、氧、硅、铁等元素，这些重元素通过超新星爆发等过程抛入星际空间，而恒星的形成和演化至今仍在继续进行中。另一方面，辐射则随着宇宙的膨胀最终冷却为今天观测到的 3 开微波背景辐射。

质子和电子结合成氢原子的时期称为复合期，复合期开始之时宇宙还是明亮的。但是，由于中性原子会吸收光子，随着中性原子数量的增多光子便越来越少，宇宙逐渐变得不透明，而到了大爆炸后约 50 万年，宇宙便进入黑暗时期。宇宙的黑暗时期大约一直持续到大爆炸后 2 亿年——因为大量普通质量恒星的诞生，恒星的紫外辐射使宇宙空间中的氢原子再次电离，宇宙再度变得透明。可见，在大爆炸发生后，宇宙经历了从光明到黑暗再到光明的 3 个阶段。

现代大爆炸宇宙论认为，大爆炸实际上是在"奇点"上发生的。所谓奇点也就是数学上的"点"，它的尺度为零，密度为无穷大，而温度则无限高。大爆炸发生后的 10^{-43} 秒称为普朗克时期。在这一时期，可观测宇宙的尺度甚至比原子核还要小得多：半径只有 10^{-23} 厘米，密度却高达 10^{87} 吨/厘米^3，温度则高达 10^{32} 开。经过 130 多亿年的不断膨胀、冷却，目前可观测宇宙的范围已达 130 多亿光年，全部物质的平均密度只有 2×10^{-31} 克/厘米^3，即每立方米空间大体上只能分摊到一个氢原子。今天的宇宙同诞生极早期的宇宙相比，尺度上的差异为 10^{61} 量级，密度差异为 10^{124} 量级，温度差异为 10^{32} 量级。

宇宙大爆炸与炸弹爆炸是完全不同的两类事件。炸弹爆炸意味着构成炸弹的物质在空间中迅速朝四面八方散开，并造成很大的破坏力，而宇宙大爆炸是物质随着空间的快速扩展而急剧膨胀，不存在任何涉及破坏力的问题。根据大爆炸宇宙论，大爆炸事件是空间的起源，又是物质和能量的起源，甚至时间的概念也是由此出现的，它是空间、时间、物质和能量这一切的开端。至于大爆炸之前有些什么，什么原因引起了大爆炸，以及大爆炸为什么发生在这个时候、这个地方，等等这类问题在大爆炸理论中是没有任何意义的——不存在所谓的"以前"，而在没有任何时间的地方也就没有任何通常意义上的因果关系。显然，大爆炸理论中的许多概念已经超出了人们常规思维的范畴。

极早期宇宙的暴涨阶段

根据大爆炸宇宙论，宇宙在早期处于极高温状态，因而又称为热大爆炸理论。这种理论因被若干重要观测事实所证实而为绝大多数宇宙学家所接受。尽管如此，一些不可回避的观测事实在标准大爆炸宇宙模型中遇到了困难，其中最重要的也许当推宇宙的均匀性问题。

在宇宙学研究中有一个重要的假设性前提，称为宇宙学原理。根据这条原理，在宇宙学所关心的大尺度上，任何时刻的三维空间是均匀各向同性的。它的具体含义是：第一，在大尺度上，对于空间中的任意一点和任何一点处的任一方向，从物理学上是不可分辨的，无论密度、曲率、红移都完全相同。但是，在同一点的不同时刻，这些物理量可以有所不同，因此宇宙学原理允许存在宇宙演化。第二，宇宙中各个地方的观测者所观察到的物理量和物理规律是完全相同的，没有任何一个观测者会处于特殊的地位。所以，地球上观察到的大尺度宇宙图景，在其他任何天体上同样也能看到，不会因观测者位置的不同而改变。

基于对宇宙微波背景辐射的观测研究，宇宙学原理这一先验性假设在一定程度上已得到证实。所谓微波背景辐射是热大爆炸发生后的剩余热辐射，观测表明这种辐射呈现高度各向同性，不同方向上的差异仅为十万分之一。任何一个系统要达到均匀状态，它的各个部分必须有足够的时间经历充分的相互作用，而这对现在的宇宙来说是不可能实现的——可观测宇宙相反两个方向边界之间的距离超过 270 亿光年，而宇宙的年龄只有 137 亿年，有限的光速无法在这段时间内使宇宙各部分完成充分的相互作用过程。由此推论，这种均匀性必须在宇宙极早期就已存在，并经历速度为各向同性的膨胀，这样就能最终表现为目前所观测到的均匀性，而这一点在经典大爆炸模型中却无法得到解释。

为了解决大爆炸宇宙模型在解释上述一类问题时所遇到的困难，一些学者开始考虑如何把高能物理学的最新概念用于宇宙学研究。1981 年，年轻的美国物理学家古思(A. H. Guth)等人便在这一思想的指导下提出了他们的理论模型，这就是暴涨理论，也称暴涨宇宙论。暴涨宇宙论对可观测宇宙的描述，除了大爆炸发生后最初一段极为短暂的时间外，其他绝大部分时间中宇宙演化过程的一切情况都与标准大爆炸模型相符合，但对最早那一瞬间的表述却大为不同。

根据暴涨模型，宇宙在极早期曾经历过一个极短时间的极快速膨胀，这种膨胀称为“暴涨”，暴涨出现于大爆炸发生后的 10^{-35} 秒，所经历的时间段为 10^{-32} 秒。在暴涨阶段，物质达到一种称为“假真空”的奇特状态。由于假真空引起的排斥作用，宇宙按指数律加速膨胀，它的尺度每过 10^{-34} 秒便增大一倍。在 10^{-32} 秒的瞬间内，宇宙的尺度

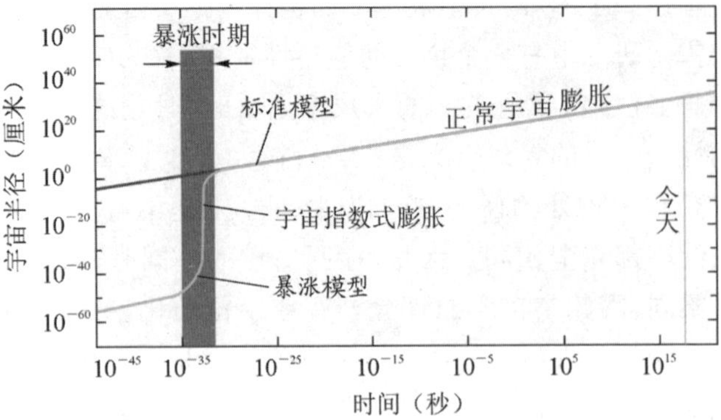

图 4.30　暴涨模型与标准大爆炸模型的比较

增大了 10^{50} 倍，一个原子核大小的区域就会暴涨为直径约 1 光年大的尺度。就温度来说，由暴涨引起的尺度极速膨胀会使宇宙一度冷却，温度甚至跌到接近绝对零度。然后，暴涨的突然结束则再次使宇宙升温到 10^{28} 开的极高温度。在这种惊人的爆发式增长过程中，宇宙的所有质量和能量从完全的真空中产生出来。在这一新的模型中，极早期宇宙的尺度比标准模型所认为的小得多，标准大爆炸模型中的一些困难在这里可以找到简单的解释。

例如，暴涨引起空间尺度急剧增大，而小尺度空间内各部分之间的相互作用很容易达到充分的程度，于是大爆炸之初出现的任何不规则性会在这种急速而又短暂的空间扩展过程中被“抹平”掉。作为一种比喻，这种情况有点像吹一只瘪的气球——原来气球上会有一些皱纹，但随着气球的涨大，这些皱纹就很快隐匿不见了。不仅如此，因为暴涨在各个方向上的作用力是一样的，于是更早期在不同方向上的膨胀速度即使有任何差异也会很快为暴涨所平滑掉，从而使暴涨阶段过后的膨胀表现为高度各向同性，这就解释了上面提到的宇宙均匀性问题。

古思等人最初考虑的理论中存在一些不足之处，对此后人又不断加以改进，提出了许多具体的暴涨模型，而尽管这类模型还有待进一步完善，其基本思想目前已为大多数宇宙学家所接受。

无论是热大爆炸模型还是暴涨模型，都要涉及一些高深的物理学理论和数学推导。即使是经典的标准大爆炸模型，所涉及的粒子能量也已大大地超过了迄今为止所能观测到的高能粒子，暴涨模型比这要剧烈得多，而两者最为关注的时间段又只是宇宙诞生后极为短暂的一瞬间。显然，这类理论所讨论的条件必然异常极端，探索的唯一途径只能是根据理论思想来建立数学模型，它们所依据的科学基础无疑有待于未来更多工作的检验，这也是人类认识事物过程的必然规律。

宇宙向何处去

新陈代谢，有生必有死，任何事物都是如此，这是自然界不可抗拒的客观规律。如果大爆炸理论确实成立，那就意味着宇宙在空间和时间两个方面都是有起点的，也就是大爆炸瞬间。在这之前，无空间和时间概念可言，实际上也就没有、或者不该有“大爆炸之前”一说。尽管这一观念与人们日常生活中的感受格格不入，但根据大爆炸理论就只能如此。承认了这一点，接下来自然就要问，宇宙的终极在哪儿？什么时候发生？那时宇宙会是什么样一种状态？这就是宇宙的最终归宿问题。

大爆炸之后的膨胀过程是一种引力和斥力之争，爆炸产生的动力是一种斥力，它使宇宙中的天体不断地彼此远离。另一方面，天体之间又存在万有引力，它会阻止天体远离，力图使它们互相靠近。引力作用的大小与天体的质量有关，因而大爆炸之后宇宙的最终走向是不断地膨胀下去，还是总有一天会停止膨胀并反过来收缩变小，显然应该取决于宇宙中物质密度的大小。从理论上说，会存在某种所谓“临界密度”，如果宇宙中物质的实际平均密度小于临界密度，宇宙会一直膨胀下去，称为开宇宙；要是物质的平均密度大于临界密度，膨胀过程迟早会停下来，并随之出现收缩，称为闭宇宙。

问题似乎变得很简单，但实则不然。理论工作得出的临界密度为5×10^{-30}克/厘米^3，但要准确测定宇宙中物质的平均密度就不那么容易了。星系与星系之间存在广袤的星系间空间，如果把目前所观测到的全部发光物质（它们的表现形式就是星系）的质量平摊到整个宇宙空间，那么宇宙中物质的平均密度就只有2×10^{-31}克/厘米^3，这一数字远远低于临界密度值。然而，种种证据表明，除了发光物质外，宇宙中还存在大量尚未观测到的不可见暗物质，而且其数量之大很可能远远超过可见物质，这就给平均密度的测算带来了很大的不确定因素。因此，宇宙的平均密度是否真的小于临界密度仍然是一个有争议的问题。不过，就目前来看开宇宙的可能性似乎比较大一些，因而可以先来推测一下开宇宙情况下宇宙的未来会有什么样的结局。

恒星演化到晚期会把一部分物质抛入星际空间，这些气体又可用来形成下一代恒星。但是,恒星演化的结局并不是把全部恒星物质都注入星际空间,它们会最终生成白矮星、中子星或黑洞。因此,一旦形成一颗恒星,星际气体就会相应地减少一些。由此推论,在这一过程中气体总是越消耗越减少,而气体不断减少的最终结果是,总有一天再没有富余的气体可供新的恒星形成,到了这一阶段新的恒星便不可能再继续诞生。过了 10^{14} 年后,已有的全部恒星都会失去光辉,这时宇宙也就变暗了。同时,恒星还会因相互间的作用不断从星系中逸出,而星系则因损失能量而收缩,结果在星系的中心部分即使原来不存在黑洞也会生成黑洞,并通过不断吞食经过它们附近的不发光的恒星残骸而长大。10^{17}～10^{18} 年后,对于一个星系来说就只剩下中心的大黑洞和周围一些零星分布的死亡了的恒星,这时组成恒星的质子也不再处于稳定状态。当宇宙到 10^{24} 岁时,质子开始衰变为光子和各种轻子,衰变过程到 10^{32} 年时进行完毕,这时宇宙中就只剩下光子、轻子和一些超级黑洞。10^{100} 年后,通过蒸发作用,有能量的粒子会从巨大的黑洞中逸出,并最终完全消失,宇宙将归于一片黑暗。这也许就是开宇宙末日到来时的景象,但它仍然在不断地、缓慢地膨胀着。

闭宇宙的命运又会如何呢?对于闭宇宙来说,膨胀的速度会越来越慢,而膨胀过程结束时刻的早晚则取决于宇宙实际平均密度的大小。如果假设平均密度是临界密度的 2 倍,那么根据一种简单的理论推算,从现在起经过 400 亿至 500 亿年后,当宇宙半径扩大到目前的 2 倍左右时引力开始占上风,膨胀的势头即告停止。接下来,宇宙便开始它的收缩过程,以后发生的情况差不多就相当于一部描述宇宙演化史的影片在放映结束后再倒过来回放一次,大爆炸后宇宙中所经历的一切事件将会逐个依次反演。刚开始的时候收缩的速度是很慢的,经过几百亿年后宇宙的平均密度又大致回到目前的状态,不过原来星系间不断远离的退行运动,将代之以相互间的不断接近。再过几十亿年,宇宙背景热辐射会上升到 400 开,并继续上升,于是宇宙会变得非常炽热而又稠密,收缩过程也越来越快。在这种坍缩过程中,星系会彼此并合,恒星间频繁碰撞。一旦宇宙温度升到 4 000 开,电子就开始从原子中游离出来;温度达到几百万开时,所有的中子和质子也从原子核中挣脱逸出。嗣后,宇宙很快进入所谓"大暴缩"阶段,一切物质和辐射极其迅速地被吞进一个密度无限高、空间无限小的区域之内,回复到 1 000 亿年前大爆炸发生时刻的状态。

英国天文学家里斯(M. Rees)曾经对闭宇宙模型中宇宙末日的景

象作过一番研究,并运用普通的物理学概念构建了那个时期从地球上所看到的景象。在坍缩的最后阶段,宇宙热辐射会变得非常强,使夜间天空发出淡红色的光辉,这种热辐射的光辉会渐而变为黄色、白色,并最终威胁到恒星的存在。当一个星系的物质坍缩为几个光年的尺度时,宇宙便到了一生中的最后三分钟,而接下来便是大暴缩。

大暴缩结束之际,也就是包括物质、空间和时间在内的一切事物的末日,要问以后又怎么样也是没有意义的,因为不存在所谓的"以后",就同不存在大爆炸"之前"一样——宇宙在大爆炸时从虚无中诞生,在辉煌地存在了许多亿年后,又在虚无中消失,甚至连一丝痕迹也没有留下。

要是宇宙物质的密度恰好等于临界密度,那么宇宙还是会一直不断地膨胀下去,只不过膨胀的速度会越来越慢,在无穷无尽的时间长河中膨胀速度不断趋近于零。因此,这种情况下宇宙的演化进程和结局与开宇宙应该没有本质上的差异,可以归入开宇宙之列。

需要强调的是,上面的种种描述只是一些学者之言,尽管其中不乏科学的内容,但完全是推测性的,与说明宇宙诞生的大爆炸理论相比它们更有待于未来工作的证实,从现在来看甚至都不知道能否证实。不过,看来开宇宙的结局总要比闭宇宙"好"一些,因为理论上说只要有星系及大黑洞存在并且它们有自转运动,技术高度发达的超级高等智慧生物总有办法从这类转动天体那儿汲取能量并继续生存下去。然而一旦真的发生大暴缩,似乎一切的一切便在劫难逃。当然,无论是哪种结局,总是发生在非常遥远、甚至可能是无限远未来的事了。

4.4 佐证与异见

哈勃定律和宇宙膨胀

实践是检验真理的唯一标准,大爆炸宇宙理论模型也不能例外。实际上,尽管伽莫夫等人在1948年所做的工作已经奠定了大爆炸宇宙论的理论基础,但由于缺乏观测实践的有力支持,而它的一些观念在那时看起来令人难以接受,特别是极早期宇宙的极端物理状态和变化过程的剧烈程度更使人深感匪夷所思,因此这种学说到1950年代就几乎被人遗忘了。直到1960年代初起,随着理论工作的进展以及若干重大的观测发现,才使大爆炸宇宙论越来越广泛地为学术界所接受，并成为研究宇宙学的主流学说。

美国天文学家哈勃在星系天文领域内的成就是多方面的，除了第一个证实河外星系的存在，并率先对星系进行科学的形态分类外，另一项杰出的贡献是发现了以他名字命名的哈勃定律。

星系本质之谜揭开之后，天文学家纷纷转向星系的观测研究，哈勃本人从1920年代后期起更是全力以赴从事这方面的工作，其中包括遥远星系的光谱观测和距离测定。到1929年，他已获得一批星系的光谱。哈勃发现在这些星系的光谱中都表现有普遍性的谱线红移，如果把这种现象解释为星系运动速度的多普勒位移，那么所有的星系都在以很高的速度远离地球运动。这种情况与银河系内恒星的谱线位移不同，恒星光谱中的谱线也有位移，但有的是红移，有的则是蓝移，说明恒星相对地球的运动与星系的情况不同——有的朝向地球，有的在远离地球而去，而且由位移值反映的运动速度要比星系小得多。在同一时期内，哈勃又利用这些星系中的造父变星等天体测得了它们的距离。一个令人惊讶的观测事实呈现在哈勃的面前：星系的红移越大距离就越远，或者说星系的视向退行速度越大距离就越远，两者之间有着简单的正比关系。如果记星系的退行速度为 v，距离为 r，那么这一关系的数学表达式便是 $v=H_0r$，这就是著名的哈勃定律，公式中的比例系数 H_0 称为哈勃常数。

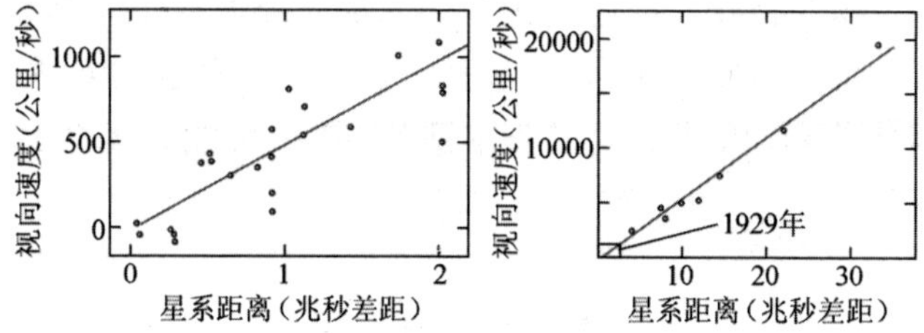

图 4.31 星系的视向速度—距离关系，左图为1929年的结果，右图是1931年的结果，而右图左下方标出1929年资料的范围

在哈勃于1929年3月首次发表的结果中，只有24个星系的观测资料，最大视向速度仅为1 200公里/秒，速度—距离关系并不十分明朗。在他的指导下，另一位天文学家赫马森（W. G. Humason）又获得了50个星系的观测资料，最大视向速度已高达2万公里/秒。在他们两人于1931年根据新资料所发表的结果中，这一关系得到了进一步的证实，并且更为清晰。到1948年，他们测得长蛇星系团的退行速度已高达6万公里/秒，而这种速度—距离关系依然成立。今天，哈勃定

律的客观存在已成为天文学家的普遍共识，并在天文学、特别是宇宙学研究中起着十分重要的作用。

根据宇宙学原理，地球上观察到的大尺度宇宙图景，在其他任何天体上同样也能看到，这就意味着由地球上观测者所发现的哈勃定律应该同样适用于宇宙中的任何天体。具体来说，在任何一个星系所处的位置上都能观测到其他星系的退行运动，而且距离越远的星系退行速度也越大。由此可以得出的一个重要推论是，对于宇宙中任何两个星系来说，它们之间都在彼此互相远离，而且星系间的距离越远相互间远离的速度也越大。

对由哈勃定律所推断的上述大尺度宇宙图景的最简单物理解释便是整个宇宙在不断膨胀，而且这种膨胀是均匀各向同性的，这正是大爆炸宇宙模型的预期结果。哈勃常数的倒数 $t_0 = r/v = H_0^{-1}$ 具有时间的量纲，称为哈勃时间。既然哈勃定律是由大爆炸引起的宇宙膨胀的观测效应，那么在遥远的过去某个时间——具体说来就是在 t_0 时间前，所有的星系必然位于同一点，也就是整个宇宙内的所有物质在 t_0 时间前应该集中在一个极小的空间范围内。由此可见，确定了哈勃常数便可以估计宇宙的年龄。目前测定的哈勃常数为 $H_0 = 73$ 公里/(秒 · 兆秒差距)，由此可以推算出宇宙年龄的上限为 137 亿年(有报道称，2006 年 8 月一项新的研究结果指出宇宙年龄应为 158 亿年，可见对此仍有争议)。需要注意的是，哈勃常数表征了宇宙膨胀，但并不是宇宙膨胀的速度，而是星系间退行速度的变化率，这一点从哈勃常数的单位便可以看出。具体来说就是星系间的距离每增大 1 兆秒差距，星系间的退行速度便增大 73 公里/秒。

在哈勃定律发现之前，勒梅特已在弗里德曼工作的基础上，经过长达 5 年的精心研究，于 1927 年提出了均匀各向同性的膨胀宇宙模型。根据他的模型，勒梅特认为遥远天体的红移起因于空间膨胀，并预言红移的大小与天体的距离成正比。但是，限于当时的通讯和学术交流条件，哈勃对弗里德曼和勒梅特的工作一无所知。因此，哈勃定律并不是为了刻意去证实膨胀宇宙模型而被发现的，它完全是哈勃在多年辛勤观测的基础上所获得的原创性成果。

宇宙中的各类天体必然是在宇宙诞生后形成的，因此宇宙中所有天体的年龄都不可能超过由哈勃定律推算出的宇宙年龄 137 亿年。由天体物理理论、特别是恒星演化理论，可以测得最年老星系和最年老恒星的年龄为 100 多亿年。太阳目前的年龄约为 50 亿年，地球的年龄约为46亿年，所有这些通过各种不同途径测得的涉及天体年龄的结果，都可以按照很好的时序纳入大爆炸后宇宙整体演化的框架之内。

河外星系存在普遍性退行运动以及哈勃定律的发现，对宇宙膨胀效应及其理论基础——大爆炸宇宙论以强有力的支持。

大爆炸余热的发现

另一个支持大爆炸理论的强有力观测证据是所谓"微波背景辐射"。根据现代大爆炸理论，在大爆炸以后10^{-43}秒的普朗克时期，宇宙的温度为10^{32}开，经过后来130多亿年的不断膨胀、冷却，目前剩余的温度应该大约只有3开(约为−270℃)，辐射的波长位于微波波段，而且在不同的观测方向应该表现为各向同性分布。从历史上看，早在1946年伽莫夫等人就已预言了宇宙中应充满了大爆炸遗留下来的微弱微波背景辐射，可是这一预言在将近20年的时间内一直被人所遗忘。1960年代，美国天文学家迪克(R. H. Dicke)的研究小组再次明确提出关于存在微波背景辐射的理论预测，但有趣的是迪克本人却并不相信伽莫夫的大爆炸宇宙论。迪克赞成永久振荡的宇宙模型，即认为宇宙处于反复膨胀和收缩的无穷尽过程之中，只是目前的宇宙正处在膨胀阶段。

1960年，美国贝尔电话实验室为了执行一项通信卫星计划，建造了一台口径6.1米的喇叭形天线。这种天线具有非常高的方向性，几乎不受来自地面的无线电和热辐射的干扰。通信卫星发射成功后，该天线也就失去了原有的作用。1963年，在贝尔实验室工作的两位科学家彭齐亚斯(A. A. Penzias)和威尔逊(R. W. Wilson)开始用这台高

图4.32 彭齐亚斯(左，1933—　)和威尔逊(右，1936—　)

斯穆特利用COBE卫星所做出的历史性发现把宇宙学带入了可以进行细致研究的“精确宇宙学”时代,这对于人们认识宇宙、星系以至恒星的起源有着极为重要的作用。

2001年6月30日,美国又发射了威尔金森各向异性探测器WMAP,同年10月1日探测器到达距地球150万公里的预定轨道,该探测器的分辨率要比COBE卫星高约70倍。WMAP第一阶段的工作为期2年,于2003年9月告一段落;2006年3月研究小组公开了最初3年的观测资料,而整个计划拟于2009年9月结束。经过这几年的工作,WMAP不仅进一步证实了COBE卫星所获得的结果,而且所取得的微波背景辐射的分布图更为清晰,可以说是第一次绘制了一张宇宙“婴儿”时期的精细图像。由WMAP观测资料还证实了暴涨宇宙模型一些最大胆的理论假设,确认了宇宙物质的组成,并得出宇宙年龄为137亿年,而误差不超过2%。

欧洲空间局拟在2008年发射更为先进的、比WMAP的分辨率和精度更高的普朗克卫星,以系统地探测、描绘来自整个天空中的宇宙微波背景辐射。预期普朗克卫星能区分不同的暴胀模型,并可能观测到因宇宙极早期密度涨落所产生的原初引力波。

宇宙中的物质丰度

证实宇宙起源于一次超级大爆炸的另一项判据与化学元素的形成有关。今天的物质世界之所以如此丰富多彩,重要原因之一就是有多种多样的元素存在,而宇宙中的各种物质形态,包括地球、行星、恒星、星云、星系、星际介质等,都是由元素组成的,即使人体内的各部分器官也都存在许多不同类别的元素。对构成各类天体的物质中元素组成的探测是天文学研究的一项重要内容,其中包括确定各类元素的含量,也即元素丰度,而任何天体演化理论都必须对不同类别元素的形成机制和观测到的元素丰度做出合理的解释。因此,对于一种理论宇宙模型来说,能否对宇宙中物质元素丰度的实测分布给出恰当的说明,便是检验该模型正确性的重要判据之一。

通过大量的天文观测,已经弄清楚太阳和其他一些恒星上物质的元素组成。例如就太阳而言,要是取元素氢(H)的含量为1,则有氦(He)=0.38,氧(O)= 0.001,碳(C)=0.00052,氮(N)=0.0001,等等。观测表明,太阳的元素丰度分布在恒星级天体中是很有代表性的。元素丰度的测定需要进行光谱观测,而能观测到的只是太阳的表面，所以上面给出的太阳元素丰度实际上是太阳表面物质的丰度分布。尽管太阳的年龄已有50亿年，这段时间内中心区一直在发生剧烈的热核反应，但表面物质仍然原封不动，与形成太阳时的原始太阳星云物质的元素组成相比几乎没有任何变化。

图4.35 福勒（1911—1995）

1956年，英国天文学家霍伊尔（F. Hoyle）、美国天文学家伯比奇夫妇（G. Burbidge & E. M. Burbidge）和美国核物理学家福勒（W. A. Fowler）共同提出了他们的元素合成理论，后人按这4位科学家姓氏的第一个字母取名为B^2FH理论。这一理论很好地解决了在恒星中如何产生各种天然元素的难题：通过与恒星不同演化阶段相应的8种核反应过程，可以合成所有的元素及其同位素。这些元素在恒星内部生成后，又可以通过超新星爆发事件而抛射到宇宙空间。现代天体物理学的最伟大成就之一，就是基本上说明了恒星演化和化学演化这两个密切相关的重大问题，而福勒也因为他的重要贡献而与钱德拉塞卡尔分享了1983年度的诺贝尔物理学奖金。

B^2FH理论很好地说明了在恒星演化的过程中，各类元素的形成和化学演化机制，但并没有解释宇宙物质总体的元素分布情况。近代天文观测表明，宇宙中含量最高的元素是氢，丰度约为0.75，其次是氦丰度约为0.25，其他重元素总的丰度仅为0.01左右。不过在不同的地方，元素丰度的具体数字可能略有变化，如在银盘中重元素的丰度约为0.02。由此可见，今天观测到的宇宙物质的丰度分布，与太阳表面的元素丰度是很接近的。

无论在太阳或者其他绝大多数恒星的表面，还是在许多星系中，都发现有元素氦的存在，而且实测结果表明，在不同的地方氦丰度大致相同，平均来说宇宙中有25%左右的物质是由氦组成的，而这一观测事实无法用恒星内部的热核反应来加以解释。对于这样一个所谓“氦丰度”问题，天文学家必须寻求解释机制，而正是大爆炸宇宙论对此给出了合理的说明。

根据大爆炸学说，在宇宙诞生后的最初阶段，如大爆炸后1秒钟，宇宙温度高达100亿开，在这样的高温条件下原子和中子不可能结合成稳定的原子核，在戏称为如一锅“基本粒子汤”的宇宙物质中只有质子、中子和电子。从爆炸后的13.8秒开始，随着温度的下降才开始形成氘、氦那样稳定的原子核，化学元素的形成即从这一时刻开始。大爆炸模型的理论计算表明，氦核的形成过程大约持续了3分钟。在这一期间约有23%～27%质量的物质聚合成氦，同时用完了所有可资利用的中子，余下没有参与聚合成氦的质子自然就形成了氢原子核，也就是元素氢。这一理论预言，宇宙应当由大约75%的氢和25%的氦组成，与实测结果符合得极好。实际上，早在1946年伽莫夫等人就已证明了，原始氦应该在大爆炸发生时便由质子（即氢核）和中子加工出来了。

在地球、太阳和陨星上还发现了其他一些轻核，如氘和锂等，虽然它们的丰度相当低，但仍然不能用恒星内部的元素核合成过程来加以说明，其中特别是氘，而大爆炸模型却可以用原初核合成来解释它的存在和丰度。

宇宙早期的原初核反应也可能产生极少量比较重的元素，如锂和碳。现在知道，尽管除氢和氦这两种元素外的重元素的总量不到宇宙物质的百分之一，但它们绝大多数并不是大爆炸的产物，而是后来在恒星内部形成的，并通过超新星爆发抛入宇宙空间，成为后一代恒星形成时的一种原材料。

另类思考

宇宙膨胀、微波背景辐射和氦元素丰度已成为支持宇宙大爆炸理论的最有力的观测证据，其中宇宙膨胀的发现和氦丰度的早期测定在时间上早于伽莫夫1948年的工作，而微波背景辐射的发现是先有理论预测，之后才获得实测结果的证实。要是如某些学者所坦言，大爆炸宇宙模型只是提出一种理论并合理解释了有关宇宙膨胀和氦丰度的观测事实，犹如用理论来说明实验室的实验结果，那么作为一种理论预言，微波背景辐射对大爆炸学说的支持就显得更为重要了。

尽管宇宙大爆炸理论已为绝大多数人所接受，但仍有少数天文学家对此心存疑虑，甚至提出了完全不同的看法以至宇宙模型。

在宇宙学研究中，远方天体的红移被看作是天体距离的标志，称为宇宙学红移。对宇宙学红移的解释是起因于宇宙膨胀造成的星系间快速互相远离，而这种退行运动使星系光谱线产生红移效应，于是这类红移便称为速度红移；根据哈勃定律，速度红移的大小是天体距离远近的反映，所以又可称为距离红移，而由红移推得的距离便称为宇宙学距离。那么反过来,凡是观测到的天体光谱线的红移一定是速度红移,或者更进一步,它们必然是距离红移吗? 说得更明确一些,天体红移的大小只能是天体距离的表征吗? 或者说是否还存在非宇宙学红移? 这里就有 3 种不完全相同的概念:红移,速度红移,以及距离红移,后者也就是宇宙学红移。

根据爱因斯坦的广义相对论,在引力场中辐射源发出的光谱线会有红移,红移值正比于辐射源所在位置处的引力势,称为引力红移。显然,这是一种非宇宙学红移,甚至也不属于速度红移。引力红移客观存在,但无法用来解释类星体或星系的巨大红移。

有些天文学家认为,类星体红移的本原虽然起因于多普勒效应,即速度红移,但并不是大尺度的宇宙学效应。他们认为类星体并不十分遥远,类星体很可能是从银河系或近距星系中高速抛出的物质,极大的抛射速度便是类星体大红移的本原。对这种观点最热心的支持者是美国天文学家阿普,他指出有些类星体在天空上的位置与星系靠得非常近,而且两类天体这种近距离"成协"的现象不能用它们因分布上的偶然性,碰巧紧靠在一起来加以解释,因此两者之间必然有物理上的联系,因而它们到地球的距离应该是很相近的。然而,在这种成协现象中,类星体的红移往往要比邻近星系的红移大得多。据此阿普认为,这些类星体间的红移不能用宇宙学红移来加以解释——它们的红移尽管属于速度红移,但并不是距离红移。

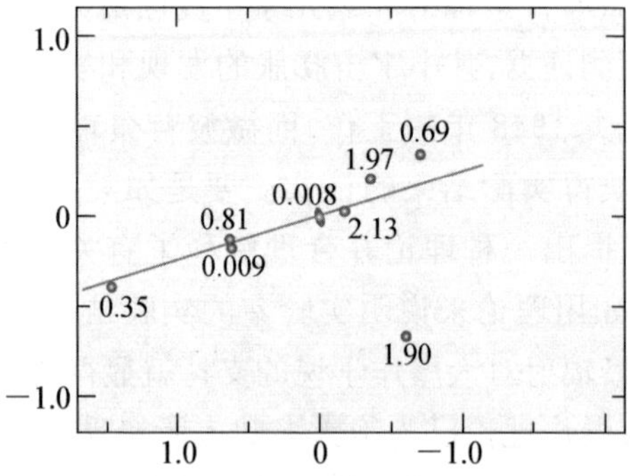

图 4.36　星系 NGC5985 与 5 个类星体排列成一行,坐标的单位为度,图中给出的数字是天体的红移值

多年来阿普一直在为自己的类星体从星系抛出的观点寻找观测证据。例如,1999 年阿普在他发表的一项结果中指出,在红移为0.008 的塞弗特星系 NGC5985 附近，有 5 个类星体以及 1 个矮旋涡星系（后者的红移为 0.009），它们沿着 NGC5985 的短轴方向与该星系严格排成一列，类星体的红移依次为2.13、1.97、0.81、0.69 和 0.35，这些类星体间的最大角距离略大于 2°，而红移为 0.81 的类星体与矮星系的角距离仅为 2.4″。经计算后阿普指出，这一现象因天体在天球上随机分布造成的概率仅为 $10^{-8}\sim10^{-9}$，因而他认为这些类星体一定是从活动星系 NGC5985 中沿星系短轴方向抛出的。

要是阿普的观念得以确认，那么问题就大了，因为由此而来的必然推论是哈勃定律未必成立，这就会从根本上动摇宇宙膨胀的观测证据。不过，这种观念自身有着极大的困难。例如，已经观测到有些类星体的红移很大，相应的退行速度已接近光速，但无法找到大量物质以接近光速的极高速度从星系抛出的物理机制。还有，很难解释为什么只观测到物质由星系向远方抛出，但极少发现有朝向地球方向抛出的现象。因此，阿普等人的观点始终未被天文界所普遍认同。

在大爆炸宇宙论提出之初，存在着一些当时无法解决的疑难问题，其中之一涉及到宇宙的年龄。鉴于哈勃本人当时得出的常数 H_0 的数值很大，由此推算出的宇宙年龄只有 18 亿年，要比已经确认的地球的地质年龄 46 亿年小得多，而尽管那时对恒星和星系的年龄还没有确切的说法，但预期也要比 18 亿年大很多，这显然是很荒谬的——宇宙还没有诞生，地球已经问世！这个显见的矛盾（以及还有其他一些问题）促使一些理论家试图寻找不同于大爆炸理论的另类宇宙模型，稳恒态宇宙模型便在这种情况下应运而生。

稳恒态宇宙模型的创始人是 3 位英国天文学家霍伊尔以及邦迪（H. Bondi）和戈尔德（T. Gold），他们基于不同的思路，在 1948 年独立而又几乎同时提出了自己的学说。作为理论的基本思想，稳恒态宇宙模型认为宇宙是无限的，即宇宙没有所谓的开端，也没有终了之时；宇宙不仅在空间上无限，而且在时间上无始无终，整个宇宙的大尺度图景是无演化的。这种宇宙模型的理论基础是完全宇宙学原理。完全宇宙学原理是宇宙学原理的进一步推广，它的基本含义是，宇宙不仅在三维空间上表现为均匀各向同性，而且整个宇宙在不同时刻也是完全相同的，宇宙

图 4.37 霍伊尔（1915— ）

的大尺度结构在时间上没有任何的演化效应——现在看到的宇宙图景便是它过去的样子，宇宙未来的模样也就如此，而且永远没有变化。

在稳恒态宇宙模型提出之时，哈勃定律已经发现，宇宙膨胀已是不争的观测事实。因此，这种模型也承认宇宙处于不断膨胀之中。但是，为了保证宇宙大尺度状态不随时间而改变，宇宙物质的总体密度应该始终保持不变，因而在稳恒态宇宙模型中物质必须连续不断地从虚无中创生来。有人经过具体计算，得出物质的诞生率应为平均每5000亿年在每一立方米体积空间内产生一个氢原子。显然，这会违背一些普适性的守恒律，如重子数守恒、轻子数守恒、质能守恒定律等。不过，赞成稳恒态学说的人则对此提出反诘：大爆炸宇宙论认为宇宙在大爆炸瞬间诞生，这同样是物质从虚无中创生，只是以物质的一次性大规模创生取代了稳恒态模型中物质不断的微量创生。

随着哈勃常数测定精度的提高，大爆炸学说中的宇宙年龄问题基本上已不复存在。另一方面，由于稳恒态宇宙模型不需要时间本身有什么开端，因而除了不会遇到宇宙年龄的问题外，也不必引入一些繁琐的、甚至令人难以置信的物理假设和物质存在状态。但是，稳恒态宇宙论不能对宇宙氦丰度、特别是微波背景辐射的客观存在给出合理的理论解释，加之人们终究难以接受物质在不断创生出来的观念，所以稳恒态宇宙论便日居下风，自1970年代以来已很少有人相信它是宇宙的真实写照了。

4.5 量度宇宙的身材

测定天体距离的两条途径

“天”是什么？在公众的心目中“天”是非常崇高的，乃至深奥莫测，由此产生并流传了许多与“天”有关的美丽神话故事和诗篇。另一方面，伪科学和迷信之说则往往用“天”来提高自己的身价，迷惑、吓唬老百姓，甚至造成原本不应发生的悲剧。在天文学家看来，“天”就是宇宙，也就是天文学科的研究对象，这个宇宙包含了空间和时间两方面的内容，而且只能是此时此刻观测能力所及的可观测宇宙。

宇宙中存在各种各类的天体，它们中的绝大部分离地球是非常遥远的，人们必须通过实测来探究天体的各方面性质，如大小、光度、质量、表面温度、化学组成、运动状态、演化规律等。为了探索这些性质，首先需要测定天体的距离，否则天体其他性质的确认便无从谈起。天体的距离实在太远了，常见的一些方法对测定天体距离而言几乎毫无用处，这就迫使天文学家不得不思考并提出另类的测距方法，以解决远至100亿光年(约1 000万亿亿公里)之外天体的距离测定问题。人们常用天文数字来形容数值之巨大，从天体的距离上就可以充分认识这种比喻非常恰当。

确定天体的距离可以有两种不同的途径，即绝对测定和相对测定。所谓“绝对测定”，是指无需借助其他方法就能直接测定天体的距离。例如，利用周年视差位移测定恒星的距离，便是一种最基本的绝对测定方法。但是，对天体来说这种方法的适用范围相当有限，目前的观测能力不过只有1 000光年左右，即使未来的“盖亚”卫星上天并取得成功，其测距能力最远也就是3万光年。要想对更远的天体进行距离的绝对测定，必须另辟蹊径——这一点在目前已经可以做到了，一些绝对测定方法可用于几十亿光年、甚至更远的天体。不过，这类方法往往只能适用于少数特定的情况，很难做到广泛使用，且需要就天体的几何关系或物理性质作某些假设，而一旦这类假设不严格成立，便会对测距结果带来一定的误差。

另一条途径是对天体距离进行相对测定。与绝对测定方法不同，相对测定必须借助其他方法才能间接地推算出天体的距离。利用造父变星的周光关系测定变星的距离，就是一种很有代表性的相对测定方法。造父变星周光关系的数学表达式是$M=a\lg P+b$，其中M是变星的平均绝对星等(表征光度)，P是变星的光变周期，只要测出光变周期P，便可由周光关系求得绝对星等M，再进而利用另一个可观测量——视星等m，由距离模数$m-M=5\lg r-5$，就可以推算出变星的光度距离r。但是，沿着这条思路确定变星的距离有一个前提，那就是必须事先知道常数a和b的具体数值。为此，需要通过其他方法先求得一批造父变星的距离r，由关系式$m-M=5\lg r-5$得出变星的绝对星等M，再利用周光关系公式$M=a\lg P+b$确定常数a和b的数值。显然，这是一种间接测定天体距离的方法，其中确定周光关系中常数a和b的过程称为对这一关系进行定标，而常数b是周光关系的零点。

说得更明确一些，如果在一个近距星系A中发现某一类天体具有相同的亮度，那么考虑到星系所占的空间范围与星系到地球的距离相比是很小的，于是可以合理地认为星系中的所有天体有大致相同的距离，从而就能推断这类有相同亮度的天体也应该有相同的光度。因此，只要能在另一个星系B中证认出这类天体并测得它们的亮度，就可以通过比较在这两个星系中同类天体的亮度，来测定星系 A 和 B 之间的相对距离——这两个星系的距离之比，而一旦测得其中一个星系的绝对距离，另一个星系的绝对距离就可推算出来了。一般来说，这种相对测定方法总是从已知距离的近星系来推算远星系的距离。有相同内禀光度的天体具有标准烛光的作用，称为标距天体，它们的光度称为标距参数，而像造父变星周光关系那样可以用来确定天体距离的关系式则称为标距关系。

由此可见，相对距离测定依赖于同时利用天体的两种性质，其中一种与距离无关（如造父变星的光变周期），另一种则随距离而变化（如视星等）。另外，标距关系是一种经验关系，无须掌握支配天体性质的复杂物理机制。因此，距离相对测定的适用对象要比绝对测定广泛得多。

对于宇宙中遥远天体距离的相对测定，是由近及远，利用不同的标距天体逐级加以推算出来的。把银河系中某类恒星与近距星系中同类恒星进行比较，可以推知近距星系的距离。对于更遥远的星系，单颗恒星已无法分辨，这时就要以整个星系的某种性质作为标距参数，由近星系推算远星系的距离。当然，在这一系列逐级外推的相对距离测定过程中，至少必须有一次取得天体的绝对距离，然后全部相对距离才可以利用该绝对距离进行定标而化算为绝对距离。不过，由于观测量和标距参数或标距关系都存在一定的误差或不确定性，并在外推过程中逐级累积，不同方法导出的距离还是会存在一定的差异。所以，天文学家总是力求通过尽可能多的途径来独立确定同一天体的距离并加以比较，以提高距离测定的准确度，这一点对远距天体尤为需要。正因为如此，找到适用于远距天体距离的绝对测定方法便显得非常重要，这不仅可以对距离相对测定的结果进行定标，而且通过比较还能互相印证各种方法的可靠程度，分析误差的可能来源，并进而对方法本身加以改进和完善。

光度距离的多种方法测定

在所有测定天体距离的方法中，光度距离可算是最常用、适用对象的类别又最为广泛的一种，其中造父变星作为标距天体有着特别重要的地位，应用范围可达室女星系团中心所处的距离。不仅如此，在同一天体的诸多距离相对测定的结果中，往往以造父变星周光关系所得出的数值最为可靠。

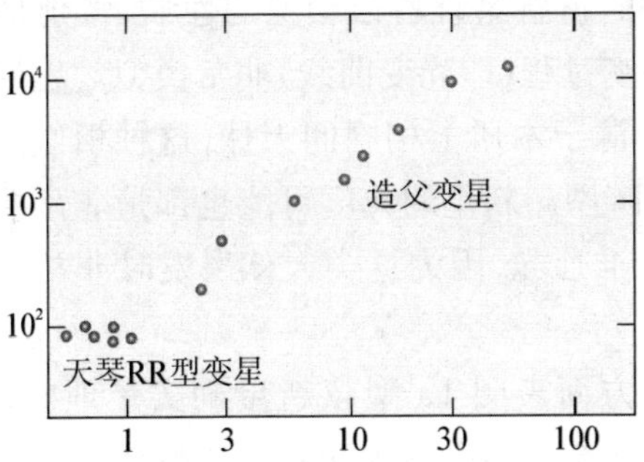

图 4.38 造父变星周光关系示意图，左下方密集成团的是天琴 RR 型变星

还有一类变星也可以用作标距天体，这就是天琴 RR 型变星，不过并不是利用这类变星的某种标距关系，而是因为它们有着近乎相同的平均绝对星等 $M \approx 0.6$ 等——这就是标准烛光，可用来标定它们的距离。天琴 RR 型变星的光度没有造父变星那么大，因而可应用的距离范围相对比较小，不超出本星系群内的星系（小于 100 万秒差距），再远就观测不到了。作为比较，造父变星的测距范围可超过 1 500 万秒差距。

星团的颜色—星等图可用来测定星团的光度距离，这就是主序重叠法。这一方法的基本出发点是，认为同一光谱次型的所有主序星都具有相同的绝对星等。由此，如果对于未知距离的星团测得成员星两种以上波段的视星等，如 B 和 V，则以色指数（B—V）为横坐标，以视星等（如 V）为纵坐标，就可绘出星团的“色指数—视星等”图，即颜色—星等图。把这幅图与太阳邻近恒星以色指数为横坐标、绝对星等为纵坐标的赫罗图来进行比较，或与距离已知的星团的赫罗图相比较。对疏散星团使两幅图中主序的下部重合，对球状星团使主序各部分都大致重合，这时同光谱次型主序星在两幅图中的纵坐标读数之差 $m-M$ 就是距离模数，由此可得出星团的距离。

主序重叠法的适用范围可达数万秒差距，因而可测得银河系中遥远星团以及最近河外星系的距离，然后便可得到团内成员星的光度，其中可能有造父变星。由此而得到的造父变星光度（绝对星等）可用来对周光关系进行定标。所以，主序重叠法是建立星系际距离尺度的重要中间阶梯，由特南普勒于 1930 年首次加以应用。

超新星根据它们的光谱特征和光变曲线，可以分为 Ⅰ 型和 Ⅱ 型两大类，其中 Ⅰ 型又可以进一步细分为 Ⅰa、Ⅰb 和 Ⅰc 等类别。人们早就知道许多最明亮的超新星有着很相似的性质，特别是Ⅰa型超新星的光度随时间的演变过程（即光变曲线）非常类似。理论上说，由于所有这类超新星都起源于本质上相同的天体，这种相似性应该是必然的。因此，可以预期Ⅰa型超新星的光度可能也都是非常接近的，这就提供了一种理想的标准烛光，因为这类天体爆发时非常明亮，距离很远也能观测到。

事实上许多方面表明Ⅰa型超新星确实是理想的标距天体。例如，实测表明，在3个星系中各观测到2个超新星，而同一星系中2个超新星极大亮度时的V波段视星等平均仅相差0.1等。由于一个星系中两个超新星可能受到不同的消光影响，因此它们实际上的极亮视星等的差异很可能比0.1等还要小。1990年代，利用HST观测星系并发现其中的造父变星而确定星系的距离，由此对这几个星系中的Ⅰa型超新星光度作绝对定标，结果发现它们的最亮绝对星等在V波段为$M_V=-19.52\pm0.07$，在B波段为$M_B=-19.48\pm0.07$。另一方面，超新星现象起源于大质量恒星演化晚期的一次爆炸，而这个物理过程相对说来比较简单，可以建立模型来加以描述，在模型基础上所作的理论计算表明$M_B=-19.4\pm0.3$，与实测结果符合得非常好。因此，-19.5等便可以作为标准烛光，这要比造父变星的光度（-3等左右）高多了，超新星在非常远的地方也能观测到，它们可以用来测定100亿光年以远的天体的距离。

天体按绝对星等大小进行统计后，所得到的不同光度天体相对数目的分布称为该类天体的光度函数，这一概念适用于恒星、星团、星系等各类天体。球状星团是一类含有数以十万计恒星的致密的天体集团，在很远的星系中也可以分辨出来。观测研究表明，尽管不同球状星团的光度可以相差很大，但对不同的星系来说，星系中全部球状星团作为一个系统的光度函数却都是很类似的，或者说球状星团系统的光度函数具有普适性，因而它们的平均绝对星等便可以作为一种标准烛光。与疏散星团相比，球状星团的光度要大得多，而且又非常致密，在很远的星系中也能观测到，可用以测定远至2 000万秒差距范围内星系或星系团的距离。

类似的方法也可以用于行星状星云系统的光度函数。星系中的行星状星云因发出强的线发射而不难加以识别，它们在各类星系中大量存在。与球状星团系统不同的是，行星状星云系统的光度函数在亮端会很快截止——不存在亮于某个绝对星等的行星状星云，但亮端的绝对星等对不同星系中的行星状星云是很类似的,可以用作标准烛光以测定星系的光度距离,其适用范围与造父变星相近,可达 1 500 万秒差距。

与恒星的情况不同,星系的光度(绝对星等)还可以通过观测其内部运动状态来加以合理的估计。物理学定律指出,在一个引力系统(如星系)中,物质的平均轨道运动速度随着系统质量的增大而增大,而星系的质量越大,其中发光物质的量应该也越多,因而光度就越大。根据这一推理,星系的内禀光度应该随着其组成成分轨道速度的增大而增大,而通过绝对定标便可以建立星系绝对星等和内部物质运动速度之间的标距关系。只要对星系进行光谱观测,就可以测定星系中物质轨道运动的速度,而这一结果与距离无关。然后,有望利用这类运动学观测资料估计星系的光度,并进而确定它们的距离。根据上述原理得到的光度距离有时也称为运动学距离,主要适用于旋涡星系,最远测距范围可接近 10 亿秒差距。

天体光度距离有多种不同的测定方法,其中绝大部分都属于相对测定,而所谓巴德一威塞林克方法则是一种光度距离的绝对测定法,最早由德国天文学家巴德和荷兰天文学家威塞林克(A. J. Wesselink)提出,并已经后人作了改进。该方法的基本原理是,如果能知道恒星的线半径 R,就不难估计恒星的距离。这是因为有了恒星的线半径,只要通过观测再取得恒星的颜色或光谱形状,就可以计算其有效温度,然后由物理学定律便能得到恒星的绝对星等,从而进一步确定恒星的光度距离。

巴德一威塞林克方法的关键是要测得恒星的线半径,而这往往是很困难的,通常只有对距离相当近而体积又很大的超巨星才有可能做到,这对测定遥远星系的距离毫无用处。然而,要是恒星的直径会随时间发生变化,如造父变星一类的脉动变星,或者超新星之类的爆发变星,这一难题就有可能得到解决。

对于一颗恒星来说,从地球上所能观测到的只是它的表面。如果恒星在膨胀(或者缩小),那么观测到的恒星视向速度就是两项速度的合成:一项是该恒星空间运动的视向分量,这部分速度不会随时间而变化;另一项是恒星表面物质运动速度的视向分量,这部分速度会随时间而改变。只要在一段时间内不断监测恒星观测视向速度的变化状况,即连续测定不同时间恒星表面物质膨胀(或收缩)的速度,就可以推算出恒星的线半径,从而便可进一步确定恒星的距离。巴德一威塞林克方法用于测定超新星距离时，其适用范围可达几亿秒差距，但用于脉动变星时可确定的天体距离就要小得多了。

应用巴德－威塞林克方法测定天体的绝对距离时，实际上已隐含了一个有关恒星物理性质的假设，即星体物质的径向运动(膨胀或收缩)是均匀各向同性的，由视向速度监测确定的恒星在观测者视线方向上的半径就是恒星的实际半径。如果这一假设不能严格满足，就会给距离测定结果带来一定的误差。

不断开拓测距妙招

除了由三角视差直接测定恒星的几何距离外，其他绝对测距或相对测距方法大多依据了一个共性基本原理：根据天体的物理学或几何学性质，在 2 个(或多个)观测量之间建立某种函数关系，其中必有一个观测量与天体的距离有关，其他观测量则与距离无关，而利用由实测得到的观测量和它们之间的函数关系便可以确定天体的距离。天文学家正是根据这一原理设计了多种不同的、远距离天体的测距方法，并取得了很大的成功。

一种方法是利用天体的大小：如果能够同时测得某个天体的角直径 θ 和线直径 d，那么根据简单的几何关系就可以确定该天体的距离 $r=d/\theta$，称为尺度距离或角径距离。

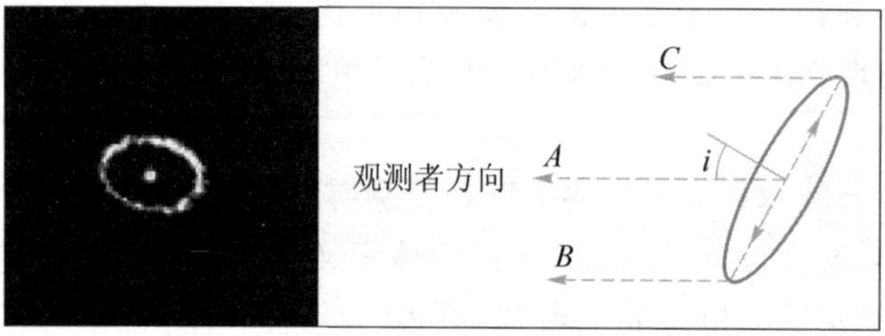

图 4.39 超新星辐射时间延迟的几何解释，左边是 HST 拍得的辐射环图像

1987 年，在大麦哲伦星云中爆发了一颗超新星 1987A。因为大麦云是距离最近的河外星系，这颗超新星显得非常明亮，许多地面和空间望远镜都对这一罕见天象进行了及时的观测。紫外卫星 IUE 在爆发后的第 90 天探测到了来自超新星的由高度电离原子造成的窄发射线，在爆发后的第 400 天，发射线的强度达到极大。对于这种辐射讯号的时间延迟现象，图 4.39 给出了简单的几何解释。超新星爆发后抛出物在其周围形成一个(或若干个)物质环，环平面法线与观测者视

线交 i 角。窄发射线起因于环中物质，B 方向的辐射先到达地球，地球上开始观测到发射线，相应于 $t_1=90$ 天时。只有当整个环(包括方向 C)的线发射都到达地球时，发射线的观测强度才会达到极大，相应时刻为 $t_2=400$ 天。设环的直径为 d，由图 4.39 很容易得出 $t_1=d(1-\sin i)/2c$ 和 $t_2=d(1+\sin i)/2c$，其中 c 是光速。由上述两个关系式可以得出 $i=42°$ 和 $d=0.84$ 秒差距。

另一方面，由哈勃空间望远镜成像观测发现，环的角直径为 $\theta=3.32''$，由关系式 $r=d/\theta$ 便可以得出超新星 1987A 的距离约为 $r=52$ 千秒差距，并与其他方法所取得的结果符合得很好。显然，超新星 1987A 为利用同一天体不同部分辐射到达地球的时间延迟现象，对天体尺度距离的测定提供了一个很好的例子。在这个例子中，超新星的距离完全是依据图4.39 所说明的几何关系来确定的，两个函数表达式中没有任何需要用其他方法进行定标的参数，所以这是一种绝对测定方法。

天体的尺度距离也可以进行相对测定。观测和理论研究都表明了，对椭圆星系来说，在星系的线直径 d、亮度 I 和速度弥散度 σ 之间存在某种确定的关系。这一关系在以 d、I 和 σ 为坐标的三维空间中表现为一个平面，称为椭圆星系的基本面。亮度和速度弥散度可以通过测光和光谱观测取得，于是利用基本面的关系便能得到椭圆星系的线直径。另一方面，由高分辨率的成像观测可以得到远距离椭圆星系的角直径，与线直径相比较便可确定星系的尺度距离。基本面关系中的一些参数需要通过其他途径来进行标定，因而这是一种相对测定方法，它的适用范围很大，最远可接近 10 亿秒差距。

还有一条测距途径是利用天体的运动速度。设天体运动的线速度为 V，而相应的角速度为 ω，如果观测者的视线方向与天体的运动方向相垂直，则由简单关系式 $V=r\omega$ 便可以确定天体的距离 r，称为速度距离。

天文观测所能取得的天体的运动学资料是视向速度和自行，其中视向速度 V_r 为线速度，自行 μ 是角速度。但是，由于天体空间运动的随机性，线速度 V_r 与角速度 μ 这两个观测量并不互相对应，它们不具有可比性，即 $V_r\neq r\mu$。通常情况下恒星运动速度 V 的方向与观测者视线方向的夹角 θ 是未知的，也无法利用 V_r、μ 和距离 r 之间必然满足的简单几何关系 $r\mu=V_r\tan\theta$ 来确定天体的速度距离。唯一的例外是利用所谓移动星团——这是离地球相当近的一种疏散星团，距离不

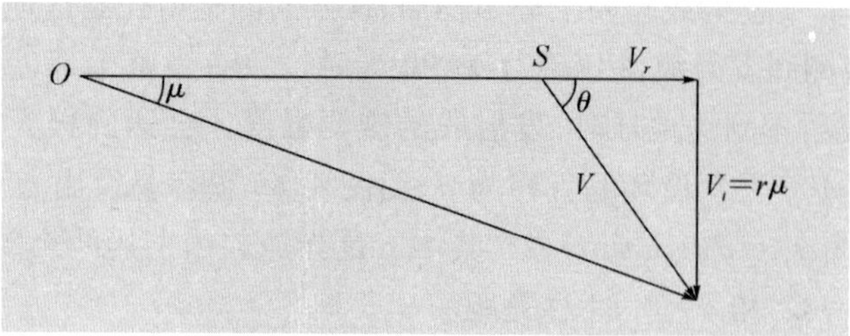

图 4.40　恒星 S 的空间运动速度 V 分解为 V_r 和 $V_t=r\mu$,O 为观测者

超过 200 秒差距,这一特点使得可以利用对团内恒星的视向速度和自行资料的分析来确定 θ 角,于是就能推算出星团的速度距离。不过,尽管这种方法得到的移动星团的距离有非常高的精度,但适用范围不超过 200 秒差距,根本不可能用于测定遥远星系的速度距离。

如果对一大批恒星测得了它们的视向速度和自行,因为恒星运动速度在大小和方向上是随机的,那么可以合理地认为全部恒星的平均视向速度 $\bar{V}_r$ 和平均自行的任意一个分量 $\bar{\mu}$ 具有可比性,即有 $\bar{V}_r=r\bar{\mu}$,并能由此估算所有这些恒星的平均距离。不仅如此,还可以认为这批恒星的视向速度弥散度 σ_V 和自行的任意一个分量的弥散度 σ_μ 也具有可比性,即 $\sigma_V=r\sigma_\mu$,这一关系同样可以用来估计这批恒星的平均距离。由这条途径确定的恒星群的平均距离就是一种速度距离,也称统计视差。

上述原理可以推广到河外星系的距离测定,但被测天体必须满足一定的条件:它们要足够明亮,在很远的距离处也能观测到,而且能以足够的精度测得它们的视向速度和自行。

这些要求可以通过对一种称为“水脉泽源”的天体的观测加以实现。气体在邻近新形成恒星的激发下出现水分子中的分子跃迁,由此发出的光子在途中会遇到其他受激分子并使后者进一步发出同一波长光子,最终便形成了水脉泽。水脉泽源较多地出现在活动的恒星形成区内,它们在静止波长 $\lambda=1.35$ 厘米处发出线辐射。由于脉泽发射产生一束很窄的射电辐射,其强度很大,在很远距离处也能观测到。脉泽发射是一种窄线辐射,可以通过观测多普勒位移测定发射区的视向速度,精度可好于±1 公里/秒。又由于发射频率位于射电波段,可以利用甚长基线干涉测量技术,以很高的精度测定脉泽源在天球上的角位置,脉泽斑的位置测定精度可高达约0.000 01″,这在其他波段是无法做到的,而即使有这样高的定位精度,要取得有足够精度的自行,仍然需要进行长达 1 年以上的观测。统计视差是一种距离绝对测定方法,利用水脉泽源的统计视差可以测得接近 100 万秒差距远处星系的距离。

利用哈勃定律 $V_r=H_0r$,可以由视向速度 V_r 确定远距离天体的距离,称为宇宙学距离,这也可算作是一种速度距离。不过,哈勃常数 H_0 需要通过其他途径来加以测定,因而这是天体距离的相对测定。另外,当红移很大时,V_r 的计算必须考虑相对论效应,与红移之间的关系要比 $V_r=cz$ 略为复杂一些。

“天”究竟有多大

现在,天文学家已经可以通过不同的观测途径来确定各类天体的距离,从近距恒星直到十分遥远的河外星系。尽管由不同方法得出的同一天体的距离尚有少许差异,但随着诸如哈勃空间望远镜一类新型仪器设备的投入使用,所取得观测资料的质量大为改善,同样的测距方法可以用于更暗的天体,因而能达到更远的距离,从而使这种差异日益减小。目前的基本状况是,已经逐步做到在整个可观测宇宙内各类天体的距离测定精度好于 10%。在超过 100 亿光年尺度上,能使远方天体距离的测定误差小于 10 亿光年真可谓来之不易,其中倾注了许多天文学家多年来的心血和为发展有关高新技术所付出的大量财力和物力,而得到的收获是大大丰富了人类对宇宙的认识。

在有关银河系距离尺度的测定工作中,一项重要的内容是确定太阳到银心的距离,也就是太阳的银心距 $R_\odot$,这在银河系结构研究中是非常重要的。尽管这段距离不算很远,但 $R_\odot$ 的精确测定却并不容易,主要原因是银心方向星际介质的消光影响相当严重。$R_\odot$ 的绝对距离测定只有一条途径,即利用位于银心附近的水脉泽源,而可用于 $R_\odot$ 相对测定的标距天体则有天琴 RR 型变星和造父变星等,前者需要作射电观测,后者最好在近红外波段进行,以尽可能减小星际消光的影响。目前得到的太阳银心距的最优估值为 $R_\odot=8$ 千秒差距,精度好于 0.5 千秒差距,不同方法所得出的结果都在这一数值附近,偏差很小,其中以由造父变星测得的 $R_\odot$ 为最好。

距离地球最近的河外星系是大麦哲伦星云。因为大麦云的距离并不太远,可以用变星作为标距天体来确定它的距离,如天琴 RR 型变星和造父变星,也可以采用主序重叠法。这 3 种用变星或星团作为标距天体所得到的都是光度距离,其中以造父变星测得的大麦云距离

50±2千秒差距最为准确。不仅如此,仔细分析表明,用造父变星得出的大麦云的不同部位到地球的距离是不同的——东边缘造父变星的距离比西边缘的变星约近5%,这可以用大麦云中的恒星分布具有扁平的形态且与观测者视线斜交来合理地加以解释。

超新星1987A的爆发事件为确定大麦云距离提供了两种独立的途径。巴德一威塞林克方法用于超新星的膨胀光球,得出大麦云的光度距离为55±5千秒差距,而从超新星周围物质环辐射的时间延迟推得的尺度距离是52±3千秒差距。这两个绝对距离测定结果与任何中间环节的定标无关,不过仍然会有各种系统误差的影响。距离相对测定和绝对测定的误差源是不同的,但求得的大麦云距离值又非常接近,由此可见任何一种方法所得结果受误差的影响都不会太大。目前可取多种方法所得到的平均值50±2千秒差距作为大麦云距离的最优估值,相对精度高达4%。

仙女星系M31是最近的巨旋涡星系,它为河外星系的距离测定提供了一个重要的定标点。M31比大麦云远得多,有些适用于大麦云的标距天体因为距离远而变得更暗,已不能用于距离测定,但还是有不少方法可以用来得出M31的距离。例如,可以用作标距天体的恒星有天琴RR型变星和造父变星等,也可以利用球状星团系统或行星状星云系统的光度函数。由此得出的光度距离都是相对测定的结果,需要利用已知的近距同类标距参数或标距关系进行外推,如关于天琴RR型变星和行星状星云系统的标准烛光值取自大麦云,而造父变星周光关系和球状星团系统平均绝对星等则直接取自银河系。就目前来看,各种方法所得到的M31的距离差异并不大,平均值为740±40千秒差距,相对精度在5%左右。从这种不同方法所得结果的一致性,不仅表明M31距离的确定是可靠的,而且说明对大麦云所采用距离也是靠得住的,以及有关球状星团系统或者行星状星云系统存在普适性光度函数的认识也应该成立。遗憾的是,近来没有在M31中观测到超新星爆发,超新星作为一种标距天体便无用武之地了。

在本星系群范围之外,室女星系团是距离最近的中等大小星系团,成员星系中有大量的椭圆星系和旋涡星系,而且还在一些团星系内观测到了若干个超新星,这就为比较不同测距结果提供了一个理想的定标点。不仅如此,一旦确定了它的距离,就可推知普通星系团的一些内禀性质,而这些性质又可以用来推算其他更远星系的距离。目前对室女团距离的测定主要来自相对测定方法,有的利用星系中的单颗恒星,如造父变星和超新星,有的则需要用到整个星系的标距关系,如球状星团系统光度函数等。在所有的距离测定结果中,以造父变星周光关系推得的室女团距离 16±1 兆秒差距最为可靠,其他方法的测定值大都与之相符或差别不显著,但从超新星得出的结果 23 兆秒差距却明显偏大。据此,有人认为这说明并非所有的超新星都有相同的、因而可作为标准烛光的内禀光度,但详细情况则尚不清楚。

比室女团更远的典型富星系团就是后发星系团,其成员主要是椭圆星系,因而可以利用超新星或者椭圆星系的标距关系——基本面等方法来测定它的距离。由于这类关系绝对定标的精度比较低,最好的做法是测定后发团相对于室女团的距离。多种方法的测定结果表明,这两个星系团距离之比的最佳估值为 5.5,因而后发团的距离约为 80 兆秒差距。

对于室女团那样远的天体来说,它们的运动主要表现为由宇宙膨胀引起的哈勃流,而本动只占很小的比例。因此,由这类天体的距离测定值和视向速度观测结果,便可以确定哈勃常数 H_0,这相当于对哈勃定律进行定标。有了哈勃常数后,对更远的天体就可以利用它们的视向速度观测值和哈勃定律来估计距离,即宇宙学距离。

1929 年,哈勃首次确定 H_0(当年哈勃用的是字母 K,后人改为 H_0 以纪念哈勃在这一领域内所做出的不朽功绩)的值为 $H_0=500$ 公里/(秒 · 兆秒差距),这意味着天体之间距离每增加 1 兆秒差距,相互间退行速度便增大 500 公里/秒。1931 年,哈勃和赫马森第二次测定的 H_0 值为 558(略去量纲,下同),后又订正为 526。哈勃在测定 H_0 时所用的标距天体是星系中的造父变星和一些最明亮的恒星。

1952 年巴德发现存在两类造父变星,它们有不同的周光关系零点,而哈勃所采用的仙女星系中造父变星的星等零点应变动 1.5 等,于是哈勃常数应修订为 $H_0=260$。1956 年,赫马森等人的工作又把哈勃常数进一步减小为 $H_0=180$。1958 年桑德奇指出,哈勃所用的标距天体的光度要再加上 1.8 等的星等改正,从而再次把哈勃常数降低为 $H_0=75$。1974—1976 年,桑德奇等人又利用 7 种不同的标距天体重新修订哈勃常数,得出 $H_0=55$,这一数字只及哈勃当年测定值的 1/10 左右。这就是说,按哈勃定律推算星系的宇宙学距离,用 $H_0=55$ 所得的结果要比哈勃当年得到的数值约大了 10 倍。鉴于 H_0 数值精确测定对宇宙学研究的重要性,自哈勃本人以来,许多天文学家通过各种不同的途径对哈勃常数进行了大量的标定(参见图 4.41),结果表

明 H_0 的测定值尽管表现出一定的波动，但总体上呈现不断变小的趋势。

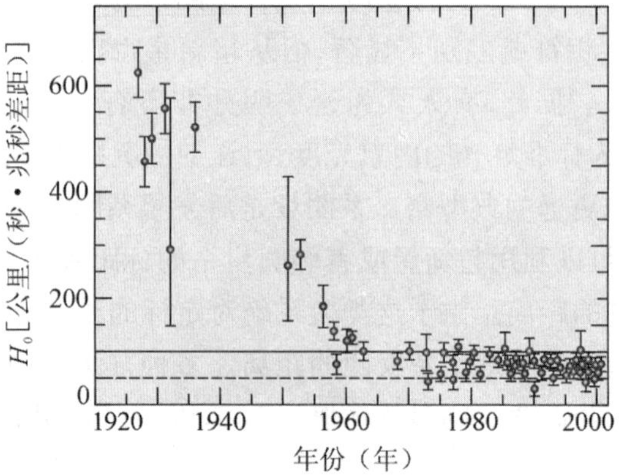

图 4.41　1929 年以来哈勃常数测定值的历史变迁

2003 年，由 WMAP 空间探测器所取得的观测资料得出 $H_0=73$，这个数字被认为是有关哈勃常数最精确的测定结果，而由此推得的可观测宇宙的范围是 137 亿光年。尽管在宇宙学所讨论的大尺度上，关于距离有着各种与常识颇为不同的定义，其中要涉及到一些复杂的理论问题，但通常还是可以把 137 亿光年看作是天文学家目前所能研究的宇宙的“身材”——可观测宇宙的半径大小。

4.6　探索中深化对宇宙的认识

宇宙之大无奇不有

仰望天空，晴夜星光闪闪，白天阳光灿烂，地球上生机勃勃，而恒星、星云、星团、星系、星系团等各类天体则构成了天文学家心目中的宇宙——这个宇宙看上去无疑是明亮的。然而，真实情况却远为复杂得多。现代天文研究表明，宇宙中除了能发光的普通物质外，还存在着大量不发光、因而无法直接看到的物质形态。发光物质又可称为重子(包括质子和中子)物质，因为它们都由重子和电子组成。现在知道它们在宇宙物质中仅占 4.4%左右，而宇宙中大部分是不发光的暗物质和暗能量。

早在 1933 年，瑞士天文学家兹维基在研究星系团的质量时就已发现，宇宙中很可能存在大量不发光的物质。

天文学上有两种不同的确定星系质量的方法，即光度质量和位力质量。与恒星的情况相类似，星系的质量与光度之比称为星系的质光比，通常以太阳的质光比 $M_{\odot}/L_{\odot}$ 为单位。一般来说，星系的质量越大，向外辐射的能量越多，光度就越强。通过对双重星系的观测，可得出不同形态类别星系的质光比。因此，只要测得星系的亮度和距离——由此推算出星系的光度，利用质光比就能进而估计出它们的质量。由于这种方法依据的是星系的光度，所得出的质量便称为光度质量。

另一条途径是由天体集团内部成员的运动状态来推算该天体集团的质量，其基础是牛顿的引力理论，所得出的质量称为动力学质量或位力质量，如由团星的运动速度弥散度估算星团的质量，或者利用团星系的运动速度弥散度来确定星系团的质量。为了确定位力质量，对于星团来说，主要的运动学观测资料是团星自行，而对星系团则只能利用团星系的视向速度。

兹维基用这两种方法分别估算了一些星系团的质量，结果发现它们的光度质量远小于位力质量，两者甚至可以相差一个量级以上，完全不能用观测资料的误差来加以解释。这一现象引起天文学家的广泛关注：好像星系团中的大部分质量没有表现为发光物质，不知躲到哪里去了。当时人们并不清楚其中真正的原因，于是把这部分表观上缺少了的质量含糊地称为隐匿质量或短缺质量。随着这种物质隐匿现象的普遍发现，天文学家开始认识到宇宙中很可能存在许多不发光的物质，它们甚至也不会发出其他波段的电磁辐射，只表现出有引力作用，并影响到附近普通可见物质的运动状态，其结果是星系团的位力质量能反映这类不可见物质的存在，而光度质量所反映的只是可见物质的质量，从而造成两种方法得到两种大不一样的质量。后来，人们便把这种不可见的物质称为暗物质——这个名称实际上并不很确切，这类物质不是因为太“暗”而无法看到，它们根本是不可能“看”到的。一些研究表明，有些星系团的质光比居然高达 300。

得出星系团内有暗物质存在的结论，不只因为光度质量与位力质量间的明显差异，而且团的形态也表明团内必然有着大量的暗物质。星系团是一种非常稳定的天体集团，寿命可达 100 亿年或更老，它们在宇宙中的普遍存在说明这是一类能长期存在的天体集团。另一方面，团内星系的运动速度很大，可达每秒数百公里或甚至更高。因此，必然有很强的引力把这些星系牢牢地束缚在一起，不然的话它们就会在不太长的时间内四处逸散，星系团会因此瓦解而不复存在。星系团的光度质量不能产生足够强的引力场，只有大量暗物质的存在才能合理解释星系团能稳定存在的观测事实。

发现星系团内存在暗物质之后不久，通过对银河系内恒星运动特性的研究，在银河系中也发现了有大量暗物质存在的观测证据。

银河系内的所有恒星都绕银河系中心旋转，转动角速度 ω(以及线速度 V)随恒星银心距 r 的不同而不同，这种较差自转形式是银河系总体运动的主要特征。线速度 V 随银心距 r 的变化规律可以用函数 $V(r)$ 来表示，它的图示形式是一条曲线，称为银河系的自转曲线或旋转曲线。在没有认识到有暗物质存在之前，通常认为银河系的物质(包括恒星以及星际介质)分布在核球、银盘和银晕这几个结构成分中，其中银盘质量占银河系总质量的85%～90%，而且越是靠近银河系的核区，物质的密度越高。在这种物质分布状态下，理论上可以预期自转曲线 $V(r)$ 应该有着大致确定的变化规律：银河系中心区因为集中了大量的物质而会表现为类似于刚体的转动，即从中心向外 $V(r)$ 随 r 的增大而直线增加，这种状况会一直持续到 $V(r)$ 达到 240 公里/秒左右；之后，$V(r)$ 便渐而减小，不过由于物质分布不可能完全均匀，在减小过程中 $V(r)$ 同时会表现出有小幅度的起伏变化。

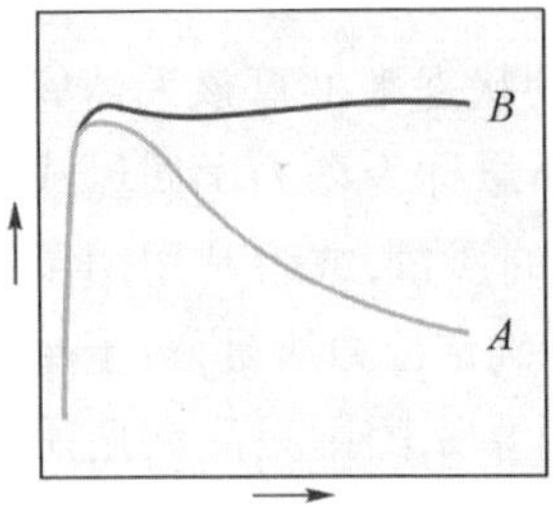

图 4.42 银河系自转曲线示意图：A 为不存在暗晕的曲线，B 为有暗晕存在的曲线，横坐标为银心距，纵坐标是线速度

实测结果表明，在核区范围内银河系观测自转曲线与理论曲线符合得很好，太阳的位置处(银心距约为 8 千秒差距)$V(r)$ 约为 220 公里/秒。然而，再往远处实测自转曲线与理论预期情况便表现出很大的不同：$V(r)$ 不但不随 r 的增大而减小，反而开始缓慢地变大，这个趋势至少可以保持到观测资料所能及的 $r=30$ 千秒差距处。如果银河系物质的分布仅限于银晕(直径约 10 千秒差距)，这种形状的曲线是不应该出现的。唯一合理的解释是，在银晕范围以远的银河系外围广大天区内存在大量的不可见暗物质——正是它们对银河系外部

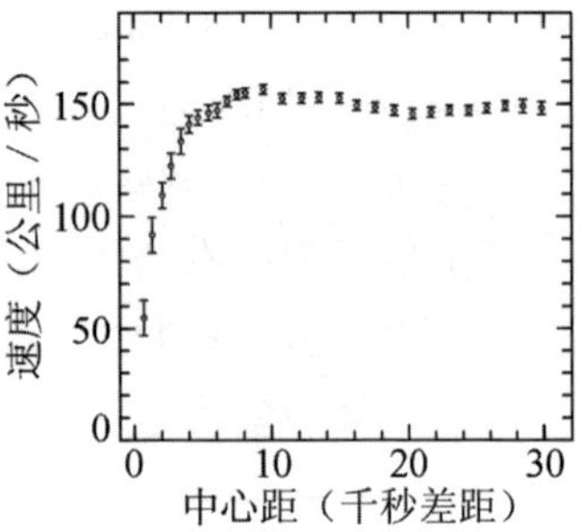

图 4.43 河外星系 *NGC*3198 的实测自转曲线

恒星的引力作用,使这些恒星的转动加快。根据实测银河系自转曲线的形状,可以估算出暗物质的数量,由此得知银河系发光物质与暗物质的质量之比约为 1∶9。后来的工作发现,其他旋涡星系自转曲线的形状大体上也是如此,这就说明星系中存在大量暗物质是一种普遍现象。

今天,暗物质的存在已是不争的事实,并已为科学界所广泛接受,而这种“另类”物质的浮现进一步说明了宇宙中物质形态的多样性。

引力透镜的作用

至少就目前来看,暗物质是一种不可能直接“看”到的物质形态,因而对它们的探测只能通过一些间接的途径,其中包括上面提到的星系团光度质量和位力质量的比较,以及对星系自转曲线的分析等。寻找暗物质已成为当代天体物理学最重要的研究领域之一,而在这个问题上,人们已经找到其他一些观测事实来进一步说明宇宙中确实存在大量的暗物质,如引力透镜效应、星系团的 X 射线辐射,以及宇宙微波背景辐射的各向异性等。

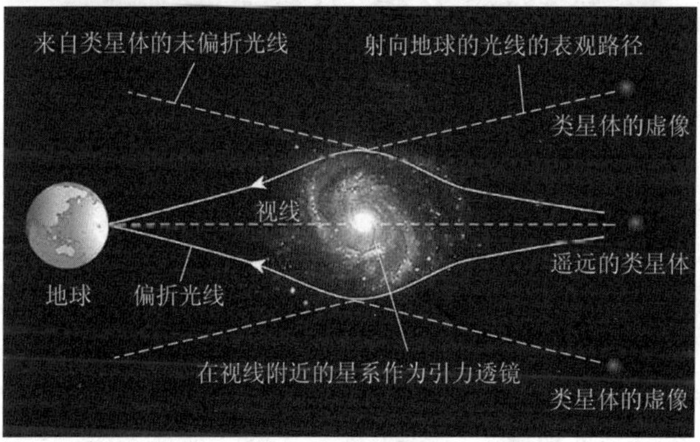

图 4.44　星系对远方类星体的引力透镜效应示意图

根据爱因斯坦的广义相对论,当光线从大质量天体附近经过时,光线行进的路径会发生弯曲,这种效应与光线通过透镜时行进方向会发生偏折的情况相类似——大质量天体起着“透镜”的作用,因而被形象化地称为“引力透镜”。这一效应在 1937 年已由兹维基明确指出。引力透镜效应的明显程度与起透镜作用的天体的质量有关,透镜天体的质量越大,光线经过时弯曲的程度也越大。1919 年,爱丁顿通过对一次日全食的观测,发现了太阳对远方恒星星光的这种偏折作用,而且星光的偏折量与广义相对论的预言值相一致，从而为引力透镜效应的客观存在提供了实测证据。

为了利用日全食验证太阳对星光的偏折作用，需要在相隔半年左右的时间对目标天区的恒星进行两次观测。一次在日全食发生当天，当太阳被月球全部遮去之际(即全食阶段，记为 t_1)抓紧时间拍摄太阳附近天区的恒星，因为这是在白天，全食阶段一过就无法拍摄了。另一次在日全食之前或之后约半年，当同一天区的恒星在夜晚出现时再次进行拍摄(记为 t_2)。因为太阳对星光的偏折作用只对出现在太阳附近的恒星才较为明显，因而通过比较 t_1 和 t_2 时太阳附近恒星与离太阳较远处恒星间相对位置的变化，便有可能发现太阳对星光的引力偏折作用，并能具体算出偏折角的大小，爱丁顿所用的就是这种方法。

图 4.45 HST 拍摄的富星系团 Abell 2218，引力透镜效应造成的远天体的光弧清晰可见

河外天体的引力透镜作用与太阳的情况有所不同。设想在某个遥远天体的观测方向上存在一个距离较近的大质量天体，后者可以是一个星系、星系团或者黑洞，而且远方天体、近距天体和地球三者近乎位于一条直线上，那么近距天体就会起着引力透镜的作用，远方天体发出的光会被这个透镜天体弯折、会聚后到达地球。这一效应的观测表现是远方天体被放大了，且变得更为明亮，或者产生两个以至多个虚像，或者形成某种“光弧”状的像；具体情况取决于透镜天体与远方天体的相对观测位置，以及透镜天体的质量分布等因素。

引力透镜效应的原理可以用来探测暗物质，因为即使近距天体由暗物质构成，也同样能起到透镜天体的作用，于是可以根据它对远方天体观测像的引力透镜效应的具体情况，通过理论分析来确定透镜天体的质量和位置。

通常认为在星系团中存在两种物质形态，一种是以恒星、星系以及团内高温气体形式出现的普通物质，其中气体的质量远多于恒星和星系的质量；另一种就是暗物质，质量更比普通物质大得多。一般情

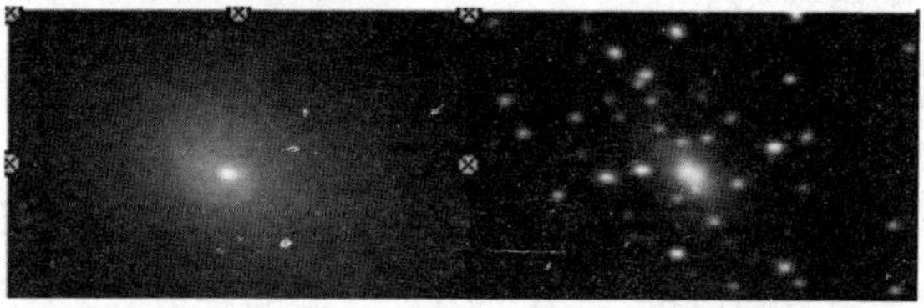

图 4.46 一个富星系团的 X 射线图像（左）显示团内存在大量高温气体，右图是由大量星系组成的、该星系团的光学图像

况下，这两类物质在位置上是混合在一起的。对距离约为 1 亿光年的船底座星系团 IE0657－56 的观测研究表明，这个星系团中具有子弹头形状的高温气体云是由两个相向运动的星系团，因相互间发生高速碰撞而形成的，温度高达 1 亿开。在碰撞过程中，高温气体会因引力的拖曳作用而减速，位置便发生变化。另一方面，由于暗物质不会与普通物质发生相互作用，它们的位置就不会由于星系团的碰撞而变动。高温气体云的图像可以通过 X 射线观测获得，暗物质的位置可以通过星系团对远方天体的引力透镜效应来加以确定。结果发现，在星系团 IE0657－56 中，两类物质形态的位置有明显的不同，从而有力地证明了在星系团中有大量暗物质存在。

质量较小的恒星级天体也能产生引力透镜效应，这就是微引力透镜。由于现有望远镜分辨率的限制，目前在地球上还不可能直接拍摄到微引力透镜效应所产生的远方天体的虚像。但是，一旦近距离的透镜天体因为自行运动而在远方天体和地球之间穿过，而且三者的位置又恰好位于一直线时，远方天体发出的光线会被会聚而表现为亮度在

图 4.47 微引力透镜效应使远方恒星（箭头所示）在短时间内变亮（HST 拍摄）

短时间内增大。之后,随着透镜天体远离远方天体的视线方向,后者的亮度便会恢复为常态。通常认为,造成微引力透镜事件的天体的质量不超过太阳质量的 100 倍。

1993 年,天文学家曾观测到大麦哲伦星云中一颗恒星的亮度出现短时间的增亮,并认为这是微引力透镜效应引起的。后来,通过哈勃空间望远镜 1999 年的观测确认,引起这一现象的天体是银河系内一颗亮度极其微弱的恒星,后者可能是一颗褐矮星——尽管这还不是所要寻找的神秘暗物质,但说明微引力透镜效应确实可以用来探索暗物质的存在。不过,一远一近两个天体与观测者共线的出现概率是非常小的,因此寻找微引力透镜事件需要很大的耐心,而且首先应该在恒星密集区内搜索。为此,美国和澳大利亚的天文学家联合实施了一项称为 Macho 的暗物质探索计划,目标是对大麦云中 1 000 万颗恒星进行监测,以期从可能出现的恒星亮度的短时间变化来寻找暗物质存在的观测证据。Macho 是晕族大质量致密天体的英文缩写,人们认为 Macho 天体的总质量可能占暗物质的 50%,而 Macho 计划至少已报道了 20 余次微引力透镜事件。

微波背景辐射强度全天分布的微弱不均匀性表明,在宇宙早期宇宙中物质的密度分布也不是完全均匀的,在物质密度高的地方暗物质也比较多。不过,在那个时期,暗物质与普通物质是混合在一起的。密度高的区域会进一步吸引周围的物质,而由氢和氦等构成的普通物质会与暗物质逐渐分离,并最终生成第一代超大质量恒星。因此,通过对微波背景辐射的仔细观测,可以探测宇宙中暗物质的含量。

暗物质的本性之谜

既然人们已经普遍确信宇宙中有暗物质存在,那么它们究竟是些什么样的物质呢?它们又有着什么样的性质?遗憾的是,这类问题至今仍然没有很好地得以解决。目前所知道的只是暗物质又冷又"暗",有引力作用,此外与普通物质之间不会发生相互作用,它们不会发出光或其他形式的电磁辐射,也不会吸收任何这类辐射。

对星系团和宇宙微波背景辐射的观测表明,就宇宙中的两种物质形态来说,普通物质约占 15%,暗物质约占 85%。普通物质也就是主要由质子和中子构成的重子物质,又可以表现为通常所说的原子和分子。在这部分物质内,只有其中的约 1/4 会发出能被探测到的辐射,如可见光、射电波、红外辐射等。剩下的约 3/4 大多也能发出辐射，但因为辐射强度太微弱，以目前的技术水平还不能有效地进行探测。有人把这种尚无法观测到的物质称为“重子暗物质”，而天文学家已经为这类物质列出了若干类候选天体，如星系际气体尘埃、褐矮星、死亡了的或正在走向死亡的恒星（如中子星或者低温矮星）、在星际空间中游荡的行星或行星级小天体，以及黑洞等。随着观测技术的提高，未来仍有可能直接探测到这类由重子暗物质构成的天体，或者至少是其中的一部分。

图 4.48　银河系暗晕的计算机模拟图像

另一类就是非重子暗物质，即人们更为关心的真正意义上的暗物质。宇宙学家已为这类暗物质开出了一份名目繁多的候选者目录，包括中微子和其他一些理论上预期存在的粒子。中微子曾经是人们首选的一种暗物质粒子，但近来的一些研究表明，中微子的质量太小，充其量也只能占到暗物质中的极小一部分。目前宇宙学家比较倾向于暗物质的组成成分是质量较大、相互作用却很弱的粒子，称为弱相互作用重粒子（WIMP），如轴子、引力微子、引力子、中性伴随子等，而它们有一个共同的特性——又冷又“暗”，所以又统称为冷暗物质。不过，所有这些候选物质都还只是理论上可能存在的粒子，尽管在过去的 20 多年中科学家为寻找暗物质的候选粒子而费尽心机，但迄今为止在实验室和宇宙中都还没有找到存在这类粒子的确切证据。

从理论上说，暗物质粒子的探索可以有两条不同的途径，即直接探索和间接探索。这两种方法都需要有合适的探测器，并必须把探测器安放在一种“与世隔绝”的环境之中，例如设置在很深的地下，或者放在卫星上，以避免任何非讯号类噪声的干扰。

直接探索方法的原理是基于暗物质粒子确实通过了探测器，并与探测器发生物理上的相互作用，而这种作用所产生的一些效应是可以探测到的。例如，在中国和意大利的科学家合作探测暗物质的计划中，用以探测 WIMP 粒子的探测器是直径 2～3 厘米、由氟化钙晶体或碘化钠晶体制成的圆棒。探测器安置在阿尔卑斯山的一个山洞内，洞外山体岩石的厚度有 1 000 米。当 WIMP 粒子在圆棒中频繁穿越数十亿次时，可能会有一个粒子与晶体中的某个原子核发生碰撞，同时发出微弱的、可以探测到的光讯号。2000 年曾经有报道宣称，经过 8

图 4.49 丁肇中(1936—)

年的实验观测,该项目已探测到 1 个 WIMP 粒子,其质量至少是质子质量的 50 倍。不过,这一结果并没有得到其他同类实验的进一步的确认。从原理上说,直接探索方法可用来探测中微子和各种 WIMP 粒子。

间接探索方法的观测目标不是暗物质粒子本身造成的观测效应,而是它们在湮灭过程中所产生的次级粒子的物理行为,只能用于探测 WIMP 粒子。由美籍华裔物理学家、诺贝尔奖得主丁肇中领导的阿尔法磁谱仪(AMS),是一项用于探测宇宙中反物质和暗物质的空间合作研究计划。该计划规模庞大,有美国、中国等十多个国家和地区的科学家共同参与。阿尔法磁谱仪是当前国际上最先进的粒子物理传感器,专门设计用来寻找宇宙中的反物质和暗物质,该计划的目标之一是期望能捕捉到由宇宙中暗物质产生的宇宙线,从而推证暗物质的存在。第一代阿尔法磁谱仪(AMS－01)已于 1998 年 6 月 2 日,由美国“发现号”航天飞机送入国际空间站,主要目的是检测磁谱仪各部分的性能。第二代探测器(AMS－02)将于 2008 年进入国际空间站,进行长达 3～5 年的数据采集工作。

图 4.50 阿尔法磁谱仪(AMS)

宇宙中的大部分物质居然是“暗”的,而关于暗物质的本性至今仍然是天体物理中一个重大而又未解之谜,宇宙中实在有太多的内容需要人类去不断地去探索和认识。

玄而又玄的暗能量

如果说暗物质的确认已经令人既兴奋而又深感迷惑不解,那么具有斥力作用的暗能量的发现就更使人感到有点“玄乎”了。

对暗能量理论上的猜测最早可追溯到爱因斯坦年代。1917 年,爱因斯坦把他的广义相对论公式应用到整个宇宙，试图由此能对宇宙本质有新的认识，许多科学家也开始尝试解爱因斯坦的著名场方程，而结论是宇宙不会完全静止。爱因斯坦本人却认为宇宙应该是静止的，不能永不停息地运动。为了得出“静止宇宙”的结果，爱因斯坦在他的场方程中引入了一项“宇宙常数”，这个常数起着排斥力的作用。不久，哈勃的发现证实了宇宙在膨胀，并迅速为人们所广泛认可。对此，爱因斯坦曾不无遗憾地说引入宇宙常数是他一生所犯的最大错误。不过，宇宙常数的概念并没有被科学家所彻底抛弃，有人在把观测结果与理论进行比较时还会牵挂宇宙常数。如果计算结果表明宇宙常数应为 0，便认为这个常数确实不存在；不然的话则声称爱因斯坦引入宇宙常数的思路是正确的——这听起来似乎有点实用主义的味道。

测定远距离超新星的亮度，并与哈勃定律的预期结果进行比较，可以用来判断宇宙膨胀的速率。1997 年哈勃空间望远镜拍摄到一颗超新星 1977ff，美国天文学家通过对该超新星的研究表明它爆发于 110 亿年前，并发现宇宙的膨胀很可能经历了一个先减速、后加速的过程——科学家似乎为爱因斯坦的“暗能量”理论找到了第一个直接证据，并引起人们极大的兴趣，相关研究自然就接踵而来。1998 年，人们对 10 多个远距超新星的观测研究进一步证实了这一结论。

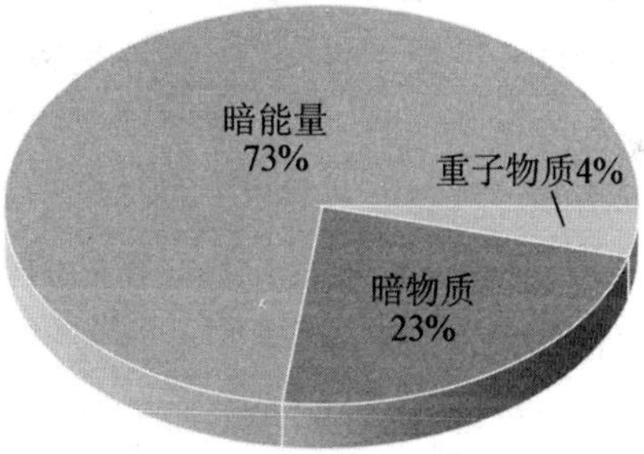

图 4.51　宇宙物质的组成

2003 年 7 月 23 日，美国匹兹堡大学的一个多国科学家研究小组宣布，借助 WMAP 探测器的观测数据，其中包括观测到宇宙微波背景辐射有微小的变化，发现了宇宙中有暗能量存在的直接证据。对这项空间探测的结果进行研究后还表明，宇宙年龄约为 137 亿年，哈勃常数为 $H_0=73$ 公里/(秒 · 兆秒差距)，以及宇宙由约 23%的暗物质、约 73%的暗能量和 4.4%左右的普通物质组成。于是，几十年来所有关于宇宙的一些基本参数——宇宙的年龄、膨胀速度、组成、密度等的争论全都搞得相当清楚了。令人唏嘘的是，宇宙中所存在的最多的东西反而是人类最迟也是最难了解的，至今人们只是知道这些“暗”东西应该存在，但对它们的性质还很不清楚。

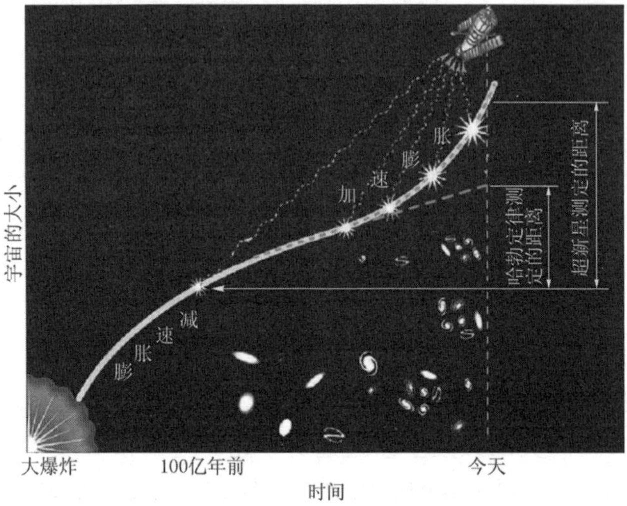

图 4.52　由超新星观测得知宇宙目前在加速膨胀

暗能量的发现是近年来有关宇宙学研究的一项具有里程碑式意义的重大成果，而若干观测证据有力地支持了暗能量的存在。一个是对遥远超新星所进行的大量观测表明，以超新星极大光度作为标准烛光测得的远距离天体的光度距离，要比由哈勃定律推算的天体的宇宙学距离大，而且距离越远，两者的差异也越明显，呈现出某种系统性的变化。由此引申出的一个重要结论是，宇宙膨胀的速度不像哈勃定律所描述的那样是恒定不变的，而是在不断地加速，即宇宙在加速膨胀。根据爱因斯坦的广义相对论，这种加速膨胀的现象表明宇宙中存在着压强为负的“暗能量”。有人认为大约在 70 亿年前引力失去了对宇宙的控制，神秘的暗能量开始起主导作用，不过没有人知道其原因何在，也不清楚它究竟是如何发生的。同暗物质的称呼一样，暗能量并不是因为“暗”而观测不到，实际上它根本不可能借助通常的途径来进行观测，对暗能量也完全谈不上任何“暗”和“亮”的概念。

另一项证据来自于近年对微波背景辐射不断细致的观测，由此可以精确地测出宇宙中物质的总密度。研究表明，由全部普通物质与暗物质的总和得出的宇宙物质的密度，大约只及微波背景辐射观测所推算出的宇宙物质总密度的 1/3 左右，两者相比较仍有约 2/3 的质量短缺。这一短缺的物质便称为暗能量，其基本特征是具有负压强，但又不能严格说就是一种斥力，只能称之为能量。而且，暗能量在宇宙空间中几乎呈均匀分布，或者说在分布上完全没有成团的倾向。

根据爱因斯坦的理论，能量和质量可以互相转换，而对于宇宙中人们通常所熟悉的能量（辐射）以及重子物质和冷暗物质来说压强都是非负的。既然在宇宙物质中有 73% 是暗能量，那么必定存在着一种未知的负压物质在主导目前的可观测宇宙，这类物质的性质与包括暗物质在内的宇宙中其他物质形态具有引力作用的基本性质恰好相反。另一方面，宇宙中普通物质的成团倾向是很明显的：恒星聚集成星团、以至星系，星系集聚成星系团，星系团又会进一步聚合成超星系团等。即使是尚未认识清楚的暗物质，从观测迹象来说它们很可能也是大量地团聚在星系和星系团的周围，而暗能量的分布却恰恰与之相反，毫无成团倾向。由于暗能量在宇宙演化的前期并不重要，它的斥力不会影响暗物质的引力作用，因而就不会干扰宇宙中物质结构的形成。

目前正在进行的“斯隆数字巡天（SDSS）”是一项大规模的星系观测计划，目的是要测定数以百万计星系的位置和距离。理论上说，通过对大量星系的分布及其聚集和扩散的行为的分析，同样能推测引起聚集和扩散的作用力，而这正是暗物质的引力和暗能量的反引力。SDSS 研究小组对 25 万多个星系的分析结果已经证明，通过一些大质量星系集中区的微波背景辐射的温度确实表现出有微量的升高，这一结论只能用暗能量来合理地加以解释，而且与 WMAP 得到的结果相一致，说明宇宙中暗能量确实占了大多数。

一些天文学家利用大型射电望远镜，对几千个远距类星体进行了观测，结果发现平均每 700 个类星体中有一个会表现出引力透镜效应的影响，即它们发出的射电波在行进途中会发生弯折，并最终呈现两个或两个以上的虚像。有人认为，这一观测结果表明受引力透镜影响的远距类星体数目之多已超出有关引力透镜成因的一般概念，也许只有用存在暗能量才能得以解释，而且在假设暗能量占到宇宙物质成分的 2/3 时，理论计算与实测结果最为吻合。

暗能量因其神秘莫测的性质，已成了 21 世纪物理学所面临的最大的挑战，现有的物理学理论还无法对之做出解释。鉴于对暗能量这种新类型物质形态的探索才刚刚开始，众说纷纭在所难免，而所有的看法也只是一些猜测和设想，远没有形成系统性的理论。有人甚至对暗能量的存在持否定的立场,如意大利和美国的一些科学家认为,引起宇宙加速膨胀不需要暗能量或宇宙常数这样的反引力因素,而是起因于一种被忽视了的大爆炸事件的后效应。相反,还有人认为黑洞不可能存在,所谓黑洞其实是一种“暗能量星”,暗能量又似乎成了解决疑难问题的灵丹妙方。

人们正计划发射新的空间探测器(如美国拟于 2013 年发射的“命运号”暗能量空间望远镜),以对宇宙大尺度空间进行更多、更精确、更为系统的观测,从而进一步弄清楚宇宙加速膨胀的规律,确定暗能量的形式和物理特性。既然暗能量在宇宙中占有主导地位,那么不同的暗能量形式必然会导致非常不同的宇宙膨胀规律。这一问题的解决也许有求于全新的理论,需要把描述微观世界的粒子物理与描述宇观世界的宇宙学结合起来,而这类理论一旦被找到,很可能会引起一场重大的物理学和天文学革命。

暗物质和暗能量的发现,再一次说明了人类认识宇宙的历程任重而道远。这一过程只会不断深化、永无止境——原有的问题解决了,新的挑战必然会出现,而人类作为宇宙演化大舞台中物质世界的特殊产物,终将在世代交替的无穷进程中,凭借自己的智慧、勇气和毅力,一步一步地探知宇宙的真谛。